Erichsen/Treuz
Professionelles Liquiditätsmanagement

AF716058

Zusätzliche digitale Inhalte für Sie!

Zu diesem Buch stehen Ihnen kostenlos folgende digitale Inhalte zur Verfügung:

Online-Version

Die digitale Version dieses Buches finden Sie mit vielen hilfreichen Verlinkungen zur komfortablen Recherche in der NWB Datenbank.

Zusatz-Downloads

In der NWB Datenbank finden Sie neben der digitalen Version dieses Titels nützliche Zusatzinhalte.

Schalten Sie sich das Buch inklusive Mehrwert direkt frei.

Scannen Sie den QR-Code **oder** rufen Sie die Seite **www.nwb.de** auf.
Geben Sie den Freischaltcode ein und folgen Sie dem Anmeldedialog. Fertig!

Ihr Freischaltcode

BFQG-BTPU-LHGB-LBLM-BQGS-EE

www.nwb.de

Professionelles Liquiditätsmanagement

Praxisleitfaden für Unternehmer und Berater

- Finanz- und Liquiditätsplanung
- Langfristige Finanzplanung und Kapitalbeschaffung
- Maßnahmen zur Liquiditätsverbesserung
- Liquiditätskennzahlen

Von
Dipl.-Betriebswirt Jörgen Erichsen
Dipl.-Kaufmann Jochen Treuz

3., aktualisierte Auflage

nwb

ISBN 978-3-482-**63773**-5

3., aktualisierte Auflage 2022

Satz: PMGi Agentur für intelligente Medien GmbH, Hamm
Druck: Elanders GmbH, Waiblingen

Klimaneutral Druckprodukt
ClimatePartner.com/16605-2105-1001

Scannen Sie den QR-Code oder besuchen Sie **Climate-Partner.com/16605-2105-1001** und erfahren Sie mehr zu unseren klimaneutralen Druckprodukten.

VORWORT ZUR 3. AUFLAGE

Nachdem die 2. Auflage des Buches vor gut sechs Jahren erschienen ist, hielten wir es für angebracht, einige Aktualisierungen, Verbesserungen und Ergänzungen vorzunehmen.

Die Aktualisierungen betreffen vor allem das rechtliche Umfeld, wie die Insolvenzordnung und die Neuregelungen zu Basel III. Verbessert haben wir die Lesbarkeit des Werkes, u. a. durch eine einheitlichere Verwendung der Begriffe.

Neu aufgenommen haben wir die Themen Liquiditätsplanung unter Einbeziehung von Fremdwährungen, Arbeiten mit Szenarien und Einsatz von datenbankgestützten Planungs- und Analysetools. Auslöser dafür waren vor allem die Erkenntnisse der letzten Jahre. Sie haben nochmals verdeutlicht, dass gerade in sich schnell verändernden Zeiten eine leistungsfähige Liquiditätsplanung eine notwendige Voraussetzung zur Steuerung eines Unternehmens darstellt.

Damit liefert die vorliegende 3. Auflage unseres Praxisleitfadens die Grundlagen für eine gut umsetzbare Finanz- und Liquiditätsplanung für Unternehmer und ihre Berater.

Wichtig ist uns, ein Bewusstsein dafür zu schaffen, dass die Finanz- und Liquiditätsplanung nicht losgelöst von den strategischen und operativen Überlegungen vorgenommen werden kann.

Vor allem die ständige Suche nach neuen Produkten und Märkten ist die grundlegende Voraussetzung für eine stabile Liquiditätslage. Eine schlechte Liquiditätslage ist meist die direkte Folge von nicht ausreichenden Überlegungen und Maßnahmen in diesem Bereich.

Kurz: *Zuerst gehen einem die Ideen aus, dann das Geld.*

Wir wünschen Ihnen viel Spaß beim Lesen und vor allem viel Erfolg bei der Umsetzung!

Leverkusen und Weinheim, im Juli 2022

Jörgen Erichsen,
Jochen Treuz

INHALTSVERZEICHNIS

Seite

Seite

ABBILDUNGSVERZEICHNIS

TABELLENVERZEICHNIS

Exkurs Excel

Excel zur Erstellung der Liquiditätsplanung nutzen? Vor- und Nachteile kennen und bei einer Entscheidung berücksichtigen

Microsoft Excel® wird von vielen Unternehmern, Selbstständigen und Beratern nach wie vor gerne genutzt, um im beruflichen Arbeitsalltag zahlreiche Aufgaben zu lösen. Und Excel wird nicht nur in kleinen Betrieben häufig für die Erstellung einer Liquiditätsplanung verwendet. Hier stellt sich die Frage, ob diese Nutzung oder Vorgehensweise sinnvoll ist oder ob es nicht günstiger ist, von Beginn an mit „professionelleren" Tools zu arbeiten, etwa mit einer Buchhaltungs-, Controlling- oder ERP-Software. Wie so oft im Leben gibt es nicht die eine richtige Antwort oder Empfehlung. Daher wird im Folgenden erklärt, was aus Sicht von Unternehmern oder Selbstständigen für, was gegen den Einsatz von Excel spricht. Und auch, welche Auswirkungen das bei einer Entscheidung haben kann.

Vorteile von Excel

Es gibt zahlreiche Punkte, die für die Erstellung einer Liquiditätsplanung oder von Kennzahlen mit Excel sprechen. Einige Beispiele:

- Excel ist ohne große Vorkenntnisse direkt anwendbar und hat eine relativ intuitive Nutzerführung.
- Programmierkenntnisse oder die Hilfe Dritter sind zumindest für einfachere Anwendungen nicht notwendig.
- In der Regel lassen sich benötigte Anwendungen schnell und auch mit hoher Qualität erstellen.
- Anpassungen und Änderungen sind zügig und einfach umzusetzen. Beispielsweise können bei der Liquiditätsplanung leicht Zeilen für weitere Ein- oder Auszahlungen eingefügt werden, ohne die gesamte Anwendung erneuern zu müssen.
- Die Ergebnisse von Anwendungen können mit geringem Aufwand visualisiert werden, was bei den Adressaten zu einer schnelleren Informationsaufnahme führt.
- Eine Fülle von Funktionen ermöglicht es, bei komplexer werdenden Lösungen z. B. gezielte Auswertungen zu erstellen oder Ergebnisse an individuelle Anforderungen unterschiedlicher Empfänger anzupassen.
- Viele Aufgaben und Arbeiten können automatisiert werden, etwa indem versierte Nutzer Visual Basic for Applications (VBA) oder den Makrorekorder nutzen.
- Excel verursacht nur geringe Anschaffungs- und kaum Folgekosten. Eine Pflege, Überarbeitung oder Erweiterung des Programms durch Dritte ist regelmäßig nicht erforderlich.

PRAXISTIPP

Und noch ein Aspekt sollte bedacht werden: Auch wenn Anbieter professioneller Controlling- oder ERP-Software meist versprechen, dass sie über eine Software verfügen, die sich sofort einsetzen lässt, sind fast immer noch mehr oder weniger langwierige Anpassungen erforderlich. Das kostet Zeit, Nerven und Geld. Und gerade in kleinen Betrieben stößt man hier an Grenzen, weil sich i. d. R. der Geschäftsführer selbst neben dem Tagesgeschäft um die Einführung und Anpassung der Software kümmern muss, da es keine zweite Führungsebene gibt. Mit Excel lassen sich hingegen schneller Lösungen erarbeiten, auch weil z. B. ein Mitarbeiter einen Teil der Arbeiten übernehmen kann, da die meisten Beschäftigten über entsprechendes Anwenderwissen verfügen.

Nachteile von Excel

Und natürlich gibt es Nachteile, die man kennen und beachten sollte, bevor man sich bei der Liquiditätsplanung für oder gegen die Arbeit mit Excel entscheidet. Auch hierzu einige Beispiele:

- Gerade die Möglichkeit, mit Excel sofort zu starten, führt fast immer dazu, dass man aktiv wird, ohne sich vorher ausreichend über geeignete Strukturen und wirklich benötigte Inhalte Gedanken zu machen. Also sind immer wieder „Nachbesserungen" und Ergänzungen nötig, die dazu führen können, dass Anwendungen immer wieder ergänzt und „geflickt" werden müssen. Am Ende gibt es mehr Tabellenblätter, Formeln und Verknüpfungen als eigentlich nötig und damit geht selbst Anwendern, die an der Erstellung beteiligt sind, der Überblick verloren.
- Häufig werden keine unternehmenseinheitlichen Standards entwickelt, etwa einheitliche Schriftgrößen oder Zellenfarben, mit der Konsequenz, dass man sich nicht so gut in einer Datei zurechtfindet und unnötig lang für Eingaben oder Veränderungen benötigt. Zudem steigt das Risiko von Arbeitsfehlern erheblich.
- In den meisten Unternehmen werden zu den Anwendungen keine oder nur unzureichende Dokumentationen erstellt. Das führt z. B. bei Änderungen oder wenn ein Mitarbeiter die Firma verlässt, dazu, dass sich andere Personen erst in die Anwendung „reindenken" müssen.
- Außerdem zeigen die Erfahrungen aus der Praxis, dass zahlreiche Anwendungen fehlerhaft sind, etwa weil die Formeln falsch sind oder Verknüpfungen nicht korrekt erstellt wurden. Damit besteht auch das Risiko, dass falsche Resultate entstehen, auf deren Basis (falsche) Entscheidungen getroffen werden.

PRAXISTIPP

Ein zu starker Fokus auf Excel birgt das Risiko, den digitalen Anschluss zu verlieren. Denn wer sich vor allem auf Excel als Planungs- und Steuerungswerkzeug verlässt, merkt u. U. erst spät, dass in Sachen Digitalisierung Nachholbedarf besteht. Wichtig ist daher, dass man regelmäßig prüft, ob man andere und ggf. welche anderen Programme man trotz Zeitproblemen nutzen kann, die einem das Tor zur Digitalisierung offenhalten, z. B. die Umstellung auf echte elektronische Rechnungen (XRechnung bzw. ZUGFeRD) oder CRM-Systeme.

Beispielhafte Möglichkeiten, die Arbeit mit Excel im Betrieb zu verbessern

Wenn man als Unternehmer und Anwender ein paar Dinge beherzigt und vor der Erstellung von Anwendungen genau überlegt, was man konkret erreichen will, spricht wenig dagegen, Excel vor allem bei der Einführung einer Liquiditätsplanung zu nutzen. Nutzer sollten daher mindestens noch diese Punkte beachten, wenn sie die Arbeit mit Excel erfolgreich gestalten möchten:

- Vorgehen, Funktionsweise, genutzte Formeln und Datenquellen (für Ein- und Auszahlungen) sowie Änderungen sollten lückenlos dokumentiert werden. Falls möglich, sollten Eingabefelder und Mappen so gestaltet werden, dass man sofort erkennt, was wo eingetragen werden muss, etwa indem man eindeutige Bezeichnungen wie Ein- und Auszahlungen aus Umsätzen und Kosten verwendet. Zudem kann man auch die Kommentarfunktion von Excel für die Dokumentation nutzen. Alternativ lassen sich Kommentare auch an Formeln anhängen, indem man ein „N“ eingibt. Lautet die Formel z. B. =A1+A2+A3 lässt sich die Kommentierung wie folgt erstellen: = A1+A2+A3+N („Einzahlungen aus Umsätzen plus Einzahlungen aus Darlehensaufnahme plus Einzahlungen aus Desinvestitionen“). Allerdings muss auch dafür gesorgt werden, dass die Kommentare regelmäßig, z. B. einmal pro Jahr, überprüft und ggf. angepasst werden.

- Es sollte festgelegt werden, wer mit der Datei arbeiten und z. B. Eingaben vornehmen und wer sie lediglich einsehen darf, ohne Veränderungen umzusetzen. Die „Liquiditätsdatei“ sollte zudem die einzige Anwendung sein, auf die für Entscheidungen zurückgegriffen wird. Die Erstellung anderer Dateien oder „Nebenbuchhaltungen“ sollte möglichst ausgeschlossen werden.
- Makros und komplexe Formeln sollten nur eingesetzt werden, wenn man nur schwer auf sie verzichten kann bzw. wenn sie regelmäßig wiederkehrende manuelle Arbeit ersetzen können. Jedes Makro muss dann aber erfasst und dokumentiert werden.
- Für die Liquiditätsplanung sollte es möglichst nur eine Datei geben und es sollten Verknüpfungen zu anderen Excel-Dateien vermieden werden. Eine Ausnahme ist ggf., wenn es Schnittstellen zu anderen Programmen geben soll, etwa wenn Daten aus der Buchhaltung automatisch übernommen werden.
- Es sollten Standards für das Unternehmen und die (Liquiditäts-)Planung und -Steuerung entwickelt werden, z. B. einheitliches Layout, Standards für Schriftarten und -größen, Zahlenformate, Zellfarben (Eingaben sollten z. B. nur in Zellen mit bestimmten Schrift- oder Zellfarben möglich sein), Grafiken, Vergabe von Namen für Zellen usw. Zellen, die nicht überschrieben werden dürfen, sollten möglichst geschützt werden.
- Erstellung eines Nutzungskonzepts mit Festlegung der Verantwortlichen für die Liquiditätsdatei, z. B. Controlling und Buchhaltung. Nur diese Bereiche oder Personen sollten das Recht bekommen, Änderungen an der Datei vorzunehmen.
- Zudem sollte geregelt werden, ob und, wenn ja, unter welchen Umständen ein externer Zugriff möglich sein soll, etwa für den Fall, dass der Geschäftsführer von außen auf die Planung zugreifen möchte oder muss.

Entscheidung zur Vorgehensweise im Buch

Für das Buch wurde auf Excel-Lösungen zurückgegriffen, weil man nach Meinung der Autoren so einen guten, schnellen und einfachen Einstieg in das Thema sicherstellen kann. Und in kleineren Betrieben genügt Excel auch heute noch, um eine funktionierende Liquiditätsplanung zu implementierten, ohne auf „professionellere“ Software zurückgreifen zu müssen. Wer sich gut mit Excel auskennt und auch über grundlegende Programmierkenntnisse verfügt, kann zudem Schnittstellen zu bereits existierenden Programmen im Betrieb herstellen, etwa dem Buchhaltungssystem, und zumindest große Teile der nötigen Daten automatisch übernehmen. Für die Leser und Leserinnen ist es aber unerlässlich, dass sie das Thema Digitalisierung nicht aus dem Auge verlieren und ständig prüfen, ob und ggf. welche Abläufe und Arbeiten im Betrieb sich automatisieren lassen. Und es kann immer auch geprüft werden, ob und, wenn ja, wie die bestehende Excel-Liquiditätsplanung später in ein „professionelleres" System überführt werden kann. Nur so ist es langfristig möglich, die Wettbewerbsfähigkeit zu erhalten.

1. Ziele und Aufgaben des Liquiditätsmanagements

Das wichtigste Ziel des Liquiditätsmanagements ist es, die kurz- und langfristige Zahlungsfähigkeit eines Unternehmens möglichst genau zu planen und später im Tagesgeschäft zu steuern, um sie so dauerhaft zu sichern. Dazu muss man sich zunächst einen möglichst genauen Überblick über alle zahlungsrelevanten Vorgänge eines Unternehmens verschaffen. Anschließend ist es notwendig, zu analysieren, wann welche Zahlungen erfolgen bzw. voraussichtlich erfolgen werden.

Voraussetzung für eine funktionierende Liquiditätsplanung und -steuerung ist zunächst, dass eine fundierte Planung der erwarteten Ein- und Auszahlungen existiert bzw. erstellt wird; deren tatsächliche Entwicklung muss kontinuierlich überwacht werden. Überwachung oder Kontrolle bedeutet, dass Plan- und Istwerte einander regelmäßig gegenübergestellt werden. Regelmäßig heißt: mindestens monatlich, im Bedarfsfall auch kürzer, etwa wöchentlich oder in einigen Branchen sogar täglich. Welche Intervalle in einem Unternehmen gewählt bzw. benötigt werden, hängt u. a. von der Anzahl der zahlungsrelevanten Vorgänge und der Unsicherheit vor allem bei den Einzahlungen, und hier vor allem bei den Umsätzen, ab.

Bei Abweichungen zwischen Plan und Ist von mehr als ca. 5-10 % oder einer wiederholten Abweichung bei einzelnen Positionen ist es i. d. R. unabdingbar, Steuerungsmaßnahmen umzusetzen. In erster Linie muss ein Versuch unternommen werden, die Einzahlungen zu erhöhen. Es ist zu überprüfen, ob Auszahlungen verzögert oder verringert werden können.

MERKE

Zahlungsprobleme sind der Auslöser, nicht die Ursache von Insolvenzen.

Mangelnde Zahlungsfähigkeit oder Liquidität ist eine der häufigsten Ursachen für Unternehmenspleiten. Allerdings ist die mangelnde Zahlungsfähigkeit an sich meist nur der Auslöser einer Insolvenz. Die wirklichen Ursachen für die Zahlungsprobleme liegen häufig in der Vergangenheit. Beispielsweise wurden falsche Entscheidungen getroffen, es wurden vor allem strategische Entscheidungen und sinnvolle Positionierungen unterlassen oder es wurden erkennbare und ernste Warnsignale lange ignoriert oder unterschätzt. Die Zusammenhänge von Strategie, Krisenentwicklung und Liquidität(-sproblemen) werden im nächsten Abschnitt ausführlicher behandelt. Das gilt übrigens auch für die Coronakrise. Besonders betroffen waren und sind häufig Betriebe, die sich in der Vergangenheit wenig um ihre Liquidität gekümmert und keine Reserven aufgebaut haben.

Auch allgemein mangelnde betriebswirtschaftliche Kenntnisse und ein fehlendes Bewusstsein von Unternehmern und Führungskräften in Sachen Entscheidungen spielen eine wichtige Rolle im Vorfeld möglicher Unternehmenspleiten. Denn nahezu jede betriebliche Entscheidung löst zahlungsrelevante Vorgänge aus: Gehälter, Waren, Mieten, Versicherungen usw. müssen zu bestimmten, meist festen Zeitpunkten bezahlt werden. Durch Verkäufe kommen Gelder über die Umsätze wieder herein. Zudem gibt es eine Reihe weiterer zahlungsrelevanter Geschäftsfälle, etwa Tilgungszahlungen, Steuernachzahlungen, Einlagen, Entnahmen oder Investitionen. Diese und weitere Positionen führen dazu, dass sich außerhalb von Umsätzen und betrieblichen Kosten oft hohe Ein- und Auszahlungen ergeben. Fatal ist oft, dass keine unmittelbaren Zusammenhänge zwischen getroffenen Entscheidungen und den Auswirkungen auf die Zahlungsströme im Unternehmen bestehen. Häufig liegen zwischen einer Entscheidung und den Ein- oder Auszahlungen längere Zeiträume und auch nicht immer sind alle Zusammenhänge und Folgen sofort klar.

BEISPIEL: Trifft ein Unternehmer z. B. die Entscheidung, sein Produktportfolio auszubauen, ist er sich bestimmt der Tatsache bewusst, dass er Entwicklung, Produktion und Vertrieb vorfinanzieren muss. Es entstehen also zunächst Auszahlungen und erst mit mehr oder weniger großer Verzögerung Einzahlungen. Dass es aber zusätzlich dazu kommen kann, dass vor allem vor und während der Produkteinführung in erheblichem Ausmaß Lagerbestände aufgebaut werden müssen, die Kapital und Liquidität binden, ist vielen Unternehmern im Moment der Entscheidung sehr oft nicht bewusst. Oder der Umfang der Kapitalbindung durch Lagerbestände wird schlichtweg unterschätzt. Zunehmende Sortimentstiefe und -breite stellen viele Unternehmen immer wieder vor besondere Schwierigkeiten. Einerseits ist es notwendig, bei Aufträgen jederzeit liefern zu können, andererseits ist im Lager dadurch oft überproportional Liquidität gebunden.

MERKE

Unternehmen müssen ihre individuelle finanzielle Balance finden.

Jedes Unternehmen muss hier Tag für Tag seine persönliche finanzielle Balance finden: Es muss stets über so viel liquide Mittel verfügen, dass es jederzeit allen Zahlungsverpflichtungen nachkommen kann. Drohende Deckungslücken (Auszahlungen sind größer als Einzahlungen) müssen frühzeitig aufgedeckt werden, um rechtzeitig gegensteuern und zusätzliche Gelder bereitstellen zu können. Umgekehrt muss vermieden werden, dass es ein Zuviel an flüssigen Mitteln auf den Konten gibt (Überdeckung), da die Mittel so nicht rentabel sind.

Wie anspruchsvoll die Planung und Steuerung der Liquidität in der Praxis ist, verdeutlicht allein die schiere Anzahl liquiditätswirksamer Buchungen, die Monat für Monat anfallen: Selbst in kleineren Betrieben mit nur wenigen Mitarbeitern kommen hier schnell einige hundert Geschäftsfälle zusammen. In Großunternehmen sind es tausende. Hier ohne geeignete Instrumente den Überblick zu behalten, ist selbst geschulten Mitarbeitern nicht möglich.

1.1 Wesentliche Ziele und Aufgaben

Grundsätzlich gilt: Unternehmerisches Handeln sollte auf vorher festgelegten Unternehmenszielen basieren, die in Form entsprechender Planungen – sowohl durch inhaltliche Beschreibungen, z. B. bei Produkten, Zielkundengruppen, Märkten, als auch durch Zahlen, z. B. Umsätze, Kosten, Investitionen – dargestellt werden. Dies stellt eine wesentliche Voraussetzung für eine funktionierende Unternehmensentwicklung und -steuerung, einschließlich des Liquiditätsmanagements, dar.

Ein Liquiditäts- oder Finanzplan ist das zentrale Werkzeug, um die Zahlungsströme, also die tatsächlichen Ein- und Auszahlungen eines Unternehmens, planen, überwachen und steuern zu können. Ist die Zahlungsfähigkeit erst einmal gefährdet, droht u. U. schon kurzfristig die Insolvenz. Folgende Gründe und Zielsetzungen sprechen für den konsequenten Einsatz einer Finanz- und Liquiditätsplanung im Unternehmen:

- Ein Unternehmen muss zu jedem Zeitpunkt in der Lage sein, seinen Zahlungsverpflichtungen, etwa gegenüber Lieferanten, Banken, Mitarbeitern oder Behörden, nachzukommen. Dazu muss es einen ständigen Überblick über aktuelle sowie voraussichtliche, künftige Ein- und Auszahlungen haben.
- Es muss Transparenz herrschen in Bezug auf *alle* Einnahme- und Ausgabequellen, ebenso wie auf die voraussichtlichen Zeitpunkte, zu denen mit Zahlungen zu rechnen ist, und darauf, mit welchen Zahlungen zu rechnen ist. Auch die Höhe der Zahlungen muss zumindest in etwa bekannt sein.
- Mithilfe einer Liquiditäts- und Finanzplanung lassen sich Risiken transparent darstellen; es ist so möglich, frühzeitig Steuerungsmöglichkeiten einzuleiten.
- Eine gute Liquiditätsplanung deckt auch sich anbahnende Finanzengpässe frühzeitig auf und bietet dem Unternehmer die Chance, entsprechend zu reagieren.
- Die Finanz- und Liquiditätsplanung soll das Risiko der Insolvenz (Zahlungsunfähigkeit) verringern.
- Eine Liquiditätsplanung hilft, den Geldfluss im Unternehmen so zu steuern, dass vermeidbare Überziehungszinsen anfallen oder hohe Liquiditätsreserven unverzinst auf den Geschäftskonten vorgehalten werden.
- Eine umfassende und vollständige Liquiditätsplanung zeigt, ob und, wenn ja, in welchem Umfang ein Unternehmen selbst in der Lage ist, z. B. eine größere Expansion oder Investitionen zu finanzieren, und ob viele Gelder von Dritten benötigt werden und, wenn ja, wie viele.
- Banken und große Geschäftspartner (Lieferanten, Kunden) verlangen mindestens eine kurzfristige und mittelfristige Liquiditätsplanung, wenn sie die wirtschaftliche Lage eines Betriebes beurteilen, um z. B. eine Zusammenarbeit oder die Kreditwürdigkeit zu prüfen.
- In die Bonitätsbeurteilung fließt immer auch die Liquidität mit ein. Dieses Instrument wird vor dem Hintergrund der sich verschärfenden Kapital- und Liquiditätsvorschriften (Basel II und seit 2013 Basel III) in den kommenden Jahren weiter an Bedeutung gewinnen.

1.2 Selbsttest: Wie gut wissen Sie über die Liquiditätslage des Unternehmens Bescheid?

Der folgende Selbsttest mit ausgewählten Fragen zeigt, ob und ggf. wie gut man als Führungskraft und Unternehmer über die Liquiditätslage sowohl im privaten als auch im betrieblichen Umfeld Bescheid weiß.

Faustregel: Wer mehr als zwei oder drei Fragen nicht beantworten kann, sollte sich möglichst umgehend mit dem Thema Liquiditätsmanagement befassen.

Wichtig: Absolut genaue Antworten sind nicht erforderlich; im Zweifel helfen auch fundierte Schätzungen, diese sollten aber unbedingt möglich sein.

TAB. 1: Selbsttest zur Liquiditätslage des Unternehmens

Frage	Antwort	Ergänzungen/ Bemerkungen
Wie viele zahlungsrelevante Vorfälle pro Monat gibt es in etwa im Privathaushalt?		
Sind die Zeitpunkte (Ein- und Auszahlung) zumindest der größeren Beträge in etwa bekannt?		
Wie viele zahlungsrelevante Vorfälle pro Monat gibt es in etwa im Unternehmen?		
Wird sich mindestens einmal pro Woche ein Überblick über die Liquiditätslage verschafft?		
Wird sich dabei auch ein Überblick über die Entwicklung der kommenden ca. 4-8 Wochen verschafft?		
Wie hoch ist der aktuelle Kontosaldo in etwa (Alternative: Befindet sich das Konto im Plus oder im Minus)?		
Welche 5 größeren Aus- bzw. Einzahlungspositionen stehen in den kommenden 2/4/6/8 Wochen an?		
Wie verändert sich die Liquiditätslage durch die Zahlungen?		
Ist bekannt, was bei einem Engpass konkret getan werden kann?		
Kann gesagt werden, welches die 5 größten Liquiditätsrisiken derzeit sind?		
Wird versucht, diese Risiken auszuschalten oder zumindest zu verringern?		
Bei Einzel- und Personenunternehmen sowie Selbstständigen und Freiberuflern: Wie hoch müssen die monatlichen Einnahmen im Schnitt sein, um alle Privatausgaben zu decken?		
Ist bekannt, welche Entscheidungen in welchem Umfang Auswirkungen auf die Liquidität haben, z. B. Personaleinstellungen im Vertrieb oder in der Forschung, Entscheidungen zur Sortimentspolitik, zur Expansion ins Ausland etc.?		

Kann der Zeitrahmen, in dem mit den Auswirkungen zu rechnen ist, einigermaßen verlässlich bestimmt werden?		
Ist es schon einmal oder mehrmals vorgekommen, dass man von größeren Zahlungen „überrascht“ worden ist?		
Wie konnte ein evtl. bzw. sich anbahnender Liquiditätsengpass gelöst werden?		
Ist bekannt, wie viele frei verfügbare Mittel dem Unternehmen in den nächsten ca. 3-6 Monaten zur Verfügung stehen?		
Liegt der Eigenkapitalanteil im Unternehmen bei weniger als 20 % (erhöhtes Risiko, Zahlungsschwierigkeiten zu bekommen)?		
Wird versucht, aus laufenden Aufträgen einen Liquiditätspuffer mit einer Reichweite von ca. 2 Monaten aufzubauen?		

2. Liquiditätsmanagement und Strategie

Langfristig, also auf Sicht von rund drei bis fünf (in Einzelfällen auch mehr) Jahren, ist es die Aufgabe eines Unternehmens und seiner Führungskräfte, bestehende Erfolgspotenziale zu sichern und auszuschöpfen bzw. neue Erfolgspotenziale zu identifizieren, zu bewerten und zu erschließen.

2.1 Ziele der strategischen Unternehmensentwicklung

Hauptziel der strategischen Unternehmensentwicklung ist demnach die langfristige Existenzsicherung des Betriebs. Im Normalfall wird im strategischen Bereich nicht mit konkreten Zahlen oder Budgets gearbeitet, sondern vor allem versucht festzustellen, welche Rahmenbedingungen erforderlich sind, um das Unternehmen auf die Zukunft vorzubereiten und auszurichten. Dabei muss sowohl die Unternehmens- als auch die Umweltentwicklung regelmäßig analysiert und bewertet werden.

Die Fragen, die man sich hier stellen und beantworten muss, sind vor allem:

1. Wie kann die (langfristige) Existenz des Unternehmens grundsätzlich gesichert werden, mit welchen Produkten und Kunden und auf welchen Märkten?
2. Sind die aktuellen Produkte, Kunden und Märkte auch für das Geschäft von morgen geeignet?
3. Welche zentralen Größen beeinflussen die Unternehmensentwicklung mit welcher Intensität, z. B. Technologie, Digitalisierung, Innovationen, internationale Märkte, gesellschaftliche Trends und Entwicklungen?
4. Welche Chancen und Risiken ergeben sich hieraus für den eigenen Betrieb? Wo ist man gut aufgestellt, wo gibt es Schwächen?
5. Wie will sich das Unternehmen künftig strategisch am Markt positionieren, z. B. als Technologieführer oder Innovator, als Qualitätsanbieter, als Billig- oder Nischenanbieter?
6. Mit welchen Produkten bzw. Dienstleistungen und Kunden will (und kann) das Unternehmen künftig Erfolg haben?
7. Wie kann sich das Unternehmen vom Wettbewerb differenzieren und wie kann diese Differenzierung langfristig erhalten werden?
8. Welche Expansionsmöglichkeiten gibt es und welche kommen in Betracht?
9. Welche Stärken werden hierfür benötigt und welche sind vorhanden?
10. Welche Schwächen hindern das Unternehmen daran, die strategischen Ziele zu erreichen?
11. Wie können die Schwächen reduziert oder beseitigt werden?
12. Wie wird sich voraussichtlich die Umwelt entwickeln und welche Einflüsse ergeben sich daraus für den eigenen Betrieb? Welchen Einfluss hat z. B. die Klimapolitik auf den eigenen Betrieb, etwa die Notwendigkeit höherer Investitionen?

2.2 Auswirkungen der strategischen Unternehmensentwicklung auf die Liquidität

Auf den ersten Blick hat die strategische Entwicklung mit der Liquiditätslage eines Unternehmens im Grunde nur wenig zu tun. Allenfalls können z. B. notwendige Untersuchungen oder Marktanalysen verursachen, dass Geld aus dem Betrieb abfließt. Dennoch führen Versäumnisse, Fehlentscheidungen oder Unterlassungen im strategischen Bereich sehr oft dazu, dass ein Unternehmen in Liquiditätsprobleme gerät. Das Tückische dabei ist, dass es schwierig oder sogar unmöglich sein kann, einen direkten Zusammenhang zwischen eigentlich langfristig wirkenden Entscheidungen sicher herzustellen.

2.3 Strategische Versäumnisse und Fehler führen zu Liquiditätsproblemen

Theorie und Praxis zeigen, dass es solche Zusammenhänge sehr wohl gibt und einem Unternehmen gefährlich werden können, wenn man nicht rechtzeitig gegensteuert. Besonders deutlich wird dies anhand der Entstehung und Entwicklung von Unternehmenskrisen. Die folgende Abbildung zeigt dies exemplarisch.

ABB. 1: Grundlegender Krisenverlauf

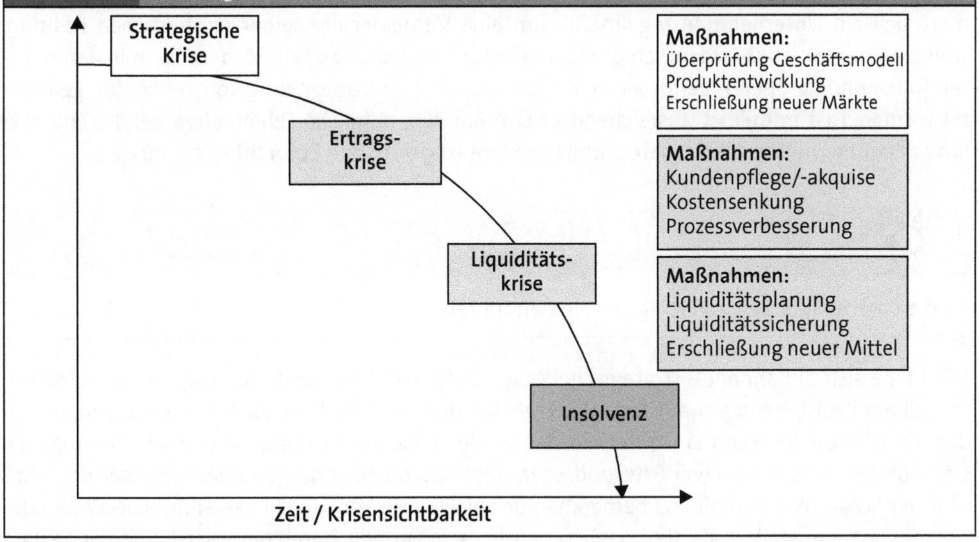

MERKE

Am Anfang entsteht oft unbemerkt eine strategische Krise ...

Zunächst entsteht eine strategische Krise, die aber in den meisten Fällen nicht bemerkt wird oder nicht bemerkt werden kann, weil es schlichtweg unmöglich ist, heute wirklich verlässlich zu beurteilen, wie sich die wirtschaftliche und gesellschaftliche Lage in einigen Jahren entwickeln wird. Dennoch muss jedes Unternehmen versuchen, zu erkennen, ob es von einer strategischen Krise bedroht wird. Das ist nur möglich, wenn es regelmäßig prüft, ob das aktuelle Geschäftsmodell noch zukunftstauglich ist. Vereinfacht ausgedrückt beschreibt das Geschäftsmodell, wie und womit ein Unternehmen sein Geld verdient:

- welche Produkte es anbietet,
- welches Alleinstellungsmerkmal es hat,
- welche Kunden angesprochen werden,
- welchen Nutzen diese Kunden haben, wenn sie beim Unternehmen kaufen,
- welche Märkte bedient werden,
- welche Wettbewerber es gibt, wie sie sich verhalten und
- wie das Geld konkret verdient wird (Wertschöpfungskette, Mitarbeiter und Organisation).

Im Grunde genommen ist es notwendig, einen vollständigen Business- oder Geschäftsplan zu erstellen, der auf alle genannten Punkte sowie später auch auf die konkrete Planung von Umsätzen, Kosten und Liquidität eingeht. Zur Überprüfung des Geschäftsmodells gehört auch die Beantwortung der Fragen, ob und ggf. welche neuen Märkte erschlossen werden sollen, z. B. Ausweitung der Regionen und Länder, Branchen oder Kunden. Nicht zuletzt ist es notwendig, sich um die Entwicklung neuer Produkte und Dienstleistungen oder wenigstens um signifikante Verbesserungen des Sortiments zu kümmern. Sind noch keine Krisenzeichen erkennbar und kümmert sich ein Unternehmen regelmäßig um eine Verbesserung seiner strategischen Position, sind die Chancen außerordentlich groß, langfristig erfolgreich zu sein. Zudem kann in den meisten Fällen ohne größeren Zeitdruck an der Entwicklung und Umsetzung von Konzepten gearbeitet werden. Fast immer ist ausreichend Zeit vorhanden, mögliche Fehler, etwa bei der Entwicklung neuer Produkte, zu korrigieren, ohne größere Folgeschäden befürchten zu müssen.

MERKE

... die nach einiger Zeit zu Ertragsproblemen führen ...

Wird eine sich anbahnende strategische Krise häufig nicht bemerkt, auch weil noch keine unmittelbaren Auswirkungen auf Umsatz, Ergebnis und Liquidität festzustellen sind, ändert sich das oft schlagartig, wenn ein Unternehmen in die Phase der Ertragskrise eintritt. Hier machen sich Kunden- und Umsatzverluste und bzw. oder Kostensteigerungen erstmals über das Maß üblicher Schwankungen hinaus bemerkbar. Beispielsweise können Umsatzeinbrüche zwei- oder dreimal höher ausfallen, als dies in wirtschaftlich schwierigen Zeiten der Fall ist, auch ohne dass eine ernsthafte allgemeine konjunkturelle Schieflage gegeben wäre. Mögliche Maßnahmen zur Stabilisierung des Unternehmens in dieser Phase sind: kurzfristig verstärkte Aktivitäten in der Kundenakquise und vor allem Pflege von Stammkunden sowie die Umsetzung von Kostensenkungsmaßnahmen und Prozessverbesserungen. Allerdings genügen derartige Aktivitäten mittel- und langfristig nicht. Denn wenn ein Unternehmen feststellt, dass es übermäßig große Schwankungen in den genannten Bereichen gibt, muss es sich zeitnah um eine Verbesserung der strategischen Position, also um ein neues oder überarbeitetes Geschäftsmodell, kümmern. Meist ist auch während einer Ertragskrise hierfür noch ausreichend Zeit vorhanden. Allerdings steigt der Erfolgsdruck und man hat kaum Raum, z. B. mögliche Fehlentwicklungen zu korrigieren.

MERKE

... und die bei weiterer Inaktivität in die Insolvenz münden kann.

Wird eine Ertragskrise nicht erkannt bzw. reagiert ein Unternehmen nicht spätestens jetzt, droht im nächsten Schritt eine ernst zu nehmende Liquiditätskrise und am Ende eine mögliche Insolvenz. Steht eine Liquiditätskrise bevor, ist so gut wie nie Zeit vorhanden, sich um strukturelle Entwicklungen im Unternehmen zu bemühen. Es kann immer nur der Versuch unternommen werden, weitere Gewinn- und Liquiditätseinbrüche zu verhindern und die Lage zu stabilisieren. Zeit und Geld für eine systematische Unternehmensentwicklung ist nicht vorhanden. Erst wenn es z. B. mit der Umsetzung von Rettungs- und Notmaßnahmen gelingt, eine drohende Insolvenz abzuwenden, ist es möglich, sich wieder um den langfristigen Unternehmenserfolg zu kümmern.

Abschließend kann gesagt werden, dass Unternehmen, die sich regelmäßig mit der langfristigen Positionierung des Betriebs und einer Steigerung der Ertragslage beschäftigen, sehr viel größere Chancen haben, eine Liquiditätskrise und Insolvenz zu vermeiden, als Unternehmen, die das nur sporadisch oder unsystematisch tun.

In allen Planungsphasen ist es unabdingbar, stets auch originäre Werkzeuge des Liquiditätsmanagements einzusetzen. Für die mittel- und langfristige Planung und Steuerung ist dies vor allem der Finanzplan, der in erster Linie einen Überblick über die größten kommenden Zahlungsströme des Unternehmens geben soll. Meist wird hier auf Basis von Jahreszahlen geplant. Für die kurzfristige Planung und Steuerung wird der Liquiditätsplan erstellt. Hier werden die Zahlen in konkrete Budgets gefasst und auf Monate heruntergebrochen.

Neben den reinen Finanzdaten sind immer auch inhaltliche Arbeiten und Planungen notwendig (vgl. auch Liquiditätsmanagement und Strategie sowie Grundbegriff der Finanz- und Liquiditätsplanung). Umgekehrt bedeutet dies, dass jedes Unternehmen nicht nur versuchen muss, Krisen zu vermeiden. Vielmehr muss es in erster Linie das Ziel sein, nach Chancen, z. B. für neue Märkte, Kunden und Produkte, zu suchen, diese zu analysieren und in Bezug auf eine mögliche Eignung für künftige Geschäfte und Gewinne zu bewerten. Kommt eine Eignung grundsätzlich in Betracht, muss geprüft werden, ob und, wenn ja, wie sich erkannte Potenziale ausbauen und nutzen lassen. Die regelmäßige Analyse von Potenzialen kann und soll aber auch dazu genutzt werden, zu prüfen, ob sich mit dem aktuellen Tun weiter unverändert Geld verdienen lässt oder ob es möglich ist, z. B. statt vollständig neue Märkte zu erschließen, mit mehr oder weniger umfassenden Anpassungen und Veränderungen des bestehenden Geschäftsmodells das eigene Unternehmen dennoch langfristig profitabel und liquide zu halten.

Jede Expansion ist immer auch mit zum Teil erheblichen Risiken und zusätzlichen Kosten verbunden, die schon viele Pläne und aussichtsreiche Projekte haben scheitern lassen. Es müssen beispielsweise Marktuntersuchungen vorgenommen, Entwicklungen finanziert, Mitarbeiter eingestellt und geschult sowie neue Strukturen geschaffen werden.

2.4 Langfristige Wechselwirkungen von Strategie und Liquidität kennen und nutzen

Auf den ersten Blick haben Liquiditätsentwicklung und Strategieformulierung wenig miteinander zu tun. Auf den zweiten Blick zeigt sich aber, dass es sehr wohl Zusammenhänge gibt. Denn nur dann, wenn ein Unternehmen die Weichen langfristig richtig stellt und auf die richtigen Märkte, Produkte und Kunden setzt und regelmäßig prüft, ob es mit seinem aktuellen Angebot noch richtig aufgestellt ist, lassen sich Liquiditätsprobleme vermeiden. Langfristiges Gewinnwachstum und langfristige Liquiditätssicherung können nur erreicht werden, wenn das Unternehmen als Ganzes sowohl auf lange Sicht (mehrere Jahre) als auch im laufenden Jahr richtig aufgestellt ist (siehe Abbildung 2).

ABB. 2: Grundlegender Chancenverlauf

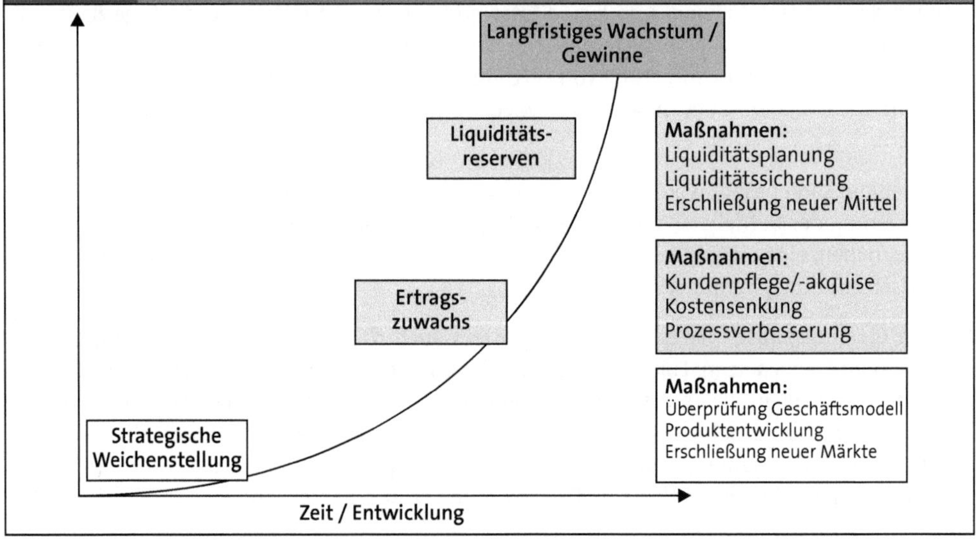

3. Grundbegriffe der Finanz- und Liquiditätsplanung

Um ein gleiches Verständnis herzustellen und um Missverständnisse zu vermeiden, werden im Folgenden die wichtigsten Begriffe rund um das Thema Liquiditätsmanagement kurz erläutert.

3.1 Strategische Unternehmensplanung

Bei der strategischen Planung handelt es sich um die langfristige Planung eines Unternehmens. Es geht dabei in erster Linie um die Entwicklung strategischer Perspektiven, die Erschließung und den Ausbau von Erfolgspotenzialen und damit um die Sicherung der Überlebensfähigkeit des Betriebs. Es werden grundsätzliche Annahmen getroffen und Ziele formuliert, die ein Unternehmen langfristig erreichen möchte. Es wird z. B. entschieden, ob ein Unternehmen als Qualitäts- oder Billiganbieter auftreten, Innovationsführer werden oder ob es sich mit seinen Produkten und Leistungen in einer Nische platzieren möchte. Darüber hinaus werden Veränderungen in der Unternehmensumwelt analysiert und in Bezug auf die Relevanz für das eigene Unternehmen untersucht. Die strategische Planung hat im Normalfall einen Zeithorizont von drei bis fünf Jahren, in Großunternehmen und Konzernen wird immer wieder auch mit einem Zeitraum von bis zu zehn Jahre geplant. Charakteristisch für die strategische Planung ist, dass i. d. R. nicht mit konkreten Zahlen und Budgets gearbeitet wird.

3.2 Operative Unternehmensplanung

Aus der strategischen Planung entsteht die operative, also die kurzfristige Planung eines Unternehmens. Sie umfasst i. d. R. einen Zeitraum von ein bis zwei Jahren. In der Praxis finden sich inzwischen immer mehr Unternehmen, die eine rollierende Planung erstellen. Rollierend bedeutet, dass nach Ablauf eines Zeitraums, z. B. eines Monats oder eines Quartals, der gleiche Zeitraum wieder an die bisherige Planung „angehängt" wird.

Zudem kann es sinnvoll sein, gerade in dynamischen Lagen mit Szenarien zu arbeiten, um auf mögliche Entwicklungen vorbereitet zu sein. Mehr dazu lesen Sie im Kapitel 10. „Liquiditätsplanung mit Szenarien".

Im kurzfristigen Bereich wird sehr detailliert und mit konkreten Zahlen und Budgets gearbeitet. Meist werden in einem ersten Schritt Jahreszahlen geplant, die dann, unter Berücksichtigung z. B. saisonaler oder branchentypischer Besonderheiten, auf Monate verteilt werden. Geplant werden u. a.

- Absatzmengen,
- Preise,
- Umsatz (Menge · Preis),
- Kapazitäten (z. B. Produktions- und Mitarbeiterkapazitäten auf Basis der Absatzmengen),
- Ressourcenbedarf (Personal, Material, Sachmittel, Investitionen),
- Kosten (abgeleitet aus dem Ressourcenbedarf · Preise),
- Betriebsergebnis sowie
- Liquidität.

Ziel der operativen Planung ist die Sicherung und Steigerung von Betriebsergebnis und Liquidität.

3.3 Liquidität

Als Liquidität wird die Fähigkeit eines Unternehmens bezeichnet, zu jedem Zeitpunkt allen Zahlungsverpflichtungen uneingeschränkt und fristgerecht nachkommen zu können. Ziel eines Unternehmens muss es sein, immer etwas mehr flüssige Mittel zur Verfügung zu haben als Zahlungsverpflichtungen bestehen. Im Idealfall, der in der Realität aber höchst selten eintritt, entsprechen Ein- und Auszahlungen einander vollständig. In einem solchen Fall spricht man von optimaler Liquidität. Von Überliquidität spricht man, wenn es mehr flüssige Mittel und Einzahlungen als Auszahlungen gibt. Unterliquidität hingegen bedeutet, dass ein Unternehmen seine fälligen Zahlungen nicht, nur teilweise oder mit Verzögerungen begleichen kann. In wirtschaftlich schwierigen Zeiten sollten Unternehmen dafür Sorge tragen, dass sie sich einen Liquiditätsstock aufbauen, mit dem sie im Notfall einen Zeitraum von zwei bis drei Monaten vollständig ohne Einzahlungen überbrücken können.

3.4 Einzahlungen und Auszahlungen

- **Einzahlungen:**

  Als Einzahlungen werden die tatsächlichen Zugänge an liquiden Mitteln bezeichnet, die einem Unternehmen zugehen, z. B. durch den Verkauf von Waren gegen Bargeld oder Überweisung auf das Bankkonto. Dem Unternehmen fließt „physikalisch" Geld zu.

- **Auszahlungen:**

  Als Auszahlungen werden die tatsächlichen Abgänge von liquiden Mitteln bezeichnet, z. B. durch die Bezahlung von Rechnungen oder die Zahlung von Gehältern. In diesem Fall fließt „physikalisch" Geld aus dem Unternehmen ab.

3.5 Einnahmen und Ausgaben

- **Einnahmen:**

  Einnahmen und Einzahlungen können einander entsprechen, müssen es aber nicht. Eine Einzahlung ist keine Einnahme, wenn es sich lediglich um einen Zahlungsmittelzugang ohne Güterveräußerung handelt, etwa die Anzahlung eines Kunden. Einzahlung und Einnahme entsprechen einander, wenn es bei der Güterveräußerung zu einem Zahlungsmittelzugang kommt, z. B. beim Verkauf von Waren gegen Bargeld. Eine Einnahme, aber keine Einzahlung liegt vor, wenn es eine Güterveräußerung gibt, aber keinen Zahlungsmittelzugang, was z. B. beim Verkauf von Waren auf Ziel der Fall ist. Eine Einnahme ist vereinfacht ausgedrückt die Erweiterung von Zahlungen um kreditorische Vorgänge, also Forderungen.

  Bei Forderungen entsteht der Unterschied zu Barverkäufen dadurch, dass der Geldeingang meist erst mehrere Wochen später erfolgt und für das Unternehmen das Risiko besteht, dass Forderungen nicht, nicht vollständig oder zu spät beglichen werden. Bereits geringe Zahlungsausfälle und -verschiebungen können zur Folge haben, dass in hohem Maße Umsatzsteigerungen erforderlich sind, um den Schaden auszugleichen. Insofern ist der richtige Umgang mit Forderungen und Kunden, denen Zahlungsziele gewährt werden, für jedes Unternehmen eine besondere Herausforderung; vor allem auch deshalb, weil ein bestimmtes „Restrisiko" selbst bei sehr guter Organisation und richtigem Umgang nie ausgeschlossen werden kann.

- **Ausgaben:**

  Ausgaben und Auszahlungen können einander entsprechen, müssen es aber nicht. Eine Auszahlung ist keine Ausgabe, wenn es sich lediglich um einen Zahlungsmittelabgang handelt, nicht aber um einen Güterzugang, was z. B. bei einer Anzahlung an einen Lieferanten der Fall ist. Ausgabe und Auszahlung entsprechen einander, wenn mit einem Zahlungsmittelabgang ein Güterzugang verbunden ist. Das ist u. a. der Fall, wenn ein Unternehmen Rohstoffe bar einkauft. Eine reine Ausgabe ohne gleichzeitige Auszahlung liegt vor, wenn es einen Güterzugang, aber keinen Zahlungsmittelabgang gibt, z. B. wenn Waren auf Rechnung gekauft werden. Eine Ausgabe ist – vereinfacht ausgedrückt – die Erweiterung von Zahlungen um debitorische Vorgänge, also (kurzfristige) Verbindlichkeiten.

3.6 Nettogeldvermögen

Durch Einzahlungen und Auszahlungen sowie Einnahmen und Ausgaben wird das sog. Nettogeldvermögen eines Unternehmens verändert. Einzahlungen und Einnahmen erhöhen das Nettogeldvermögen, Auszahlungen und Ausgaben verringern es.

ABB. 3: Veränderungen des Nettogeldvermögens

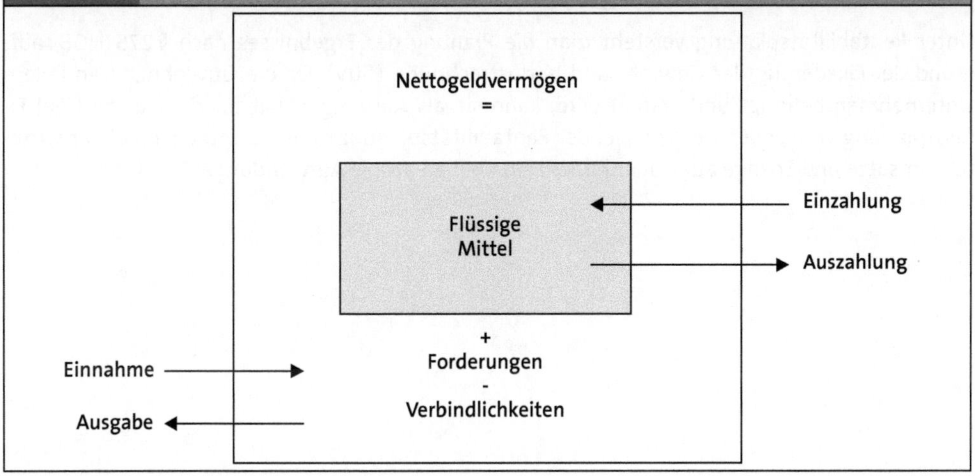

3.7 Finanzplanung

Als Finanzplanung wird die mittel- und langfristige Planung, Überwachung und Steuerung der Zahlungsfähigkeit bezeichnet. Sie umfasst einen Zeithorizont von drei bis fünf Jahren und ist

i. d. R. Bestandteil der strategischen Planung. Anders als bei der operativen oder Liquiditätsplanung kann man auf eine detaillierte Monatsplanung verzichten, da es vor allem darum geht, sich einen Überblick über die größeren Zahlungsströme oder -blöcke zu verschaffen. Es geht u. a. darum, den Trend bei den Umsatzerlösen und anderen größeren Einzahlungen sowie bei relevanten Auszahlungspositionen, etwa Material- und Personalkosten, Investitionen, Tilgungen, Steuerzahlungen, zu erkennen. Kleinere Positionen werden bei der Finanzplanung häufig nur mit einem pauschalen Wert angesetzt. Ziel der Finanzplanung ist es, abzuschätzen, ob ein Unternehmen auf mittlere Sicht grundsätzlich dazu in der Lage sein wird, seinen Zahlungsverpflichtungen nachzukommen, oder ob und, wenn ja, wann sich durch größere Veränderungen, z. B. hohe Investitionen, größere Deckungslücken ergeben. Durch den Blick in die etwas entferntere Zukunft ist dann fast immer noch ausreichend Zeit, sich um die Beschaffung neuer Darlehen oder eine Veränderung der Zahlungsströme zu kümmern.

3.8 Liquiditätsplanung

Bei der Liquiditätsplanung handelt es sich um die kurzfristige Planung, Überwachung und Steuerung der Zahlungsfähigkeit. Der Planungszeitraum beträgt i. d. R. ein Jahr, wobei die Jahreszahlen auf Monate oder Wochen, ggf. auch auf Tage heruntergebrochen werden. Operative Planung und Liquiditätsplanung müssen den gleichen Planungszeitraum umfassen, da sie aufeinander aufbauen.

3.9 Rentabilitätsplanung

Unter Rentabilitätsplanung versteht man die Planung des Ergebnisses nach § 275 HGB, aufgrund der Gliederung der Gewinn- und Verlustrechnung (GuV). Da die GuV ohnehin in jedem Unternehmen benötigt und erstellt wird, kann sie als Ausgangspunkt für die (kurzfristige) Finanzplanung verwendet werden. Ziel der Rentabilitätsplanung ist es zu prüfen, ob die erwarteten Umsätze und Erträge auf Dauer höher sein werden als die Aufwendungen.

4. Notwendige Daten und Informationen

Um eine vollständige und verlässliche Liquiditätsplanung erstellen zu können, müssen verschiedenste Daten- und Informationsquellen genutzt und ausgewertet werden. Zentraler Datenlieferant in jedem Unternehmen ist zunächst immer die Finanzbuchhaltung und ggf. vor- bzw. nachgelagerte Bereiche oder „Nebenbuchhaltungen" wie z. B. die Debitoren-, Kreditoren- oder Anlagenbuchhaltung.

4.1 Datenquellen für mittlere und große Unternehmen

Wesentliche Zahlen und Daten, die die Buchhaltung bereitstellt, sind:

- Umsatzerlöse (wichtig: möglichst bzw. zusätzlich nach voraussichtlichen Zahlungseingängen aufbereiten),
- sämtliche Aufwendungen (wichtig: möglichst nach Auszahlungsterminen bzw. Zahlungsrelevanz [Abschreibungen] gliedern),
- sonstige zahlungsrelevante Positionen, etwa Steuernachzahlungen oder -erstattungen, Umsatzsteuer-Zahllast, Tilgungszahlungen, Kreditzinsen (unterteilt nach Hypotheken- bzw. Darlehenszinsen und Kontokorrentzinsen, Investitionen, soweit die Zahlen nicht von den Fachabteilungen bereitgestellt werden), Gesellschafterentnahmen oder -einzahlungen, Spendeneingänge und -ausgänge, Erlöse aus dem Verkauf von Vermögensgegenständen.

PRAXISTIPP

Die Buchhaltungsdaten sollten möglichst so aufbereitet werden, dass klar ist, zu welchen Zeitpunkten es voraussichtlich zu Ein- oder Auszahlungen kommt. Das ist insbesondere bei den Umsätzen entscheidend, wenn Unternehmen nur gegen Rechnung verkaufen können. Dann müssen z. B. auch Zahlungsfristen, -ausfälle oder -verzögerungen zumindest in etwa abgeschätzt werden. Falls keine verlässlichen Daten vorliegen, etwa darum, weil es (noch) kein Forderungsmanagement gibt, sollte versucht werden, mithilfe von Schätzungen oder Stichproben eine erste Näherungslösung zu erarbeiten. Die Praxis zeigt, dass es meist gelingt, eine 80- bis 90%ige Genauigkeit zu erreichen. Das ist im ersten Moment zwar nicht wirklich zufriedenstellend, aber immerhin besser als ein vollständiger Verzicht auf Liquiditätsinformationen. Ausgehend von den Schätzwerten muss dann versucht werden, die Werte im Zeitablauf zunehmend besser vorherzusagen und den Genauigkeitsgrad mit jeder Aktualisierung zu erhöhen. Auch hier zeigt die Praxis, dass dies möglich ist, vor allem dann, wenn ein Unternehmen den Nutzen einer funktionierenden Liquiditätsplanung in vollem Umfang erkennt. Moderne Buchhaltungsprogramme erledigen das automatisch, so dass keine nennenswerten zusätzlichen manuellen Arbeiten anfallen.

4.2 Datenquellen für kleine Unternehmen, Selbstständige und Freiberufler

In kleinen Betrieben ohne eigene Buchhaltung müssen die genannten Daten vom Steuerberater oder vom Buchführungshelfer zur Verfügung gestellt werden, soweit der Unternehmer sich nicht selbst mit der Datenerfassung und -zusammenstellung befasst. Für den Unternehmer ist es in einem solchen Fall von besonderer Bedeutung, dass er mit dem Steuerberater oder Buchführungshelfer Punkt für Punkt bespricht, welche Daten und Zahlen er wann und in welcher Form zur Verfügung gestellt bekommt. Um hier zu einem guten Ergebnis zu gelangen, ist es i. d. R. notwendig, dass sich beide Seiten die Zeit nehmen und in einem Gespräch genau festlegen, welche Information wann in welcher Form vorliegen soll.

Wichtig gerade in Sachen Liquiditätsplanung und -steuerung ist, dass jeder Unternehmer auf eine mindestens monatliche Bereitstellung der Zahlen drängt. Bei längeren Intervallen, etwa quartalsweise, ist es kaum möglich, aufkommende Liquiditätsprobleme frühzeitig zu erkennen und gegenzusteuern. Wöchentliche bzw. tägliche Intervalle sind bei kleinen Betrieben meist nicht notwendig, zumindest dann nicht, wenn es eine überschaubare Anzahl von zahlungsrelevanten Geschäftsfällen gibt. Die Wahl der Berichtsintervalle hängt natürlich auch von den Wünschen und Anforderungen eines Unternehmens ab.

Grundsätzlich wird die BWA (betriebswirtschaftliche Auswertung) einem Unternehmer monatlich zur Verfügung gestellt. Zwar enthält die normale BWA keine Abgrenzungen und ist daher oft relativ ungenau. Aber als Ausgangspunkt für die Liquiditätsplanung ist sie zumindest in kleinen Betrieben zunächst ausreichend. Falls möglich, sollte man mit seinem Steuerberater oder der Buchhaltung sprechen, wie man die Qualität der BWA verbessern kann, etwa durch Abgrenzung von Materialverbrauch oder Personalsonderzahlungen. Außerdem sollte man berücksichtigen, dass die klassische BWA nicht alle zahlungswirksamen Geschäftsfälle beinhaltet, wie etwa Einzahlungen aus Krediten, Einlagen oder Entnahmen von Gesellschaftern, Tilgungszahlungen, Steuernachzahlungen, Zahllast, Vorauszahlungen oder Investitionen. Diese Geschäftsfälle gehören zwingend zur Liquiditätsplanung und müssen berücksichtigt werden. Außerdem sollte man darauf achten, dass die Werte spätestens fünf bis zehn Arbeitstage nach Monatsende vorliegen, um im laufenden Monat im Fall von Problemen noch ausreichend Zeit zum Handeln zu haben.

4.3 Weitere Daten- und Informationsquellen

Neben der Buchhaltung stehen einem Unternehmen regelmäßig weitere Datenquellen für die Liquiditätsplanung und -steuerung zur Verfügung:

- **Kostenrechnung und Controlling:**

  Diese Bereiche liefern i. d. R. mit den Fachabteilungen abgestimmte Informationen und Zahlen für die Zukunft (Planwerte, siehe oben), helfen bei der Auswertung und Analyse der tatsächlichen Lage und erarbeiten mit den Abteilungen Maßnahmen, um die Liquiditätslage und die allgemeine wirtschaftliche Leistungsfähigkeit eines Unternehmens kurz- und langfristig zu verbessern.

- **Vertrieb, Service und Einkauf:**

  Außer den Daten der Nebenbuchhaltungen können die genannten Bereiche z. B. ebenfalls Daten für Prognose und Planung liefern. Durch die zahlreichen Kontakte zur Außenwelt erhalten sie regelmäßig wichtige Informationen darüber, wie sich die Bedingungen rund um den Betrieb mit hoher Wahrscheinlichkeit entwickeln werden: Wie werden sich Absatzmengen, Preise, Kundenverhalten, Wettbewerber (wichtig u. a. für die Preisentwicklung bei Produkten und Leistungen), Materialangebot und -kosten, Währungen usw. voraussichtlich entwickeln?

- **Andere Fachabteilungen:**

  Auch andere Abteilungen können Daten für bessere Planung und Steuerung der Liquidität eines Unternehmens liefern. Der Personalbereich kann z. B. abschätzen, wie sich die Tariflandschaft entwickelt, der Forschungs- und Entwicklungsbereich kann Aussagen zu den Kosten und Auszahlungen von entsprechenden Projekten machen. Jede Fachabteilung muss dazu in der Lage sein zu beziffern, welche Investitionen oder Anlagenverkäufe vorgesehen sind.

- **Banken und andere Kreditinstitute:**

  Von Banken und Sparkassen kommen u. a. Informationen zu Kreditlinien, Darlehen, Konditionen, Zinsbelastungen und Tilgungen. Bei bestehenden Verträgen liegen der Buchhaltung i. d. R. die grundlegenden Informationen, z. B. zur Zinshöhe und zu den Tilgungsraten, bereits vor, so dass in diesen Fällen ein direkter Kontakt oder Austausch mit der Bank nicht zwingend notwendig ist. Es sollte mit dem Institut oder den Instituten gesprochen werden, um anstehende Veränderungen, z. B. bei den Zinsen, in Erfahrung zu bringen.

- **Gesellschafter:**

  Die Liquiditätslage wird vor allem bei Personenunternehmen auch durch Unternehmer oder Gesellschafter oft nachhaltig beeinflusst. Für eine verlässliche Liquiditätsplanung und -steuerung werden daher verbindliche Angaben zu anstehenden Privatentnahmen oder -einzahlungen benötigt. Wenn es klare Vereinbarungen und Verträge bezüglich der monatlichen „Gehaltsäquivalente“ gibt, lassen sich diese Entnahmen gut planen. Ist vorgesehen, dass es auch aperiodische oder Einmalzahlungen geben soll, etwa variable oder erfolgsabhängige Entgelte, sind auch diese in die Liquiditätsplanung einzubeziehen.

PRAXISTIPP

Gibt es im Unternehmen noch keine Planung, genügt es auch hier, im ersten Schritt mit fundierten Schätzungen zu arbeiten. Dazu können z. B. die Ist-Daten der Vorjahre herangezogen und auf das laufende bzw. kommende Jahr hochgerechnet werden. Zu jeder Position sollte konkret gefragt werden, ob und ggf. in welchem Umfang es zu Veränderungen kommen kann: Wie hat sich der Umsatz in den letzten Jahren entwickelt? Ist er gestiegen, gleich geblieben, gesunken? Wie hat sich die Kundenzahl entwickelt? Wie die Forderungsausfälle? Wie hat sich der Materialverbrauch entwickelt? Wie die Beschaffungspreise? Womit ist im Planjahr zu rechnen? Welche Tariflohnsteigerungen hat es gegeben? Auch hier gilt, dass es zwar Ungenauigkeiten geben wird und vor allem die erste „Planversion“ in vielen Punkten noch nicht vollkommen stimmig ist. Aber mit jeder Überarbeitung bzw. nach Ablauf jedes weiteren Monats erhöht sich der Genauigkeitsgrad, so dass spätestens für die Planung des nächsten Jahres fundierte und verlässliche Daten vorliegen.

4.4 Mit Plan- oder Ist-Daten arbeiten?

Die Frage ist leicht zu beantworten: In der Praxis werden sowohl Ist- als auch Plan-Daten benötigt.

Die Ist-Daten zeigen, wie sich die Vergangenheit entwickelt hat; somit lassen sich häufig auch Rückschlüsse auf die Zukunft ableiten: Zahlen bestimmte Kunden bisher nur mit größerer Verzögerung, wird sich hieran voraussichtlich nichts ändern, wenn nicht versucht wird, die Kunden zu einem anderen Verhalten zu bewegen (z. B. Kreditlinien begrenzen, Aufträge nur noch gegen Vorkasse). Welche regelmäßig wiederkehrenden Zahlungen gibt es, z. B. Gehälter, Mieten, Energien? In welchen Monaten fallen bestimmte Zahlungen in welcher Höhe typischerweise an (z. B. Steuern, Tilgungen, Zinsen)?

Die Plan-Daten werden benötigt, um eine Vorstellung davon zu bekommen, wie sich die Liquiditätslage in Zukunft voraussichtlich entwickeln wird: Werden sich Zahlungen in Höhe und Zeitpunkt verändern (z. B. Tariferhöhungen, Mieterhöhungen, Preissteigerungen beim Material, Änderungen der Steuervorauszahlungen oder der Umsatzsteuer-Zahllast, Umsatzerhöhungen, neue Aufträge)? Kommen Zahlungen hinzu oder entfallen sie (z. B. Lizenzaufwendungen oder -erlöse, Umsatzausfälle durch Kundenverluste oder drohende Umsatzrückgänge aufgrund zunehmenden Wettbewerbsdrucks)?

5. Kurzfristige Liquiditätsplanung

Die kurzfristige Liquiditätsplanung und -sicherung wird monatlich oder wöchentlich durchgeführt, ggf. auch tagesgenau, z. B. im Handel und in Unternehmen, in denen täglich sehr viele zahlungsrelevante Vorgänge zu verzeichnen sind. Welche Intervalle im Einzelfall gewählt werden, hängt von den Gegebenheiten in einem Unternehmen und den Vorstellungen der Inhaber und Geschäftsführer ab. Eine allgemeine Aussage oder Empfehlung für alle Unternehmen kann an dieser Stelle daher schlecht getroffen bzw. gegeben werden. Grundsätzlich gilt jedoch: Je kürzer die Planungs- und Analyseintervalle sind, desto größer ist tendenziell natürlich der Arbeitsaufwand. Umgekehrt hat man aber bei kurzen Intervallen stets einen guten und vor allem zeitnahen Überblick über die Entwicklung der Liquiditätslage. Wichtig ist außerdem, dass man den Blick mithilfe dieses Instruments immer auch in die etwas nähere Zukunft richtet. Die kurzfristige Liquiditätsplanung sollte daher mindestens einen Zeitraum von einem Jahr, besser zwei Jahren umfassen. Ideal ist es, wenn man einen rollierenden Ansatz wählt, bei dem die Planung Monat für Monat fortgeschrieben wird. Nur so lässt sich erkennen, welche größeren Ein- und Auszahlungen in dieser Betrachtungsperiode voraussichtlich zu welchen Zeitpunkten anfallen und wie sich diese Sachverhalte voraussichtlich auf die Liquiditätslage auswirken werden. Mit diesem Blick in die Zukunft wird möglicher Handlungsbedarf frühzeitig erkannt und es besteht die Möglichkeit, sich frühzeitig um Deckungs- oder Ausgleichsmöglichkeiten zu kümmern. Beispielsweise kann mit der Bank frühzeitig um eine Ausweitung des Kreditrahmens verhandelt oder geprüft werden, wie sich der Forderungseingang beschleunigen lässt.

5.1 Grundschema der kurzfristigen Liquiditätsplanung

Das Grundschema einer kurzfristigen Liquiditätsplanung und -steuerung ist in nachstehender Abbildung zu sehen. Das Grundschema wird auch für die Strukturierung und Darstellung der langfristigen Finanzplanung verwendet, wobei ggf. mehrere Positionen zu Blöcken zusammengefasst werden (siehe auch Kapitel 14 „Langfristige Finanzplanung").

Ausgehend vom aktuellen Bestand an flüssigen Mitteln wie Bargeld oder Bankguthaben werden die voraussichtlichen Einzahlungen geplant. Hier sind insbesondere Umsätze, Lizenz- oder Pachteinnahmen zu nennen sowie weitere Positionen wie z. B. Einzahlungen aus dem Verkauf von Vermögensgegenständen oder Gesellschaftereinlagen. Andere mögliche Geschäftsfälle müssen jedoch auch berücksichtigt werden, z. B. Dividenden- oder Zinszahlungen oder eingehende Spenden.

Anschließend oder parallel werden die Auszahlungen geplant. Dabei werden zunächst die Aufwendungen ohne die Abschreibungen angesetzt; Letztere sind nicht zahlungsrelevant. Auf der Auszahlungsseite kommen aber i. d. R. zahlreiche weitere Positionen hinzu, die die Liquiditätslage eines Unternehmens nachhaltig beeinflussen. In erster Linie sind hier mögliche Steuerzahlungen zu nennen, z. B. Nachzahlungen aus den Vorjahren, Vorauszahlungen für das laufende Jahr oder die Umsatzsteuer-Zahllast. Gerade Letztere wird speziell in kleinen Unternehmen gerne übersehen. Außerdem müssen Investitionen bezahlt, Tilgungen geleistet oder Gesellschafterentnahmen finanziert werden. Daneben entstehen oft weitere Auszahlungen, z. B. für Lizenzen oder Spenden.

Abb. 4. Grundschema einer Liquiditäts- und Finanzplanung

Mittelzuflüsse	
	Flüssige Mittel (Bankguthaben)
+	Umsätze
+	Verkauf von Vermögen
+	Gesellschaftereinlagen
+	sonstige Einzahlungen, z. B. Spenden, Dividenden, Lizenzen, Rechte
=	Summe Mittelzuflüsse

Mittelabflüsse	
	Materialaufwand
+	Personalaufwand
+	Sachaufwand (Mieten, Werbung, Kfz, Energie usw.)
+	Steuern (Vorauszahlungen, Umsatzsteuer-Zahllast, Nachzahlungen)
+	Investitionen
+	Kredittilgungen (Kapitaldienst)
+	Gesellschafterentnahmen
+	sonstige Auszahlungen, z. B. Spenden, Lizenzen, Rechte
=	Summe Mittelabflüsse

Liquiditätsüberschuss/-unterdeckung	
Deckungsmöglichkeiten	
►	Kontokorrentkredite
►	Sonstige Kredite

Aus dem Saldo der Ein- und Auszahlungen ergibt sich eine Über- oder Unterdeckung. Bei einer Überdeckung übersteigen die Ein- die Auszahlungen. Damit verfügt das Unternehmen grundsätzlich über eine für den Betrachtungszeitraum ausreichende Liquidität und hat zumindest kurzfristig keine Zahlungsprobleme. Bei einer Unterdeckung übersteigen die Aus- die Einzahlungen und das Unternehmen muss für einen Ausgleich sorgen. Zunächst ist hier der Kontokorrentkredit zu nennen. Dieser soll vor allem kurzfristig und nur temporär auftretende Lücken schließen. Denn er ist teuer und muss kurzfristig wieder ausgeglichen werden. Ist absehbar, dass es zu längeren Zahlungsengpässen kommen kann, ist es günstiger, wenn ein Unternehmen versucht, die Lücke mit einem kostengünstigeren Darlehen zu schließen. Genügen diese Maßnahmen nicht, muss darüber nachgedacht werden, wie die Auszahlungen zu begrenzen und die Einzahlungen zu erhöhen sind. Außerdem sollte geprüft werden, welche alternativen Finanzierungsmöglichkeiten neben Bankkrediten noch bestehen (vgl. auch Kapitel 17.8 „Ausgewählte Maßnahmen zur Liquiditätsverbesserung").

PRAXISTIPP

Damit man wirklich alle zahlungsrelevanten Vorgänge eines Unternehmens erfasst, empfiehlt es sich, sämtliche Konten und Geschäftsfälle der letzten zwei bis drei Jahre durchzusehen und zu prüfen, welche davon zahlungsrelevant sind. Somit wird vermieden, dass man Geschäftsfälle übersieht, die zwar zu Zahlungen führen, aber möglicherweise nur einmal pro Jahr anfallen.

5.2 Ausgangsstruktur einer monatlichen Liquiditätsplanung

Wie die monatliche Liquiditätsplanung und -steuerung konkret gestaltet werden kann, wird beispielhaft in den folgenden Abbildungen dargestellt. Der Liquiditätsplan zeigt zunächst, über welche liquiden Mittel das Unternehmen im Beispiel verfügt. Dann folgen Punkt für Punkt die Positionen, bei denen das Unternehmen mit Einzahlungen rechnet, z. B. Schecks, Bankeinzüge oder sonstige Einzahlungen. Forderungen werden unter der Überschrift „voraussichtliche Zahlungseingänge Kunden" erfasst, weil man hier nicht sicher sein kann, dass alle Außenstände vollständig und pünktlich bezahlt werden. Sie sollten also separat dargestellt und der Zahlungseingang sollte konsequent überwacht werden. Zahlt ein Kunde zum vereinbarten Zeitpunkt nicht, muss er ggf. angemahnt und im schlechtesten Fall muss eine Forderung auch eingeklagt werden (siehe auch Maßnahmen zur Liquiditätsverbesserung). Am Ende der Übersicht stehen die voraussichtlichen Zahlungseingänge inkl. der verfügbaren Barmittel. Dieses Geld steht dem Unternehmen zur Verfügung, um seine anstehenden Zahlungsverpflichtungen zu begleichen.

ABB. 5: Beispiel eines einfachen Liquiditätsplans – Einzahlungsplanung

Liquiditätsplan				
A.	**Einzahlungsplanung**			
			Einzelbeträge	**Summen**
I.	**Liquide Mittel**			
	1.	Sparkasse	30.000,00	
	2.	Deutsche Bank	15.000,00	
	3.	Raiffeisenbank	0,00	
	4.	Kasse	0,00	
	Liquide Mittel			**45.000,00**
II.	**Eingereichte Schecks**			
	1.	Meier	3.500,00	
	2.	Hermanns	6.200,00	
	3.		0,00	
	4.		0,00	
	5.		0,00	
	Eingereichte Schecks			**9.700,00**

III.	**Bankeinzüge**		
	Bankeinzüge	35.000,00	**35.000,00**
IV.	**Sonstige Einzahlungen**		
1.	Einlagen Gesellschafter	0,00	
2.	Auflösung Festgelder	10.000,00	
3.	Zinsen	2.500,00	
4.	Vermögensverkäufe	0,00	
5.	Steuererstattungen	0,00	
6.		0,00	
7.		0,00	
	Sonstige Einzahlungen		**12.500,00**
V.	**Voraussichtliche Zahlungseingänge Kunden (Forderungen)**		
1.	Fa. Gabriel	3.200,00	
2.	Fa. Mücke	6.400,00	
3.	Fa. Engels	1.800,00	
4.	Fa. Peters	2.900,00	
5.	Fa. Oheim	600,00	
6.		0,00	
7.		0,00	
8.		0,00	
9.		0,00	
10.		0,00	
	Summe Zahlungseingänge		**14.900,00**
	Summe Einzahlungen		**117.100,00**

Die Zahlungsverpflichtungen oder Auszahlungen folgen auf einer weiteren Seite. Hier werden alle Positionen erfasst, die zu Auszahlungen führen. Wichtig ist, dass bei Ein- und Auszahlungen stets der gleiche Zeitraum, z. B. der Monat April, betrachtet wird.

In der Abbildung ist zu sehen, dass auch hier zunächst die unterwegs befindlichen Schecks, dann die manuell und maschinell ausgestellten Auszahlungspositionen dargestellt werden. Es folgen gut planbare Zahlungen, z. B. Daueraufträge, und der voraussichtliche Finanzbedarf, etwa Gehälter, Steuern, Abgaben oder Tilgungen. Am Ende steht die Gesamtsumme der in diesem Monat fälligen Auszahlungen.

ABB. 6: Beispiel eines einfachen Liquiditätsplans – Auszahlungsplanung

Liquiditätsplan				
B.	**Auszahlungsplanung**			
			Einzelbeträge	**Summen**
VI.	**Schecks unterwegs (an Lieferer)**			
	1.	Fa. Hecht	9.100,00	
	2.	Fa. Siebert	4.300,00	
	3.	Fa. Zander	2.150,00	
	4.	Fa. Jansen	1.470,00	
	5.		0,00	
	Schecks unterwegs			**17.020,00**
VII.	**Ausgestellte Überweisungen** (manuell)			
	1.	Umsatzsteuer	8.420,00	
	2.	Einkommensteuer	12.800,00	
	3.		0,00	
	4.		0,00	
	5.		0,00	
	Ausgestellte Überweisungen			**21.220,00**
VIII.	**Sammelüberweisungen Datenträgeraustausch**			
		42 Einzelüberweisungen	22.800,00	**22.800,00**
IX.	**Online-Banking**			
		26 Einzelüberweisungen	14.500,00	**14.500,00**
X.	**Daueraufträge/Einzugsermächtigung**			
	1.	Mieten	4.200,00	
	2.	Energieversorgung	1.400,00	
	3.	Pkw-Leasing	600,00	
	4.		0,00	
	5.		0,00	
	Daueraufträge/Einzugsermächtigungen			**6.200,00**
XI.	**Voraussichtlicher Finanzbedarf**			
	1.	Lohn und Gehalt	29.000,00	
	2.	Sozialabgaben	10.600,00	
	3.	Lohnsteuer	11.200,00	
	4.	Tilgungsraten	5.000,00	
	5.	Entnahme Gesellschafter	6.000,00	
	6.	Investitionen	0,00	

7.	Spenden	0,00	
8.	Zinsen	1.200,00	
9.	Werbung	9.000,00	
10.	Sonstige Auszahlungen	4.000,00	
Voraussichtlicher Finanzbedarf			**72.000,00**
Summe Auszahlungen			**153.740,00**
Über-/Unterdeckung			**-36.640,00**

Was tun, wenn man den Zahlungsverpflichtungen nicht nachkommen kann?

Ein- und Auszahlungen werden gegenübergestellt und es verbleibt ein Saldo, der positiv (Überdeckung = Einzahlungen übersteigen Auszahlungen) oder negativ ist (Unterdeckung = Auszahlungen übersteigen Einzahlungen). Bei einer Überdeckung kann das Unternehmen die Liquidität ggf. anlegen, vorhandene Kredite tilgen oder z. B. eine Investition tätigen, ohne einen Kredit aufnehmen zu müssen. Im Fall einer Unterdeckung muss für einen Ausgleich gesorgt werden. Im ersten Schritt versucht man i. d. R., einen Ausgleich durch die Inanspruchnahme der Kontokorrentkredite (Kreditlinien) herbeizuführen.

Im Beispiel hat das Unternehmen bei drei Banken diese Möglichkeit. Insgesamt können 180.000 € an kurzfristigen Krediten in Anspruch genommen werden. Die Linien sind aber bereits zu 145.000 € ausgeschöpft, sodass nur noch 35.000 € zur Verfügung stehen. Es fehlen also gut 1.600 €, um allen Zahlungsverpflichtungen in der betrachteten Periode nachkommen zu können.

ABB. 7: Beispiel eines einfachen Liquiditätsplans – Ausgleichsmöglichkeiten

Liquiditätsplan			
C.	**Ausgleichsmöglichkeiten**		
		Einzelbeträge	**Summen**
XII.	**Kreditzusagen/Kreditlinien**		
1.	Sparkasse	50.000,00	
2.	Deutsche Bank	100.000,00	
3.	Raiffeisenbank	30.000,00	
4.		0,00	
5.		0,00	
	Kreditzusagen/Kreditlinien		**180.000,00**
XIII.	**Inanspruchnahmen**		
1.	Sparkasse	50.000,00	
2.	Deutsche Bank	80.000,00	
3.	Raiffeisenbank	15.000,00	
4.		0,00	
5.		0,00	
	Inanspruchnahmen		**145.000,00**
	Verbleibende Über-/Unterdeckung		**-1.640,00**

Sicher ist die Höhe der Unterdeckung an sich nicht kritisch, und es ist leicht möglich, hier für Deckung zu sorgen. Beispielsweise können bestimmte Auszahlungen ausgesetzt, verschoben oder in der Summe reduziert werden (u. a. Werbung oder die Entnahmen der Gesellschafter). Es muss ggf. geprüft werden, ob man mit einer Bank über eine Ausweitung der Kreditlinie verhandeln kann.

Wichtiger als die Information, dass am Ende der Betrachtungsperiode voraussichtlich rund 1.600 € fehlen werden, ist die Beantwortung der Frage, die sich dem Unternehmer sofort stellt bzw. stellen sollte: Wie geht es im nächsten Monat bzw. in den kommenden Monaten weiter? Wird sich der Fehlbetrag wieder ausgleichen? Wird er sich erhöhen oder bleibt er gleich? Diese Frage wird sich auch die Bank stellen und ggf. auf ein Unternehmen zukommen und nachfragen, wie es um die Zahlungsfähigkeit bestellt ist. Schließlich sieht die Bank nur ein Konto, das überzogen ist, und kann ohne weitere Informationen nicht beurteilen, wie es in den kommenden Monaten weitergeht. In einer solchen Lage ist es sinnvoll, Kontakt mit der Bank aufzunehmen und die Lage zu erläutern.

Damit man diese und andere Fragen in Zusammenhang mit der Liquiditätsplanung und -steuerung beantworten kann, ist es notwendig, eine Planung zu erstellen, die nicht nur eine Periode (Monat), sondern mehrere Monate umfasst. Wie eine solche Planung aussehen kann, wird in den nächsten Abbildungen veranschaulicht.

5.3 Monatliche Liquiditätsplanung mit Plan-Ist-Vergleich

Bei dem folgenden Beispiel handelt es sich um eine exemplarische monatliche Liquiditätsplanung. Der zentrale Unterschied gegenüber der zuvor besprochenen Darstellung ist, dass hier sowohl Plan- als auch Ist-Werte gezeigt werden und es Zusammenfassungen je Quartal gibt. Eine Gegenüberstellung von Plan- und Ist-Daten ist unbedingt notwendig, weil man nur so erkennen kann, ob man seine Ziele (Plan) erreicht und übertroffen hat oder ob es negative Abweichungen (z. B. weniger Einzahlungen und mehr Auszahlungen als gedacht) gegeben hat. Werden die Abweichungen in den kommenden Monaten so groß, dass eine Unterdeckung droht, die mit der Kreditlinie nicht mehr ausgeglichen werden kann, muss man im Unternehmen weitere Maßnahmen ergreifen (vgl. Kapitel 18 „Das erfolgreiche Bankgespräch").

Außerdem werden, um die Übersichtlichkeit zu bewahren, bei einer Darstellung, die mehrere Wochen oder Monate umfasst, meist keine Einzelpositionen, z. B. Forderungen gegenüber bestimmten Kunden, berücksichtigt. Vielmehr werden diese Positionen zu einer Gesamtposition zusammengefasst, z. B. unter den Forderungen. Am Ende der Tabelle finden sich zudem flüssige Mittel und Kreditlinien.

Abb. 8: Beispiel einer monatlichen Liquiditätsplanung

Liquiditätsplanung	Jan			Feb			März			1. Quartal		
	Plan	Ist	Abw.	Plan	Ist	Abw.	Plan	Ist	Abw.	Plan	Ist	Abw.
A. Einzahlungen												
Summe Umsatzerlöse	32.000,0	31.000,0	-1.000,0	30.000,0	29.500,0	-500,0	33.000,0	33.400,0	400,0	95.000,0	93.900,0	-1.100,0
Zinsen/Dividenden	1.000,0	900,0	-100,0	500,0	520,0	20,0	500,0	520,0	20,0	2.000,0	1.940,0	-60,0
Einzahlungen Gesellschafter	500,0	600,0	100,0	0,0	0,0	0,0	0,0	0,0	0,0	500,0	600,0	100,0
Vermögensverkäufe	5.000,0	5.500,0	500,0	0,0	0,0	0,0	2.000,0	1.800,0	-200,0	7.000,0	7.300,0	300,0
Darlehen, Hypothek	0,0	0,0	0,0	0,0	0,0	0,0	0,0	0,0	0,0	0,0	0,0	0,0
Andere Einzahlungen	200,0	100,0	-100,0	200,0	250,0	50,0	100,0	70,0	-30,0	500,0	420,0	-80,0
Summe Einzahlungen	**38.700,0**	**38.100,0**	**-600,0**	**30.700,0**	**30.270,0**	**-430,0**	**35.600,0**	**35.790,0**	**190,0**	**105.000,0**	**104.160,0**	**-840,0**
B. Auszahlungen												
Summe Aufw. (ohne AfA)	22.500,0	23.300,0	-800,0	22.100,0	23.400,0	-1.300,0	26.000,0	26.900,0	-900,0	70.600,0	73.600,0	-3.000,0
Investitionen	10.000,0	12.000,0	-2.000,0	2.000,0	1.700,0	300,0	0,0	500,0	-500,0	12.000,0	14.200,0	-2.200,0
Schuldentilgung	1.000,0	800,0	200,0	1.000,0	1.100,0	-100,0	1.000,0	1.140,0	-140,0	3.000,0	3.040,0	-40,0
Entnahmen Gesellschafter	4.000,0	3.500,0	500,0	4.000,0	4.000,0	0,0	4.000,0	4.000,0	0,0	12.000,0	11.500,0	500,0
Zinszahlungen	500,0	600,0	-100,0	500,0	540,0	-40,0	500,0	500,0	0,0	1.500,0	1.640,0	-140,0
Umsatzsteuer Zahllast	2.500,0	2.310,0	190,0	2.100,0	1.920,0	180,0	2.250,0	2.090,0	160,0	6.850,0	6.320,0	530,0
	0,0	0,0	0,0	0,0	0,0	0,0	0,0	0,0	0,0	0,0	0,0	0,0
	0,0	0,0	0,0	0,0	0,0	0,0	0,0	0,0	0,0	0,0	0,0	0,0
	0,0	0,0	0,0	0,0	0,0	0,0	0,0	0,0	0,0	0,0	0,0	0,0
Andere Auszahlungen	200,0	150,0	50,0	200,0	120,0	80,0	200,0	220,0	-20,0	600,0	490,0	110,00
Summe Auszahlungen	**40.700,0**	**42.660,0**	**-1.960,0**	**31.900,0**	**32.780,0**	**-880,0**	**33.950,0**	**35.350,0**	**-1.400,0**	**106.550,0**	**110.790,0**	**-4.240,0**
Überdeckung/ Unterdeckung/Selektiv	**-2.000,0**	**-4.560,0**	**-2.560,0**	**-1.200,0**	**-2.510,0**	**-1.310,0**	**1.650,0**	**440,0**	**-1.210,0**	**1.650,0**	**440,0**	**-1.210,0**
Überdeckung/ Unterdeckung/Kumulativ	**-1.000,0**	**-3.690,0**	**-2.690,0**	**-2.200,0**	**-6.200,0**	**-4.000,0**	**-550,0**	**-5.760,0**	**-5.210,0**	**-550,0**	**-5.760,0**	**-5.210,0**
C. Flüssige Mittel												
Flüssige Mittel	1.000,0	870,0	-130,0	-1.000,0	-3.690,0	-2.690,0	-2.200,0	-6.200,0	-4.000,0	-2.200,0	-6.200,0	-4.000,0
Kreditlinie (immer als Limit eingeben)	15.000.,0	15.000,0	0,0	15.000,0	15.000,0	0,0	15.000,0	15.000,0	0,0	15.000,0	15.000,0	0,0
Summe Deckungsmöglichkeiten	**16.000,0**	**15.870,0**	**-130,0**	**14.000,0**	**11.310,0**	**-2.690,0**	**12.800,0**	**8.800,0**	**-4.000,0**	**12.800,0**	**8.800,0**	**-4.000,0**
D. Ihre Liquidität (Über-/Unterd. sel., fl. Mittel, Kr.linie)	**14.000,0**	**11.310,0**	**-2.690,0**	**12.800,0**	**8.800,0**	**-4.000,0**	**14.450,0**	**9.240,0**	**-5.210,0**	**14.450,0**	**9.240,0**	**-5.210,0**

ABB. 9: Beispiel einer wöchentlichen Liquiditätsplanung

Wöchentliche Liquiditätsplanung	KW 40-52 2008 Oktober – Dezember												Angaben in T€
Positionen	**KW 40**	**KW 41**	**KW 42**	**KW 43**	**KW 44**	**KW 45**	**KW 46**	**KW 47**	**KW 48**	**KW 49**	**KW 50**	**KW 51**	**KW 52**
I. Einzahlungen													
Umsätze	207,8	255,0	206,0	157,0	197,0	143,0	201,0	170,0	183,7	191,4	192,8	178,5	210,0
Zinserträge	0,0	0,0	0,0	0,0	9,0	0,0	0,0	0,0	9,0	0,0	0,0	0,0	9,0
Einlagen	0,0	0,0	0,0	0,0	0,0	0,0	0,0	0,0	0,0	0,0	0,0	0,0	0,0
Vermögensverkäufe	0,0	0,0	0,0	0,0	0,0	0,0	0,0	0,0	0,0	0,0	0,0	0,0	0,0
Sonstige	0,0	0,0	0,0	0,0	0,0	0,0	0,0	0,0	0,0	0,0	0,0	0,0	0,0
Summe Einzahlungen	**207,8**	**255,0**	**206,0**	**157,0**	**206,0**	**143,0**	**201,0**	**170,0**	**192,7**	**191,4**	**192,8**	**178,5**	**219,0**
II. Auszahlungen													
Material	100,4	138,1	146,2	134,1	94,0	95,0	89,0	91,0	96,0	92,5	96,0	140,0	90,0
Bezogene Leistungen	32,0	0,0	0,0	0,0	0,0	0,0	0,0	0,0	0,0	0,0	0,0	0,0	0,0
Löhne/Gehälter	0,0	0,0	0,0	0,0	120,0	0,0	0,0	0,0	190,0	0,0	0,0	0,0	120,0
Sozialabgaben	12,0	0,0	0,0	0,0	60,0	0,0	0,0	0,0	95,0	0,0	0,0	0,0	60,0
Raumkosten	0,0	0,0	0,0	0,0	12,0	0,0	0,0	0,0	12,0	0,0	0,0	0,0	12,0
Versicherungen/Beiträge	0,0	0,0	0,0	0,0	0,0	0,0	0,0	0,0	0,0	0,0	0,0	8,0	0,0
Reparaturen/Instandhaltung	6,0	5,0	3,0	2,0	4,0	5,0	6,0	5,0	5,0	5,0	4,0	4,0	8,0
Fahrzeugkosten	1,0	1,5	1,0	1,5	2,0	1,0	1,0	1,0	2,0	3,0	1,5	2,0	1,0
Werbung/Reise	4,0	1,0	1,0	2,0	3,5	0,0	0,0	5,0	5,0	5,0	4,0	3,0	1,0
Warenabgabe	5,1	3,9	8,1	16,0	4,0	2,0	21,0	4,0	4,0	4,0	4,0	4,0	4,0
Sonstige betriebliche Aufwendungen	26,0	39,1	20,4	24,8	13,0	19,8	20,0	20,0	20,0	18,9	19,5	19,8	20,0
Zinsen und ähnliche Aufwendungen	0,0	0,0	0,0	0,0	5,0	0,0	0,0	0,0	5,0	0,0	0,0	0,0	5,0
Steuern vom Einkommen und Ertrag	0,0	0,0	0,0	0,0	0,0	0,0	30,0	0,0	0,0	0,0	0,0	0,0	0,0
Sonstige Steuern	0,0	0,0	0,0	0,0	0,0	0,0	0,0	1,0	0,0	0,0	0,0	0,0	0,0
Umsatzsteuer-Zahllast	0,0	20,0	0,0	0,0	0,0	22,0	0,0	0,0	0,0	23,0	0,0	0,0	0,0
Investitionen	18,0	0,0	0,0	0,0	0,0	0,0	0,0	0,0	0,0	0,0	0,0	0,0	0,0
Tilgungen	0,0	0,0	0,0	0,0	12,0	0,0	0,0	0,0	12,0	0,0	0,0	0,0	12,0
Entnahmen	0,0	8,0	0,0	0,0	8,0	0,0	0,0	0,0	8,0	0,0	0,0	0,0	8,0
Sonstige Auszahlungen	1,8	2,0	2,0	2,0	2,4	1,4	1,4	2,0	2,0	1,0	2,0	1,0	1,0
Summe Auszahlungen	**206,3**	**218,6**	**181,7**	**182,4**	**339,9**	**146,2**	**168,4**	**129,0**	**456,0**	**152,4**	**131,0**	**181,8**	**342,0**
III. Über-/Unterdeckungen													
Über-/Unterdeckungen von Maßnahmen	1,5	36,4	24,3	-25,4	-133,9	-3,2	32,6	41,0	-263,3	39,0	61,8	-3,3	-123,0
Banksalden Wochenanfang	-57,0	-55,5	-19,1	5,2	-20,2	-154,1	-157,3	-124,7	-83,7	-347,0	-308,0	-246,2	-249,5
Banksalden Wochenende	-55,5	-19,1	5,2	-20,2	-154,1	-157,3	-124,7	-83,7	-347,0	-308,0	-246,2	-249,5	-372,5
Eingeräumte Kreditlinien	250,0	250,0	250,0	250,0	250,0	250,0	250,0	250,0	250,0	250,0	250,0	250,0	250,0
IV. Endgültige Über-/Unterdeckungen	**194,5**	**230,9**	**255,2**	**229,8**	**95,9**	**92,7**	**125,3**	**166,3**	**-97,0**	**-58,0**	**3,8**	**0,5**	**-122,5**

5.4 Wöchentliche Liquiditätsplanung

In Abbildung 9 ist ein Beispiel für eine Liquiditätsplanung auf Wochenbasis zu sehen. Es gelten grundsätzlich die bisher getätigten Aussagen, etwa in Bezug auf Ein- und Auszahlungen sowie Deckungsmöglichkeiten. Aus Platzgründen wurde auf eine Gegenüberstellung mit Ist-Daten verzichtet.

5.5 Tägliche Liquiditätsplanung und -steuerung und Steuerung in Echtzeit

In einigen Unternehmen mit besonders vielen zahlungsrelevanten Vorgängen ist es sogar der Fall, dass die Liquiditätsplanung und -steuerung täglich vorgenommen wird. Dabei werden vor allem die Einzahlungs- bzw. Umsatzseite betrachtet, wenn diese größeren Schwankungen unterliegen. Soweit es auf der Auszahlungsseite nur eine geringe Anzahl von Positionen bzw. weniger Schwankungen gibt, wird hier abweichend häufig eine Wochen- oder sogar Monatsplanung erstellt. Eine Ausnahme gilt ggf. für die Planung der Auszahlungen im Material- oder Warenbereich, weil diese sich i. d. R. parallel zu den Umsätzen entwickelt.

Eine tägliche Liquiditätsplanung und -steuerung findet sich häufig im Handel. Hier werden auch die aktuelle Entwicklung mit den Daten des Vorjahres oder Filialen untereinander verglichen.

Mit modernen IT-Systemen ist heute grundsätzlich auch eine Planung bzw. Steuerung der Liquidität in Echtzeit möglich. Der Vorteil ist, dass man jederzeit einen Überblick über die Liquiditätslage hat und weiß, wie viele Mittel aktuell zur Verfügung stehen. Zudem lassen sich Simulationen oder Szenarien auf Basis aktueller Daten zuverlässig erstellen. Dagegen steht, dass man mit einer vor allem sehr kurzfristigen Steuerung oft den Blick für die etwas fernere Zukunft verliert: Wie sieht die Liquidität voraussichtlich in zwei bis drei Monaten aus? Wo gibt es Risiken, die sich negativ auf die Zahlungsfähigkeit auswirken können? Usw. Daher sollte man sich nie nur mit kurzfristigen Planungs- und Steuerungselementen befassen.

5.6 Liquiditätspuffer zur Krisenvorbeugung aufbauen

Um möglichen Liquiditätskrisen vorzubeugen, müssen Unternehmen eine Liquiditätsreserve aufbauen.

Faustregel: Man sollte mindestens die durchschnittlichen Auszahlungen von zwei bis drei Monaten aus bestehenden Mitteln decken können, ohne Einzahlungen zu haben. In diesem Zeitraum ist es in den meisten Fällen möglich, Konzepte gegen eine Krise zu entwickeln und sicherzustellen, dass das Unternehmen überlebt.

BEISPIEL: Ein Unternehmen hat jährlich auszahlungswirksame Kosten von 1,2 Mio. €. Hinzu kommen 0,6 Mio. € für Tilgungen, Steuerzahlungen, Investitionen usw. Zusammen fallen also Auszahlungen von etwa 1,8 Mio. € an. Die Liquiditätsreserve sollte also etwa 0,3-0,45 Mio. € betragen.

Ziel muss es also sein, einen entsprechenden Liquiditätsstock aufzubauen. Das bedeutet, dass man regelmäßig Gelder zurücklegen bzw. auf Konten sammeln muss. Der Liquiditätsstock muss nicht starr als Reserve gehalten werden; man kann mit dem Geld auch „arbeiten" und z. B. Investitionen oder Zukäufe tätigen. Wenn die Mittel aber reduziert worden sind, müssen sie möglichst zeitnah wieder aufgestockt werden.

Um einen Liquiditätsstock aufzubauen, sollte es im Unternehmen verbindliche Regeln oder Richtlinien geben, an die sich alle Beteiligten halten müssen. Einige Beispiele:

1. Um das Bewusstsein zu schärfen und Transparenz herzustellen, sollte zunächst ein spezielles „Liquiditätskonto" eingerichtet werden, auf das die Reserven tatsächlich fließen.
2. Von jedem Verkauf oder von jedem Projekt/Auftrag sollten 2-3 % zurückgelegt werden, um die Reserve zu erhöhen, bis der gewünschte Wert erreicht ist.
3. Die internen Abläufe und Prozesse sollten verbessert werden, um die eigentliche Rechnungsstellung zu beschleunigen. Auch die Digitalisierung kann helfen, die Prozesse zu verbessern (vgl. Kapitel 11.1 „BI-Tools und Big Data").
4. Je nach Ausgangslage kann darüber nachgedacht werden, frische eigene Mittel zuzuführen, um das Ziel schneller zu erreichen.
5. Durch die Verbesserung des Forderungsmanagements ist es fast immer möglich, den Zahlungseingang im Mittel zu beschleunigen, z. B. durch einen größeren Anteil von Anzahlungen, kürzere Zahlungsziele oder Vorkasse und auch durch Maßnahmen, die dazu beitragen, Ausfälle zu reduzieren.
6. Auszahlungen ab einem bestimmten Betrag sollten nur mit einer Planung und Genehmigung, z. B. der Abteilungsleitung, des Controllings oder der Geschäftsführung, erfolgen dürfen.
7. Es sollten möglichst nur Produkte/Leistungen/Aufträge realisiert werden, die einen bestimmten Mindest-Deckungsbeitrag oder -gewinn erwirtschaften. Dieser kann z. B. in Prozent vorgegeben werden. Wenn sich das nicht immer erreichen lässt, sollte festgelegt werden, wann man von den Vorgaben abweichen darf.
8. Die Zielerreichung kann z. B. überprüft werden, indem man Kennzahlen mit Vorgaben erstellt, z. B. Liquidität bezogen auf den Umsatz, die Bilanzsumme oder den Gewinn. Ggf. können auch Kenngrößen wie die Liquiditätsgrade oder das Working-Capital herangezogen werden.

6. Operative Planung als Voraussetzung für die Erstellung einer Finanz- und Liquiditätsplanung

6.1 Ausgangsbasis für operative Planung

Das Erstellen einer Liquiditäts- und Finanzplanung setzt grundsätzlich voraus, dass es im Unternehmen eine operative Planung gibt oder diese eingeführt wird. Mithilfe der operativen Planung wird das Betriebsergebnis eines Unternehmens geplant, also vor allem Umsätze, Kosten und Investitionen.

Um diese Zahlen zu erhalten, sind mehrere Teilpläne zu erstellen, die sich auch mit inhaltlichen Punkten befassen, z. B. der Planung von Kapazitäten, der Anzahl der Mitarbeiter oder der benötigten Sachmittel.

6.2 Teilpläne der operativen Planung

Zuerst erfolgt eine Planung nach Mengen:

- Absatzmengenplanung (Stückzahlen),
- Produktionsplanung (wann wird was mit welchen Mitteln erzeugt?),
- Personalplanung (Zeitbedarf),
- Materialbedarfsplanung (Stückzahlen),
- Sachmittelplanung,
- Investitionsplanung (inkl. Abschreibungsplan).

In einem zweiten Schritt erfolgt die Zuordnung von (Euro-)Werten zu den jeweiligen Planwerten. Nun lässt sich ein Budget für jede Position erstellen.

Damit ergeben sich folgende Teilpläne:

- Umsatzplan,
- Personalaufwandsplan,
- Materialaufwandsplan,
- Abschreibungsaufwandsplan,
- Zinsaufwandsplan.

Falls eine Kostenrechnung vorhanden ist, wird auch eine Planung auf dieser Ebene erzeugt.

6.3 Grundlegender Ablauf der operativen Planung

Kern- und Ausgangspunkt jeder operativen Planung ist die Umsatzplanung, und hier vor allem die Planung der Absatzmengen. Die möglichst genaue Planung der Absatz- bzw. Verkaufsmengen ist eine Herausforderung für nahezu jedes Unternehmen. Denn auf dieser Teilplanung bauen alle anderen Teilpläne auf. Schafft man es nicht, eine realistische Absatzmengenplanung zu erstellen, kann dies zu unnötigen Kapazitäten führen, die aber dennoch bezahlt werden müssen. Dies ist der Fall, wenn man deutlich mehr Absatz plant, als tatsächlich erzielt werden kann. Umgekehrt führt eine zu knappe oder konservative Planung der Absatzmengen dazu, dass man u.U. nicht alle Kundenwünsche kurzfristig erfüllen kann, weil z.B. noch Kapazitäten aufgebaut oder Produkte bei Sublieferanten bestellt werden müssen. In der Folge kann es vorkommen, dass man als Unternehmen Aufträge und Kunden dauerhaft verliert. Bei der Absatzmengenplanung muss jedes Unternehmen also besondere Sorgfalt walten lassen. Einige Beispiele und Anregungen, wie die Absatzmengenplanung relativ genau vorgenommen werden kann:

- Durchführung von Kundenbefragungen,
- Analyse der Entwicklung der Verkaufszahlen aus den Vorjahren,
- Analyse des aktuellen Auftragsbestands,
- Versuch, mit Kunden langfristige Verträge mit festen Absatzmengen auszuhandeln.

Steht die voraussichtliche Absatzmenge für das Planjahr mit hoher Wahrscheinlichkeit fest, gilt es, die Ressourcen (das Mengengerüst) zu planen, z.B. die Kapazitäten (wie viele Produkte können oder sollen selbst produziert bzw. von Dritten bezogen werden), die Anzahl der Mitarbeiter, den Materialbedarf (in Stück, Metern, Kilo o.Ä.), den Sachmittelbedarf (etwa Mietflächen, Büromaterialmengen) oder den Investitionsbedarf. Aus den Ressourcen werden dann in einem nächsten Schritt die Kosten abgeleitet. Dann werden mit dem im Unternehmen eingesetzten Kalkulationsverfahren, z.B. Zuschlags- oder Maschinenstundensatzkalkulation, die Preise für alle Produkte berechnet und zur Umsatzplanung hochverdichtet. Aus den Daten wird die Plan-Gewinn- und Verlustrechnung sowie ggf. eine Planbilanz erstellt. Die Liquiditäts- und Cashflowplanung rundet die operative Planung ab (vgl. auch folgendes Kapitel).

Bei der Erstellung der operativen Planung müssen zwingend die strategischen Rahmenbedingungen und Ziele beachtet werden (z.B. Produkte, Innovationen, Kundenwünsche, Wettbewerbslage und langfristige Ziele, etwa Marktführerschaft oder Nischenanbieter).

HINWEIS

Natürlich wird kein Unternehmen die Pläne exakt so wie beschrieben hintereinander erstellen. In der Praxis ist es üblich, viele Arbeitsschritte parallel durchzuführen. Die vorgestellte Erklärung soll vielmehr den grundsätzlichen Ablauf verdeutlichen und auf mögliche Fallstricke und Schwierigkeiten hinweisen sowie Lösungsansätze anbieten. Allerdings gehören die genannten Teilpläne zu jeder guten operativen Planung. Welche Teilpläne schließlich in welcher Reihenfolge erstellt werden, muss jedes Unternehmen für sich entscheiden.

Abb. 10: Grundsätzlicher Ablauf der operativen Planung

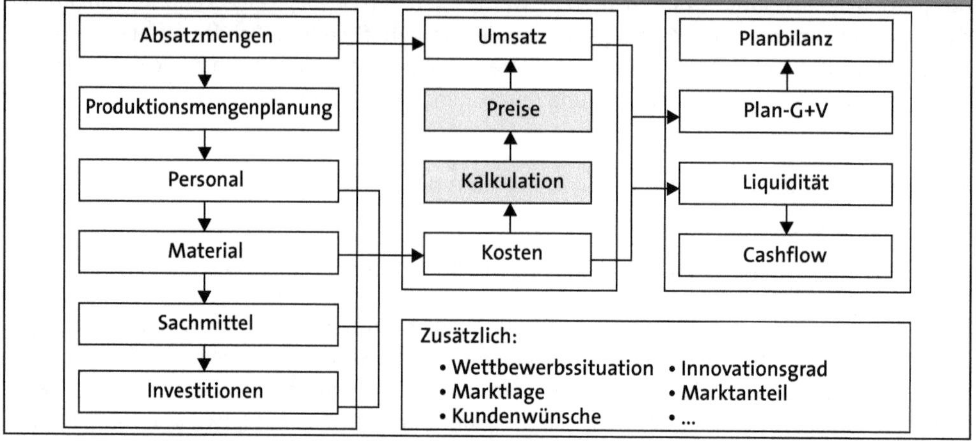

PRAXISTIPP

Die operative Planung kann separat oder aufbauend auf der ohnehin in einem Unternehmen vorhandenen Gewinn- und Verlustrechnung erstellt werden.

6.4 Wichtige Aspekte zur Unternehmensplanung

- **Planen** bedeutet das Formulieren von Zielen, die man im Unternehmen in einem bestimmten Zeitraum (ein Jahr, fünf Jahre) erreichen möchte. Jede Planung sollte schriftlich fixiert werden, da nur so allen Beteiligten klar ist, was bis wann erreicht werden soll. Nur auf diese Art und Weise kann regelmäßig überprüft werden, ob die gesetzten Ziele erreicht wurden. Planung ist ein zentraler Bestandteil des Controllings und einer seriösen und guten Unternehmensführung.
- Bei der **strategischen Planung** wird i. d. R. nicht mit konkreten Zahlen gearbeitet. Vielmehr wird formuliert, welche grundlegenden Strategien ein Unternehmen verfolgt oder verfolgen will (z. B. Qualitätsführerschaft, Innovationsführer, Billig- oder Nischenanbieter).
- Bei der **kurzfristigen Planung** wird versucht, gewünschte zukünftige Entwicklungen in konkrete Zahlen zu fassen, z. B. Umsatz, Kosten, Gewinn, Liquidität. Darüber hinaus sind die Zeitpunkte der Geldbewegungen möglichst genau zu bestimmen. Allerdings ist jede Planung mit mehr oder weniger großen Unsicherheiten behaftet, und es kommt in der Praxis (fast) immer zu mehr oder weniger großen Abweichungen.
- Daraus resultiert, dass gerade in **kleinen Betrieben** auf eine **Planung verzichtet** wird (Tenor: „Es kommt eh anders als gedacht."). Ein Verzicht auf eine schriftliche Planung führt aber regelmäßig dazu, dass man sich „verzettelt" und seine Ziele nicht entschlossen verfolgen kann. Planung und Ziele bieten Orientierung und zeigen auf, wie verlässlich man geplant hat sowie ob und ggf. wo es Ansätze für Verbesserungen gibt.

- Planen bedeutet, sich ein **Ziel, eine Messlatte** zu setzen. Ob man das Ziel erreichen konnte, wird bei der operativen Planung im Rahmen kontinuierlicher Soll-Ist-Vergleiche und Abweichungsanalysen überprüft, um evtl. Fehlentwicklungen frühzeitig erkennen und rechtzeitig reagieren zu können.
- Die Planung dient nicht nur dazu, den Beteiligten im Unternehmen selbst eine bessere **Handlungsbasis** zu geben. Auch wichtige **Geschäftspartner,** etwa Banken (Basel III), Lieferanten und Kunden, verlangen immer häufiger detaillierte Unterlagen und Nachweise darüber, dass ein Unternehmen dazu in der Lage ist, auf lange Sicht wirtschaftlich erfolgreich zu agieren. Das Vorhandensein von Planungsunterlagen ist hierfür *ein* wichtiges Indiz.

HINWEIS

Jede Planung muss auf möglichst realistischen Annahmen basieren. Dennoch ist es in der Realität nur selten der Fall, dass Plan und Ist vollkommen übereinstimmen. Speziell für die Liquiditätsplanung bedeutet dies, dass mit Reserven für mögliche Risiken geplant werden muss. Einzahlungen sollten tendenziell niedriger, Auszahlungen tendenziell höher angesetzt werden.

6.5 Kunden in den Fokus stellen, um operative und Liquiditätsplanung zu verbessern

Erster und wichtigster Teilplan der operativen Planung ist die Absatzmengenplanung. Von ihrer Qualität hängt die Güte der weiteren Teilplanungen ab, etwa die der Kapazitäts- oder Produktionsplanung, und am Ende auch, wie hoch Gewinn und Liquidität ausfallen. Es muss die Frage gestellt werden, wie viele Produkte oder Leistungen sich verkaufen lassen und wie man es schaffen kann, die Absatzmengen deutlich zu erhöhen.

Dabei müssen die Kunden besonders in den Fokus gestellt werden. Nur wenn es gelingt, die Kunden von der Qualität des eigenen Angebots zu überzeugen, wird die Anzahl der Käufer steigen und die Kundenbindung zunehmen. Jedes Unternehmen sollte sich vor Augen führen, dass es ohne Kunden nicht existieren und keine Gewinne erzielen kann. Unternehmen, die sich nicht oder nur sporadisch darum kümmern, alle Kräfte und Aktivitäten auf die Kunden und die Erfüllung ihrer Wünsche auszurichten, werden mittelfristig mit hoher Wahrscheinlichkeit mit sinkenden Kundenzahlen, Gewinnen und sinkender Liquidität zu kämpfen haben.

Und wie sieht es häufig in der Praxis aus?

Die praktischen Erfahrungen zeigen häufig, dass es viele Unternehmen nicht schaffen oder dass sie sich schlicht nicht genug darum kümmern, den Betrieb auf die Kunden auszurichten. Die Gründe hierfür sind zahlreich, etwa:

- Grundsätzlich fehlende Einsicht hinsichtlich der Notwendigkeit einer umfassenden Kundenorientierung, weil es dem Unternehmen aktuell gut geht und das schon so bleiben wird, auch wenn sich die Konjunktur verschlechtert oder neue Wettbewerber an den Markt kommen.
- Damit verbunden: Meinung, dass man schon alles für die Kunden tue, ohne das zu überprüfen oder zu hinterfragen.

- Unkenntnis über die Möglichkeiten (wie kann es gelingen, sich besser auf die Kunden zu fokussieren?).
- Annahme, dass sich nur Mitarbeiter in Kundenbereichen, wie Vertrieb oder Service, um die Käufer kümmern müssen und andere Bereiche nicht zuständig sind.
- Ignorieren von Kundenbeschwerden oder Anzeichen, die auf eine kritische Entwicklung hindeuten können, etwa Zunahme von Beschwerden, Auftragsstornos oder Verschlechterung der Angebotserfolgsquote (die Quote von erhaltenen Aufträgen im Verhältnis zu abgegebenen Angeboten sinkt).
- Überlastung oder zu viel Arbeit durch das stressige Tagesgeschäft.

PRAXISTIPP

Jedes Unternehmen muss dafür sorgen, dass nicht nur Vertrieb und Service die Kunden im Blick haben. Auch andere Mitarbeiter müssen diesen Fokus übernehmen. Wenn z. B. ein Beschäftigter der Buchhaltung oder des Einkaufs von einem Kunden nach Leistungsmerkmalen von Produkten gefragt wird, kann dieser sicher keine fundierte Beratung übernehmen. Sie können den Kunden aber z. B. mit dem Vertrieb verbinden oder dafür sorgen, dass sich ein Mitarbeiter kurzfristig beim Kunden meldet. Die Praxis zeigt, dass dies oft nicht der Fall ist und Kunden lediglich zu hören bekommen, dass sie es später selber erneut versuchen möchten. Um hier Abhilfe zu schaffen, sollen klare Regeln und Arbeitsanweisungen verfasst werden.

Ideen und Ansätze für eine bessere Kundenorientierung zur Erlangung höherer Absatzmengen und Umsätze

In jedem Unternehmen muss man sich zunächst klar darüber werden, dass die Kunden der Dreh- und Angelpunkt für den langfristigen Erfolg sind. Man muss versuchen, alles aus Sicht des Kunden zu sehen und auch so zu denken wie ein Kunde:

1. Was möchte er?
2. Was ist ihm besonders wichtig?
3. Was erleichtert ihm die Kontaktaufnahme mit dem Unternehmen?
4. Was tun wir konkret, damit sich ein Kunde wohlfühlt?
5. Was könnte ihn stören?
6. Was tun wir, um die Störfaktoren zu minimieren?
7. Worüber freut sich ein Kunde besonders (zusätzlich zum eigentlichen Leistungsangebot)?
8. Wie müsste das Angebot verändert werden, um positive Kundenerlebnisse zu generieren?
9. Gibt es eine funktionierende, stringente Kommunikation mit dem Kunden? Wird er richtig angesprochen? In der Praxis gibt es z. B. Fälle, in denen Unternehmen auf das vermeintlich persönlichere „Du" statt „Sie" umgestellt haben. Ein Kunde, der das nicht wünscht und auf einer Änderung in der Anrede besteht, bekommt dann in Mails oder Briefen zwar die Anrede „Sehr geehrter ...", aber im Textteil wird weiter geduzt. Das führt zu nachhaltiger Unzufriedenheit und dokumentiert, dass ein Unternehmen nicht besonders kundenfreundlich agiert.

Das Risiko, dass der Kunde abspringt und man Umsätze, Gewinne und Liquidität verliert, ist groß. Hinzu kommen Imageprobleme, weil Kunden über schlechte Erfahrungen besonders gerne sprechen.

10. Ist sichergestellt, dass Leitung und Mitarbeiter „am gleichen Strang ziehen"? Sagt der Chef z. B. eine Erledigung eines Auftrags bis zu einem festen Termin zu und führt der Mitarbeiter wenig später aus, dass sich der Termin nicht halten lässt, entstehen die gleichen Folgen wie im Punkt zuvor. Und so weiter.

Oft ist es einfacher, als man denkt, diese und weitere Fragen zu beantworten. Denn jeder Mensch ist regelmäßig selber Kunde bei anderen Unternehmen und kann oft sehr gut abschätzen, wann er sich selbst wohlfühlt und wann andere sich wohlfühlen. Auch regelmäßige Kundengespräche oder Zufriedenheitsabfragen helfen, den Kundenfokus zu verbessern. Hinzu kommt: Nur wenn man weiß, wer genau die Kunden sind bzw. wen man ansprechen will, kann es gelingen, das Unternehmen besser auf die Kunden auszurichten und ein entsprechendes Leistungsangebot zu erstellen, das die Kunden auch annehmen. Auch hier hilft es, sich selbst folgende Fragen kritisch zu beantworten:

1. Wer sind die Zielgruppen, die beim Unternehmen kaufen sollen?
2. Wer soll bevorzugt angesprochen werden?
3. Müssen Kunden auch unterschiedlich angesprochen werden, etwa geschlechtsspezifisch oder aufgrund ihres Alters?
4. Kann man einen typischen Kunden beschreiben? Hat man ihn konkret „vor Augen"?
5. Welche Kunden möchte man **nicht** ansprechen?
6. Welchen Nutzen haben Kunden, wenn sie beim eigenen Unternehmen kaufen?
7. Ist klar, worin der Nutzen bestehen kann und ob es je nach Kundentyp unterschiedliche Nutzenarten geben kann (einigen Kunden ist ggf. die Qualität besonders wichtig, anderen das Design, die Zuverlässigkeit oder sie wünschen sich ein Statussymbol oder mehr Bequemlichkeit)?
8. Wie findet man heraus, was diese Kunden wirklich wünschen?
9. Mit welchen Werbemedien können diese Kunden am besten erreicht werden?
10. Wo halten sich Ihre Kunden bevorzugt auf (bezogen auf Werbemedien)?

Können diese und ggf. weitere Fragen präzise beantwortet werden und gelingt es daher, den adressierten Kundengruppen ein gutes bzw. verbessertes Leistungsangebot zu unterbreiten, ist es fast immer möglich, die Absatzzahlen signifikant zu erhöhen, und meist auch, die Produkte oder Leistungen zu höheren Preisen und Margen als Wettbewerber anzubieten. In der Folge lässt sich der Gewinn deutlich steigern und die Liquidität kann erheblich verbessert werden.

6.6 Planung mit Szenarien absichern und plausibilisieren

Sind in der Branche hohe Schwankungen üblich oder wahrscheinlich, sollten außerdem mehrere **Szenarien** oder mögliche Planungsverläufe erstellt werden („Best-/Worstcase"). Um Missverständnisse und Fehlinterpretationen zu vermeiden, ist für interne Zwecke zu **dokumentieren,** an welchen Stellen welche Reserven berücksichtigt worden sind. Dass und wo derartige Reserven eingebaut wurden, sollte gegenüber Dritten (z. B. der Bank) nicht offen angesprochen werden, da diese dann davon ausgehen, dass die Gesamtplanung unrealistisch ist. Die Arbeit mit Puffern dient vor allem der eigenen Absicherung und kann dabei helfen, sich an einen Punkt heranzutasten, an dem es zu einer kritischen Entwicklung kommen könnte. Die Planung mit Szenarien oder Reserven zeigt, ab welchen Einbrüchen bei den Einzahlungen und welchen Erhöhungen der Auszahlungen (oder eine Kombination von beiden Fällen) eine Liquiditätslücke droht (vgl. Kapitel 11.1 „BI-Tools und Big Data“).

7. Ausbau der operativen Planung zur Finanz- und Liquiditätsplanung

Die operative Planung alleine genügt nicht, um eine umfassende Liquiditätsplanung zu erstellen. Denn die operative Planung oder die GuV-Planung beschäftigt sich nahezu ausschließlich mit betrieblichen Sachverhalten. In jedem Unternehmen gibt es immer zahlreiche weitere Geschäftsfälle, die die Liquidität oft mindestens ebenso nachhaltig verändern wie Umsätze oder Kosten.

Neben den genannten Teilplänen muss daher in einem nächsten Schritt durch Ergänzungen und Streichungen die operative Planung zur Liquiditäts- und Finanzplanung weiterentwickelt und ausgebaut werden. Dazu ist es notwendig, möglichst **alle Ein- und Auszahlungen** zu erfassen und an die operative Planung „anzuhängen". Zur Erinnerung: Bei Ein- und Auszahlungen handelt es sich um Positionen bzw. Geschäftsfälle, die zu einer Veränderung des Bankkontos führen.

7.1 Ergänzung um weitere wichtige Zahlungsvorgänge

Insbesondere sind folgende Fälle zu nennen, die in nahezu jedem Unternehmen vorkommen:

- Investitionen und Desinvestitionen,
- Gesellschaftereinlagen und -entnahmen,
- Kapitaldienste (Darlehenstilgungen),
- Verkauf/Kauf von Umlauf-/Anlagevermögen,
- Zinsen, Dividenden,
- Lizenzen, Pachten (sowohl Aus- als auch Einzahlung möglich),
- Umsatzsteuer-Zahllast, Steuernachzahlungen, Abschlagszahlungen an das Finanzamt,
- sonstige, z. B. Spenden, Steuererstattungen.

MERKE

Der Aufbau von Aktivpositionen und/oder der Abbau von Passivpositionen in der Bilanz wirken sich negativ auf die Liquidität aus, z. B. Aufbau von Vorratsvermögen und Forderungen, Abbau von Verbindlichkeiten. Grund dafür ist, dass hierdurch Gelder gebunden werden, die dem Unternehmen nicht für andere Zwecke zur Verfügung stehen.

Der Abbau von Aktivpositionen und/oder der Aufbau von Passivpositionen wirkt sich positiv auf die Liquidität aus, z. B. Abbau von Vorratsvermögen und Forderungen, Aufbau von Verbindlichkeiten (vgl. auch Kapitel 13 „Berechnung von Kapitaldienstfähigkeit und Cashflow" und Kapitel 16 „Working-Capital-Management – Hebel zur Verbesserung der Liquidität").

7.2 Streichung wichtiger nicht zahlungsrelevanter Vorgänge

Außerdem gibt es Geschäftsfälle und Vorgänge, die zwar in der GuV oder Bilanz enthalten sind, die aber keinen Einfluss auf die Liquiditätslage haben. Diese müssen entsprechend aus der Liquiditätsplanung herausgerechnet werden. Dazu gehören insbesondere:

- Abschreibungen (Kosten-/Aufwandsposition, die nicht auszahlungswirksam ist),
- sonstige nicht auszahlungswirksame Aufwandspositionen, z. B. Zuführung zu Rückstellungen,
- sonstige nicht einzahlungswirksame Ertragspositionen, z. B. Auflösung von Rückstellungen,
- Gewinn- oder Verlustvortrag.

PRAXISTIPP

Damit keine wesentlichen Zahlungsvorgänge vergessen oder übersehen werden, sollte man sich im Unternehmen die Arbeit machen und sich die vergangenen zwei bis drei Geschäftsjahre genau ansehen: Hat es Ein- oder Auszahlungen gegeben, die man vergessen hat? Gibt es größere zahlungsrelevante Positionen, die u. U. in Abständen von einem Jahr oder länger vorkommen? Umgekehrt sollte auch der Versuch unternommen werden, in die Zukunft zu schauen und zu prüfen, ob zahlungswirksame Geschäftsfälle existieren, die bisher noch nicht relevant waren, z. B. Schadenersatzzahlungen oder Zahlungen für Konventionalstrafen.

Die genaue Analyse der Vorjahre und die kritische Auseinandersetzung mit der voraussichtlichen künftigen Entwicklung stellen sicher, dass es zu keinen „bösen liquiditätswirksamen Überraschungen“ kommen kann.

8. Planung der Ein- und Auszahlungen

Im Zuge der Liquiditätsplanung und -steuerung müssen alle Ein- und Auszahlungen möglichst vollständig erfasst und für einen Zeitraum von mindestens einem Jahr realistisch geplant werden. Zur Erinnerung: Ein- und Auszahlungen sind Geschäftsfälle, die zu Kontobewegungen führen.

8.1 Einzahlungsplanung

Die Planung von Einzahlungen, und hier vor allem von durch Umsätze bedingten Einzahlungen, ist der Teil der Liquiditätsplanung, der regelmäßig mit den größten Unsicherheiten und Risiken behaftet ist. Schließlich kann man nie mit absoluter Sicherheit vorhersagen, wie sich die Kunden wirklich verhalten werden – ob sie so viel kaufen werden, wie man annimmt. Wird vorwiegend auf Rechnung verkauft, entstehen Forderungen, bevor tatsächlich Geld auf dem Konto eingeht. Forderungen sind für ein Unternehmen latent problematisch. Sie zeugen zwar zum einen davon, dass ein Unternehmen erfolgreich ist und Umsätze generiert. Gleichzeitig bergen Forderungen erhebliche Risiken, weil man als Unternehmer nicht weiß, ob Kunden ihre Forderungen vollständig oder nur teilweise begleichen und ob diejenigen Kunden, die zahlen, dies auch pünktlich tun.

HINWEIS

Umsatz bedeutet zunächst nur „Rechnungsausgang“ (= es entsteht eine Forderung) und nicht „Zahlungseingang“. Der Zahlungseingang ist meist später zu erwarten.

Die Einzahlungsplanung muss daher von jedem Unternehmen mit besonderer Sorgfalt vorgenommen und möglichst umfassend abgesichert werden. Absolut im Vordergrund stehen dabei die Umsätze.

8.1.1 Umsatzplanung

8.1.1.1 Planung der Umsatzhöhe

Um die Umsätze zunächst in ihrer Höhe realistisch planen zu können, stehen Unternehmen u. a. folgende Möglichkeiten zur Verfügung:

1. **Analyse der Gesamtumsatzentwicklung der Vorjahre,** z. B. tendenziell steigend, fallend oder stagnierend, und Fortschreibung auf das oder die Planjahre.
2. **Analyse der Reichweite** bereits vorliegender Aufträge.
3. **Analyse des Auftragseingangs:** Entwickelt sich dieser besser, schlechter oder ähnlich wie in der Vergangenheit?
4. **Befragung wichtiger Kunden** zum geplanten Kaufverhalten.

5. **Analyse der Entwicklung der Branche** (z. B. Wachstumsprognose des Branchenverbands) und **Spiegelung mit der Entwicklung des eigenen Unternehmens** (war es bisher dazu in der Lage, die Branchenzahlen zu übertreffen, oder ist man dahinter zurückgeblieben? Wenn ja, in welchem Umfang?).
6. Versuch, von **großen Kunden** möglichst frühzeitig **Kaufzusagen** zu erhalten, z. B. über frühzeitige Verkaufsgespräche und Gewährung von **Frühbuchernachlässen** (wichtig: Nachlässe unbedingt in Kalkulation aufnehmen, da diese sonst überproportional den Gewinn aufzehren).
7. Falls möglich, sollten große Kunden in den eigenen Planungsprozess aktiv eingebunden werden (wer plant wann was zu welchen Konditionen zu kaufen?). Aufbauend auf diesen Daten ist es möglich, die weiteren Planungen, z. B. Einkauf, Kapazität, mit einer höheren Qualität zu erstellen. Evtl. kann man Kunden, die dazu bereit sind, mit einem Bonus oder Nachlass beim nächsten Kauf entgegenkommen.
8. **Analyse der Produktlebenszyklen** wichtiger Artikel und Vergleich mit der Umsatzentwicklung anderer Produkte in den jeweiligen Lebenszyklus-Phasen.

BEISPIEL: Ein Produkt ist seit ca. fünf Jahren auf dem Markt. Die Lebensdauer vergleichbarer Produkte des Unternehmens beträgt zehn Jahre. In der Phase von fünf bis sieben Lebensjahren konnten in der Vergangenheit Zuwächse von im Schnitt 3 % erreicht werden. Dieser Wert kann dann auch beim untersuchten Produkt unterstellt werden.

9. **Analyse und Auswertung der Geschäftsentwicklung wichtiger Wettbewerber,** z. B. Datenbeschaffung durch Internetseiten wie www.firmextra.de oder Wirtschaftsauskunfteien wie Creditreform, Hoppenstedt oder Bürgel, sowie anschließende Hochrechnung auf den eigenen Betrieb. Dabei ist natürlich zu berücksichtigen, wie ein Wettbewerber in der Vergangenheit im Vergleich zum eigenen Betrieb abgeschnitten hat.
10. **Befragung anderer Geschäftspartner** zur voraussichtlichen Entwicklung der Branche und der Verkaufszahlen, z. B. von Lieferanten, Kooperationspartnern oder der Bank.
11. Bei **Neuprodukten:** Analyse der Entwicklung der Verkaufs- und Umsatzzahlen bei ähnlichen Artikeln bzw. Produktneueinführungen in der Vergangenheit.

8.1.1.2 Planung der Zeitpunkte der Einzahlungen

Liegen verlässliche Aussagen zur wahrscheinlichen Umsatzentwicklung für das oder die Planjahre vor, gilt es, die voraussichtlichen Zahlungszeitpunkte zu bestimmen. Das ist insbesondere für alle Unternehmen von zentraler Bedeutung, die überwiegend gegen Rechnung verkaufen, also Forderungen generieren. Dieser Punkt wird in der Praxis gerade von mittelständischen Unternehmen massiv unterschätzt. Wenn Produkte verkauft worden sind, wird der Zeitpunkt des Umsatzes oft gleichgesetzt mit dem des Zahlungseingangs. Dabei wird übersehen, dass zwischen Verkauf und Rechnungsstellung sowie Zahlungseingang u. U. Wochen oder sogar Monate vergehen können. Unternehmen, die auf Rechnung verkaufen, gewähren ihren Kunden im Grunde einen kostenlosen Kredit, den sie entweder durch eigenes Geld oder durch Kredite der Bank finanzieren müssen. Und auf die Zeitpunkte der Einzahlungen haben Unternehmen, auch wenn sie gezielt Maßnahmen zur Verbesserung umsetzen (vgl. auch Kapitel 17.8 „Ausgewählte Maßnahmen zur Liquiditätsverbesserung“), nur mittelbaren Einfluss.

Mit langen Fristen zwischen Verkauf und Zahlungseingang rechnen

In Deutschland sind bei einem Verkauf auf Rechnung Zahlungsziele von 30 Tagen üblich; im Auslandsgeschäft können auch längere Zahlungsziele zum Tragen kommen.

Bei 30 Tagen Zahlungsziel müssen Unternehmen damit rechnen, dass die tatsächliche Zahlung im Schnitt erst nach rund 48 Tagen, also sieben Wochen, erfolgt. In der Zwischenzeit müssen die offenen Forderungen (vor-)finanziert werden. Wird das nicht mit besonderer Sorgfalt umgesetzt, kann ein Unternehmen schnell in eine finanzielle Schieflage geraten, weil das gebundene Geld für andere Zwecke nicht zur Verfügung steht. Es ist also geboten, zunächst die Zahlungszeitpunkte möglichst genau zu bestimmen. Hierfür stehen einem Unternehmen zwei grundlegende Möglichkeiten offen: die Planung nach durchschnittlicher Debitorenlaufzeit und die Berechnung der Forderungsdauer einzelner Kunden.

Zahlungseingang nach durchschnittlicher Debitorenlaufzeit planen

Die durchschnittliche Debitorenlaufzeit gibt an, wie viel Zeit im Schnitt zwischen Lieferungs- oder Leistungszeitraum bzw. eigentlich der Fakturierung und dem Zahlungseingang vergeht. Sie lässt sich mit folgender Formel berechnen:

$$\text{Durchschnittliche Debitorenlaufzeit} = \frac{\text{Kundenforderungen netto (Zeitpunkt)} \cdot \text{Beobachtungszeitraum (Tage)}}{\text{Umsatz (im Beobachtungszeitraum)}}$$

BEISPIEL: Datum: 31.12.20xx, Forderungsbestand netto: 3.000.000 €, Jahresumsatz 20xx netto: 18.000.000 €

Berechnung:

$$\frac{3.000.000\,€ \cdot 360\,\text{Tage}}{18.000.000\,€}$$

= 60 Tage, d. h. 2 Monate

Im Beispiel kann das Unternehmen im Schnitt erst nach zwei Monaten mit einem Zahlungseingang rechnen, wenn es heute eine Rechnung an einen Kunden stellt. Mit anderen Worten: Für jeden Verkauf auf Rechnung muss das Unternehmen im Schnitt für einen Zeitraum von 60 Tagen den Forderungsbetrag vorfinanzieren. Es erbringt somit nicht nur die eigentliche Leistung, also z. B. die Herstellung eines Produkts, sondern hilft dem Kunden zudem bei der Finanzierung des Kaufs.

Wie teuer das sein kann, zeigt das folgende stark vereinfachte Rechenbeispiel: Ein Unternehmen verkauft monatlich Waren im Schnitt für 100.000 €. Dieser Betrag muss vorfinanziert werden. Das Unternehmen zahlt der Bank 5 % Zinsen. Das sind, bei einem angenommenen Rechnungseingang nach 60 Tagen, also stolze 883 € (gerundet). Da es sich um einen fortlaufenden Prozess handelt, kann man vereinfachend davon ausgehen, dass permanent 100.000 € finanziert werden; die Zinskosten zur Finanzierung des Umsatzes belaufen sich demnach auf 10.000 € pro Jahr! Wird das Kontokorrent zur Finanzierung genutzt, wird es schnell noch teurer.

Wenn man betriebswirtschaftlich korrekt vorgeht, spielt es übrigens keine Rolle, ob der offene Forderungsbetrag durch Kredite oder eigenes Geld finanziert wird. Bei Kreditfinanzierung müssen zwar „echte“ Zinsen an die Bank gezahlt werden und die Liquidität des Unternehmens wird (weiter) belastet. Es kann jedoch auch für ein Unternehmen teuer werden, wenn auf dem Konto Geld vorhanden ist und kein Kredit in Anspruch genommen werden muss. Denn das Kapital ist in den Forderungen gebunden und kann nicht z. B. für Schuldentilgung, Investitionen oder Produktentwicklungen verwendet werden. Diese sog. Opportunitätskosten (Kosten der entgangenen Gelegenheit) müssen aus betriebswirtschaftlicher Sicht auch berücksichtigt werden. In diesen Fällen muss der erwartete Zinssatz auf das eingesetzte Eigenkapital zur Ermittlung der Zinskosten angesetzt werden (kalkulatorischer Zinssatz).

Das bedeutet, dass sich jedes Unternehmen zunächst intensiv darum bemühen muss, den Forderungsbestand so niedrig wie möglich zu halten. Zusätzlich muss es sich um eine Verkürzung der Zahlungsfristen der Kunden und eine Beschleunigung der Zahlungseingänge kümmern (zu konkreten Möglichkeiten siehe u. a. Kapitel 16 „Working-Capital-Management – Hebel zur Verbesserung der Liquidität" und Kapitel 17.8 „Ausgewählte Maßnahmen zur Liquiditätsverbesserung").

Die Arbeit mit der durchschnittlichen Debitorenlaufzeit hat den Vorteil, dass diese schnell und einfach zu berechnen ist und dass ein Unternehmen sich kurzfristig einen ersten Überblick über die Lage verschaffen kann. Besonders informativ ist die Angabe, ob ein Unternehmen einen relativ homogenen Kundenstamm hat, d. h., die Kunden haben nicht nur ein ähnliches Kaufvolumen, sondern weisen auch ein ähnliches Zahlungsverhalten auf. Allerdings hat die Arbeit mit Durchschnittswerten immer auch Nachteile, etwa die

- pauschale Ermittlung ohne Differenzierungen,
- Stichtagsbezogenheit,
- überwiegende Vergangenheitsorientierung,
- häufig erhebliche zeitliche Verzögerung bei der Bereitstellung der Daten,
- Auswahl eines oft zu langen Beobachtungszeitraums, z. B. nur einmal pro Jahr; verlässliche Aussagen zur unterjährigen Entwicklung und zum Verhalten einzelner Kunden sind so nur bedingt möglich,
- Tatsache, dass es kaum möglich ist, einen sehr heterogenen Kundenstamm mit deutlich unterschiedlichem Bestell- und Zahlverhalten zu analysieren.

Zahlungseingang detailliert und kundenbezogen planen

Genauer als eine Planung mit Durchschnittswerten sind eine Einzelanalyse der Kundenstruktur im Unternehmen sowie die Überprüfung des Verhaltens ausgewählter (vor allem großer) Kunden.

Unternehmen mit einer geringen Kundenzahl (Faustregel: bis ca. 200 Kunden) können durchaus für den gesamten Kundenstamm eine Einzelanalyse vornehmen. Der Arbeitsaufwand hierfür hält sich, moderne Buchhaltungs- und Controllingsoftware vorausgesetzt, in vertretbaren Grenzen. Für jeden Kunden wird untersucht, ob er in der Vergangenheit die Zahlungsfristen eingehalten hat oder ob und, wenn ja, wie häufig und wie lange er ggf. „überzogen" hat. Mit diesen Informationen kann eine wesentlich verlässlichere Aussage zu den wahrscheinlichen Einzahlungszeitpunkten und somit zur Entwicklung der Gesamt-Liquiditätslage getroffen werden.

Unternehmen mit deutlich mehr Kunden sollten sich zunächst die Arbeit machen, eine ABC-Klassifizierung vorzunehmen. Dazu wird eine Aufstellung der Kunden durchgeführt und diesen werden die Umsätze eines möglichst repräsentativen Zeitraums zugeordnet. Meist genügt hier ein Jahr. Die Wahl eines solchen Zeitraums stellt sicher, dass Zufallsschwankungen weitgehend ausgeschlossen werden können und dass Kunden, die nur ein oder zwei Mal pro Jahr bestellen, ebenfalls erfasst werden.

Die Auswertung gibt einem Unternehmen auch die Möglichkeit, eine genaue Analyse des Zahlungsverhaltens einzelner Kunden vorzunehmen und entsprechend zu reagieren. Beispielsweise können zuverlässige Kunden weiter ohne Grenzen bestellen und mit Rechnung zahlen; sie dürfen also gewährte Kreditlinien uneingeschränkt nutzen. Bei Kunden, die weniger zuverlässig sind, können z. B. die Kreditlinien begrenzt werden (vgl. Kapitel 16 „Working-Capital-Management – Hebel zur Verbesserung der Liquidität" und Kapitel 17.8 „Ausgewählte Maßnahmen zur Liquiditätsverbesserung"). Wird z. B. zum dritten Mal nicht pünktlich bezahlt, kann die Linie um 50 % gekürzt werden, dann vollständig und es ist kein Kauf auf Rechnung mehr möglich.

Alternativ kann das Zahlungsverhalten größerer Kunden auch stichprobenweise überprüft werden, um zumindest verlässliche Trendaussagen zum künftigen Zahlungsverhalten zu bekommen.

Zwar sind Einzelanalysen und -planungen mit einem höheren Arbeitsaufwand verbunden als Durchschnittsberechnungen. Der Aufwand lohnt sich aber fast immer, weil man die Zahlungseingänge sehr viel genauer planen, sich anbahnende Zahlungsengpässe frühzeitig erkennen und entsprechend Verbesserungsmaßnahmen einleiten kann. Wichtig ist, dass man im Unternehmen stets „am Ball bleibt" und die Analysen regelmäßig wiederholt, um auf Veränderungen beim Zahlungsverhalten einzelner Kunden schnell reagieren zu können. In der Praxis haben sich Abstände von drei bis sechs Monaten bewährt.

Bei einem sehr großen Kundenstamm sollten nur die A- und die großen B-Kunden detailliert auf ihr Zahlungsverhalten hin untersucht werden. Für die Masse der restlichen Kunden genügt es dann i. d. R., mit der durchschnittlichen Debitorenlaufzeit zu planen.

8.1.1.3 Besonderheit Forderungen

Neben den bereits genannten Nachteilen von Forderungen besteht zudem immer auch das Risiko, dass diese vollständig oder teilweise ausfallen. Ein Forderungsausfall kommt einem Unternehmen in mehrfacher Hinsicht teuer zu stehen. Zunächst entgehen ihm Umsätze und Einzahlungen. Hinzu kommen Kosten, wenn man überfällige Forderungen einzutreiben oder Restforderungen noch zu retten versucht, z. B. für Mahnwesen, Inkassobüros oder Gericht. Nicht zuletzt muss der Forderungsausfall durch Zusatzumsätze möglichst kompensiert werden. Das folgende vereinfachte Beispiel zeigt, welche Umsatzsteigerungen notwendig sind, um dieses Ziel zu erreichen.

BEISPIEL ▸ Ein Unternehmen erwirtschaftet eine Umsatzrendite (Gewinn · 100 / Umsatzerlöse) von 3,5 % oder 490.000 €. Es rechnet mit Forderungsausfällen von „nur" 1 % des Umsatzes oder 140.000 €. Um diese Forderungsausfälle ausgleichen zu können, muss es bei ansonsten unveränderten Bedingungen einen Mehrumsatz von immerhin rund 29 % oder 4 Mio. € erreichen – ein Unterfangen, das selbst in wirtschaftlich exzellenten Zeiten nahezu unmöglich sein dürfte.

TAB. 2:	Ergebniswirkung von Forderungsausfällen			
Situation *vor* Forderungsausfällen				
Bilanzsumme				6.500.000 €
– davon Eigenkapital 30 %				1.950.000 €
Umsatz				14.000.000 €
Gewinn				490.000 €
Umsatzrendite				3,50 %
Eigenkapitalrentabilität/-rendite				25,13 %
Situation *nach* Forderungsausfällen				
Forderungsausfall 1 % vom Umsatz				140.000 €
Gewinn nach Forderungsausfall				350.000 €
Umsatzrendite				2,50 %
Eigenkapitalrentabilität/-rendite				17,95 %
Kompensation des Gewinnausfalls durch Mehrumsatz				
Forderungsausfall	/	Umsatzrendite	=	Notwendiger Mehrumsatz
140.000 €	/	3,50 %	=	4.000.000 €
Notwendige Umsatzsteigerung			=	28,57 %

Je höher die Umsatzrendite, die ein Unternehmen erwirtschaftet, desto geringer fällt der notwendige Mehrumsatz natürlich aus. Mit dem nachstehenden Forderungsausfallrechner kann ermittelt werden, wie viel Mehrumsatz man erreichen muss, um z. B. 1 % Forderungsausfälle auszugleichen.

In der Tabelle werden Ergebnisse für unterschiedliche Umsatzrenditen dargestellt. Die erste Rendite von 5,2 % ist ein Wert, der in vielen Branchen üblich ist. Im Schnitt betrug die Umsatzrendite laut Statistischem Bundesamt im Jahr 2020 7,3 %.

TAB. 3:	Auswirkung von 1 % Forderungsausfall bei unterschiedlichen Umsatzrenditen
Betriebsergebnis *vor* Forderungsausfall	
Umsatz	1.000.000 €
Umsatzrendite	5,20 %
Gewinn	52.000 €
Betriebsergebnis *nach* Forderungsausfall	
Forderungsausfall	1,00 %
Ausfallsumme	10.000 €
Gewinn nach Forderungsausfall	42.000 €
Benötigter Mehrumsatz	**192.308 €**
Notwendige Umsatzsteigerung	**19,23 %**

Betriebsergebnis *vor* Forderungsausfall	
Umsatz	1.000.000 €
Umsatzrendite	8,00 %
Gewinn	80.000 €
Betriebsergebnis *nach* Forderungsausfall	
Forderungsausfall	1,00 %
Ausfallsumme	10.000 €
Gewinn nach Forderungsausfall	70.000 €
Benötigter Mehrumsatz	**125.000 €**
Notwendige Umsatzsteigerung	**12,50 %**
Betriebsergebnis *vor* Forderungsausfall	
Umsatz	1.000.000 €
Umsatzrendite	10,00 %
Gewinn	100.000 €
Betriebsergebnis *nach* Forderungsausfall	
Forderungsausfall	1,00 %
Ausfallsumme	10.000 €
Gewinn nach Forderungsausfall	90.000 €
Benötigter Mehrumsatz	**100.000 €**
Notwendige Umsatzsteigerung	**10,00 %**
Betriebsergebnis *vor* Forderungsausfall	
Umsatz	1.000.000 €
Umsatzrendite	12,00 %
Gewinn	120.000 €
Betriebsergebnis *nach* Forderungsausfall	
Forderungsausfall	1,00 %
Ausfallsumme	10.000 €
Gewinn nach Forderungsausfall	110.000 €
Benötigter Mehrumsatz	**83.333 €**
Notwendige Umsatzsteigerung	**8,33 %**

Anmerkung: Gewährte Rabatte, Boni, Skonti müssen bei der Umsatzplanung ebenfalls berücksichtigt werden. Die Umsatzerlöse müssen entsprechend gekürzt werden, was in der Praxis leider häufig vergessen wird.

PRAXISTIPP

Im Internet gibt es Forderungsausfallrechner, mit denen sich die Lage des eigenen Betriebs ermitteln lässt. Es genügt, den Begriff „Forderungsausfallrechner" in eine Suchmaschine einzugeben.

Angaben und Informationen zur Einzahlungsplanung kommen zudem nicht nur aus der Buchhaltung oder dem Controlling. Auch andere Bereiche, wie Vertrieb, Einkauf, Forschung oder Service, können aktiv Einfluss auf die Zahlungsströme nehmen, etwa über eine zielgerichtete Vertragsgestaltung oder direkte Kontakte und Gespräche mit Kunden oder Lieferern (u. a. Nachfrage nach ausbleibenden Zahlungen oder Aushandeln neuer Zahlungsziele).

8.1.1.4 Hinweise zur Verbesserung der Planungsqualität

Die Planung der Einzahlungen unterliegt fast immer besonderen Unsicherheiten. Daher sollte in diesem Bereich mit besonderer Sorgfalt gearbeitet und sollten möglichst viele Informationsquellen genutzt werden. Die eigenen Mitarbeiter kennen die Zusammenhänge meist besonders gut, wissen, bei welchen Kunden oder Lieferanten sie mit Problemen rechnen müssen, und können wichtige Angaben zur Verbesserung der Planung liefern, aber auch aktiv zur Verbesserung des Zahlungsstroms beitragen, etwa indem sie Geschäftspartner bei sich abzeichnenden Schwierigkeiten direkt ansprechen.

8.1.2 Sonstige Einzahlungen

Die Umsätze machen in einem Unternehmen oft 80, 90 % oder mehr der Einzahlungen aus. Dennoch sollte man sich die Mühe machen und prüfen, welche weiteren Einzahlungen in welcher Höhe anstehen oder anstehen können. Zu nennen sind vor allem:

- Einzahlungen aus Bank- oder anderen Krediten,
- Einzahlungen aus dem Verkauf von Vermögensgegenständen (Desinvestition),
- Einlagen von Gesellschaftern,
- Steuererstattungen,
- Zins- und Dividendenerträge,
- Lizenz- oder Pachtzahlungen,
- Spenden und andere kleinere Einzahlungen.

Alle genannten Positionen können entweder relativ genau geplant werden oder sind in der Summe oft so gering, dass eine detaillierte Planung zu aufwendig ist. Um die Zahlungen dennoch einigermaßen genau abschätzen zu können, sollte man sich, wie bei den Umsätzen, an der Entwicklung der Vergangenheit orientieren und an den Vorhaben der Unternehmensleitung. Diese kann z. B. Auskunft geben zu geplanten Vermögensverkäufen, zu Einlagen oder auch zur Höhe möglicher Zinseinzahlungen. Oft genügt auch ein pauschaler Ansatz bzw. eine entsprechende überschlägige Schätzung, wenn neben den Umsatzzahlungen nur mit geringen sonstigen Zahlungen gerechnet wird.

8.2 Auszahlungsplanung

Auszahlungen sind grundsätzlich deutlich einfacher und verlässlicher zu planen, da es hier häufig Verträge mit konkreten Beträgen und Zahlungszeitpunkten oder fundierte Schätzwerte gibt. Bei bestimmten Auszahlungen und Kosten können zudem sowohl Zahlungshöhe als auch -zeitpunkte zumindest bedingt selbst bestimmt werden, z. B. bei der Werbung oder Investitionen.

Zudem hat man u.U. die Möglichkeit, die dem eigenen Betrieb gewährten Zahlungsziele ausnahmsweise etwas „großzügiger" auszulegen. Allerdings hat dann der Partner auf der Forderungsseite die gleichen Probleme wie zuvor geschildert und wird ggf. seinerseits mit Maßnahmen reagieren, etwa einer Kürzung der Kreditlinien. Insofern sollte eine großzügige Auslegung alleine aus Gründen der Fairness und des Erhalts guter Geschäftsbeziehungen nur im äußersten Notfall temporär zur Abwendung einer kritischen Lage angewendet werden.

8.2.1 Materialauszahlungen

Problematisch oder zumindest schwierig und mit größeren Unsicherheiten behaftet ist in vielen Fällen die Planung der Auszahlungen für Roh-, Hilfs- und Betriebsstoffe (Material), Komponenten und andere wichtige Halb- oder Fertigerzeugnisse, die bei der Herstellung von Produkten benötigt werden. Grund hierfür ist die starke Korrelation der Bestellmengen und Zahlungen mit den Umsätzen. Die Planung der Materialauszahlungen kann daher analog der Planung der Umsatzerlöse vorgenommen werden.

8.2.1.1 Zahlungsausgang nach durchschnittlicher Kreditorenlaufzeit planen

Die durchschnittliche Kreditorenlaufzeit gibt an, wie viel Zeit im Schnitt zwischen Lieferungs-/ Leistungszeitraum (Zeitpunkt Rechnungseingang) und dem Zahlungsausgang vergeht. Die durchschnittliche Kreditorenlaufzeit kann mit folgender Formel berechnet werden:

$$\text{Durchschnittliche Kreditorenlaufzeit} = \frac{\text{Lieferantenverbindl. netto (Zeitpunkt)} \cdot \text{Beobachtungszeitraum (Tage)}}{\text{Einkaufsvolumen (im Beobachtungszeitraum)}}$$

BEISPIEL: Datum: 31.12.20xx, Summe Verbindlichkeiten netto: 800.000 €, Einkaufsvolumen 20xx: 9.000.000 €

Berechnung:

$$\text{Durchschnittliche Kreditorenlaufzeit} = \frac{800.000\,€ \cdot 360\ \text{Tage}}{9.000.000\,€}$$

= 32 Tage, d. h. ein guter Monat

Im Beispiel zahlt das Unternehmen im Schnitt nach gut einem Monat seine Rechnungen. Die Vor- und die Nachteile dieser Kennzahl entsprechen denen der durchschnittlichen Debitorenlaufzeit, natürlich nur mit anderen Vorzeichen. Hinzu kommt noch der Nachteil, dass auch Verbindlichkeiten aus Nichtmaterialeinkäufen ebenfalls kreditorisch ausgewiesen werden und die Kreditorenlaufzeit beeinflussen, obwohl dort ggf. mit abweichenden Fristen gezahlt wird.

PRAXISTIPP

Debitoren- und Kreditorenlaufzeit sollten sich möglichst entsprechen. Denn dann kann zumindest ein Teil der Kapitalbindung ausgeglichen werden. Denn Lieferanten, die dem eigenen Betrieb Zahlungsziele gewähren, tragen dazu bei, dass die Liquidität geschont wird und ein Zahlungsausgang später stattfindet.

8.2.1.2 Zahlungsausgang detailliert und materialbezogen planen

Auch beim Material sollte, wie bei den Umsätzen, überlegt werden, ob es möglich und sinnvoll ist, eine genaue Analyse des Materialbestands vorzunehmen, um die Auszahlungen besser planen zu können. Unternehmen mit einer geringen Anzahl unterschiedlicher Materialien (Faustregel: bis ca. 200 Material- und Stoffarten) können durchaus für den gesamten Materialbestand eine Einzelanalyse durchführen. Der Arbeitsaufwand hierfür hält sich, moderne EDV-Programme (Warenwirtschaftssysteme) vorausgesetzt, in vertretbaren Grenzen. Für jede Materialart bzw. jeden Lieferanten wird untersucht, welche Zahlfristen und sonstigen Zahlungskonditionen (z. B. Skonto) eingehalten werden müssen. Mit diesen Informationen kann eine wesentlich verlässlichere Aussage zu den Auszahlungszeitpunkten und somit zur Entwicklung der Gesamt-Liquiditätslage getroffen werden.

Unternehmen mit deutlich mehr Materialarten sollten zunächst eine ABC-Klassifizierung vornehmen. Dazu werden Materialien und Stoffe aufgelistet und diesen werden die Einkaufsvolumina eines möglichst repräsentativen Zeitraums, etwa eines Jahres, zugeordnet. Die Wahl eines solch langen Zeitraums stellt sicher, dass Zufallsschwankungen weitgehend ausgeschlossen werden können und dass Bestellungen, die nur ein oder zwei Mal pro Jahr erfolgen, ebenfalls erfasst werden.

Die Auswertung gibt einem Unternehmen auch die Möglichkeit, den Materialverbrauch vor allem bei wichtigen Stoffen genau zu analysieren und entsprechend zu reagieren. Beispielsweise können die Bestellintervalle oder -volumina verändert werden, damit weniger Geld das Unternehmen verlässt bzw. die Beträge geringer sind und die Liquidität so geschont wird (weitere Maßnahmen vgl. Kapitel 16 „Working-Capital-Management – Hebel zur Verbesserung der Liquidität“ und Kapitel 17.8 „Ausgewählte Maßnahmen zur Liquiditätsverbesserung“).

Zwar sind auch im Materialbereich Einzelanalysen und -planungen mit einem höheren Arbeitsaufwand verbunden als Durchschnittsberechnungen. Der Aufwand lohnt sich aber fast immer, weil man die Zahlungsausgänge sehr viel genauer planen, sich anbahnende Zahlungsengpässe frühzeitig erkennen und entsprechend Verbesserungsmaßnahmen einleiten kann. Wichtig ist auch beim Material, dass man stets „am Ball bleibt“ und die Analysen regelmäßig wiederholt, um auf Veränderungen schnell reagieren zu können. In der Praxis haben sich auch hier Abstände von drei bis sechs Monaten bewährt.

Bei einem sehr großen Materialbestand sollten nur die A- und die großen B-Materialien detailliert auf die Auszahlungszeitpunkte hin untersucht werden. Für die Masse des restlichen Materials genügt es dann fast immer, mit der durchschnittlichen Kreditorenlaufzeit zu planen.

Auch beim Material gilt, dass erhaltende Rabatte, Boni, Skonti usw. berücksichtigt werden müssen. Zudem sollte man auf das Wissen der Mitarbeiter und ggf. Dritter zurückgreifen, um eine exaktere Planung erstellen zu können. Dies trifft besonders auf den Materialbereich zu, bei dem die Höhe der Auszahlungen eng an den zu erzielenden bzw. geplanten Umsatz gekoppelt ist. Daher ist auch die Rohertragsplanung eine sinnvolle Methode zur Verbesserung der Ergebnisse. Alle anderen Kosten bzw. Auszahlungspositionen lassen sich i. d. R. relativ exakt planen, da z. B. Verträge vorliegen.

8.2.2 Personalauszahlungen

Basis bzw. Ausgangspunkt für die Planung der Auszahlung im Personalbereich ist die bestehende Personalplanung bzw. der aktuelle Personalbestand inkl. möglicher bekannter anstehender Veränderungen (z. B. Personaleinstellungen, Entlassungen, Versetzungen). Im Personalbereich gibt es in vielen Fällen überwiegend **gleichmäßige Auszahlungen,** jedoch müssen meist reguläre **Sonderzahlungen** wie Weihnachtsgeld, Urlaubsgeld, Prämien in unterschiedlichen Monaten in jedem Fall berücksichtigt werden.

Außerdem ist zu prüfen, ob und ggf. wann mit **atypischen Personalzahlungen** gerechnet werden muss (z. B. Prämien, Tantiemen, Abfindungen, Sozialplanleistungen, Pensionsleistungen).

Darüber hinaus müssen **Lohnsteuerzahlungen** (meist Folgemonat), Zahlungen für **Sozialabgaben** (meist gleicher Monat) und Zahlungen an die Berufsgenossenschaft eingeplant werden.

Zu einer vollständigen Planung der Personalauszahlungen gehören auch eine Prognose und die Berücksichtigung möglicher **Tariferhöhungen** und von **Erhöhungen außertariflicher Zahlungen** (z. B. außertariflich bezahlte Angestellte und Führungskräfte) ab dem Zeitpunkt der Gültigkeit (Achtung: Ggf. müssen auch tariflich zu leistende Einmalzahlungen angesetzt werden).

Rückstellungen (z. B. Pensions- und Zeitguthaben) dürfen bei der Liquiditätsplanung nicht berücksichtigt werden, da sie nicht zahlungsrelevant sind.

Die Erfahrungen der Pandemiezeit zeigen, dass es auch durch staatliche Eingriffe (hier: Kurzarbeitergeld) zu einer starken Veränderung im Bereich der Personalauszahlungen (Löhne/Gehälter, Steuern und Sozialabgaben) bzw. -einzahlungen (Förderungszahlungen durch den Staat) kommen kann.

Durch sich im Zeitablauf immer wieder ändernde Regelungen in diesem Bereich kann es zu sehr deutlichen Änderungen bei geplanten Zahlungen kommen.

8.2.3 Sonstige Auszahlungen

Hier kommen vor allem in Betracht: Auszahlungen für Raumkosten inkl. Kosten für Energien und Versicherungen, Beiträge, Kosten für Reparaturen und Instandhaltungen, Kfz-Kosten, Werbe- und Reisekosten, Kosten der Warenabgabe, sonstige betriebliche Aufwendungen und sonstige Steuern. Diese Zahlungen können fast immer mit exakten Werten und Terminen geplant werden, da diese in bestehenden oder noch abzuschließenden Verträgen festgelegt sind. Zudem müssen auch unregelmäßig anfallende Zahlungen beachtet werden, z. B. an Versicherungen sowie von Steuern und Abgaben.

8.2.4 Zinsen und Tilgungsdienste

Darlehenszinsen sind auf Basis bestehender Verträge und vorliegender Zins- und Tilgungspläne zu den vereinbarten Terminen anzusetzen. Sie können in Höhe und Fälligkeit exakt prognostiziert werden.

Anders sieht die Situation u.U. bei der Planung von Kontokorrent- und Überziehungszinsen aus. Diese können, soweit die Kreditlinie nur in geringem Umfang genutzt wird, auf Basis von Schätzungen oder Durchschnittswerten der Vorjahre und aktueller Zinssätze geplant werden. Wird mit Schätzwerten gearbeitet, sollte man tendenziell höhere Zinsen ansetzen, um etwas Luft bei Kosten und Auszahlungen zu haben.

Besser ist es jedoch, wenn ein Unternehmen die voraussichtlichen Zinskosten genauer ermittelt. Stimmen die bisherigen Annahmen der Liquiditätsplanung, lässt sich die Höhe der Zinsbelastung durch Kontokorrentkredite auf Basis der erwarteten Überziehungen relativ genau planen.

8.2.5 Steuern

Steuern sollten hinsichtlich Höhe und Zahlungszeitpunkten in enger Abstimmung mit dem im Betrieb Verantwortlichen (Buchhaltung, Geschäftsführung) bzw. dem Steuerberater ermittelt werden. Bei geringen Schwankungen in der Vergangenheit genügen ggf. auch hier Schätzungen bzw. man kann sich an den Abschlägen der Vorjahre orientieren.

Vorauszahlungen, deren Höhe bekannt ist, werden ggf. unter Hinzuziehung des Steuerkalenders im Finanzplan zu den festgesetzten Zeitpunkten eingeplant. Die Umsatzsteuer-Zahllast kann auf Basis der geplanten oder der Ist-Daten zumindest relativ genau ermittelt bzw. geschätzt werden. Stimmt das Finanzamt dem Jahresabschluss zu, lassen sich auch evtl. Nachzahlungen oder Erstattungen zumindest in der Höhe verlässlich planen. Anders ist das häufig bei den Zahlungszeitpunkten: Hier ist man davon abhängig, wie schnell das Wohnsitzfinanzamt arbeitet. Vorsichtshalber sollte ca. sechs bis acht Wochen nach Abgabe der Jahresabschlussdaten bei einer erwarteten Nachzahlung eine ausreichend hohe Liquiditätsreserve aufgebaut werden. Bei Erstattungen sollte man davon ausgehen, dass diese später eingehen, und lieber mit einem Zeitraum von drei bis sechs Monaten arbeiten. Innerhalb welcher Zeiträume das Finanzamt seine Bescheide verschickt, kann z. B. überschlagen werden, indem man sich ansieht, wie es in der Vergangenheit gearbeitet hat.

8.2.6 Investitionen

In welchem Umfang welche Investitionen oder Desinvestitionen getätigt werden sollen, kann mithilfe eines Investitionsplans je Abteilung relativ exakt berechnet werden. Lassen sich die erforderlichen Auszahlungen nicht genau bestimmen, weil es z. B. noch viele Arbeiten gibt, deren Umfang geklärt werden muss, sind auch hier Schätzungen notwendig.

8.2.7 Gesellschafterentnahmen

Gesellschafterentnahmen sind vor allem bei Personengesellschaften und Einzelunternehmen üblich und werden in der GuV oft nicht berücksichtigt. Sie müssen daher gesondert ausgewiesen werden. Höhe und Zahlungszeitpunkte lassen sich aber exakt bestimmen. Gleiches gilt für Tantiemen an GmbH-Geschäftsführer.

8.2.8 Tilgungen (Kapitaldienste)

Auch Tilgungszahlungen lassen sich aufgrund der meist bekannten Höhe und der Zeitpunkte gut planen (oft auch durch Vorgaben von der Bank).

8.2.9 Sonstige

Hierunter fallen z. B. Lizenzzahlungen oder Spenden. Größere Zahlungen, wie zumeist bei Lizenzen, sollten auf Basis von Verträgen einzeln geplant und mit exakten Werten und Zahlungszeitpunkten angesetzt werden. Bei kleineren Positionen genügen i. d. R. pauschale Angaben. Hier muss jedes Unternehmen von Fall zu Fall entscheiden, wie es vorgehen möchte.

PRAXISTIPP

Um sicherzustellen, dass man auch wirklich keine zahlungsrelevanten Geschäftsfälle vergessen hat, sollte man sich sämtliche Konten sowie die Ein- und Auszahlungen der vergangenen zwei bis drei Jahre ansehen, um die Planungen abzuschließen. In der Praxis kommt es häufiger vor, dass atypische oder seltene Zahlungen gerne vergessen werden. Hierzu zählen z. B. Einlagen, Kapitalerhöhungen oder Auflösungen von Kapitalanlagen. Je nach Umfang können vor allem nicht erkannte und im Liquiditätsplan daher nicht berücksichtigte Auszahlungen die Zahlungsfähigkeit eines Unternehmens deutlich belasten.

9. Liquiditätsplanung mit fremden Währungen

In den letzten Jahren ist festzustellen, dass auch kleine Unternehmen Leistungen und Waren beziehen, die nicht direkt in Euro zu bezahlen sind. (Anmerkung: Sinngemäß gilt der nachstehende Abschnitt ebenso für die Fälle, in denen Unternehmen ihre Lieferungen und Leistungen in Fremdwährungen fakturieren; auch dabei gilt es, die entsprechenden Risiken zu betrachten.) Das betrifft oft Importe aus dem asiatischen Raum, bei denen als Währung für die Abrechnung der US-Dollar vereinbart wird. Daher werden wir nachstehend vor allem diesen Fall betrachten, die Ausführungen treffen aber auf die meisten anderen Währungen ebenso zu:

- Wenn es sich um nur wenige Vorgänge pro Jahr handelt, können Unternehmen tagesgenau über ihr deutsches Bankkonto in US-Dollar bezahlen. In diesem Fall wird die beauftragte Bank zum entsprechenden Tageskurs abrechnen.
- Bei Unternehmen, die aus Gründen des bereits größeren Geschäftsumfangs (es wird z. B. auch in den Dollarraum geliefert) ein US-Dollar-Konto besitzen, muss dieses Konto rechtzeitig zur Ausführung der fälligen Zahlung in US-Dollar einen entsprechenden Kontostand aufweisen. Dies kann möglicherweise erreicht werden, wenn auch in entsprechendem Umfang Zahlungen in US-Dollar aus Auslandsgeschäften (Verkäufe) eintreffen. Wenn dies der Fall ist, kann man von einer „natürlichen Absicherung" des Währungsrisikos sprechen.

  Falls keine entsprechenden Auslandsgeschäfte getätigt werden, muss der benötigte US-Dollar-Betrag rechtzeitig über die eigene Bank beschafft werden. Damit besteht in den Fällen, in denen bedarfsgerecht Beträge in einer fremden Währung beschafft werden müssen, ein **Währungsrisiko.**

HINWEIS

Was sind Währungsrisiken und welche Arten von Währungsrisiken gibt es?

Als Währungsrisiko wird die Unsicherheit bezüglich des Wechselkurses zu einem bestimmten Zeitpunkt in der Zukunft bezeichnet. Wechselkurse geben den Preis für eine fremde Währung an. In den meisten Fällen haben wir es aus deutscher Sicht mit flexiblen Wechselkursen zu tun, wie z. B. bei Euro und US-Dollar.

Der Tauschpreis ist im Falle flexibler Wechselkurse nicht festgelegt, sondern ergibt sich marktbezogen durch Angebot und Nachfrage. Damit kommt es laufend zu Preisänderungen.

Im Falle eines festen Wechselkurses ist eine Währung dagegen fest an eine andere Währung gekoppelt.

Das Währungsrisiko kann aus Unternehmenssicht auf verschiedenen Wegen in Erscheinung treten:

- Wenn Verluste durch die Umrechnung von Fremdwährungspositionen (meist sind dies Forderungen oder Verbindlichkeiten) der Bilanz zum Bilanzstichtag entstehen können, handelt es sich um das Translationsrisiko. Eine mögliche Liquiditätsbelastung entsteht dann erst für den Zeitpunkt der Erfüllung der betreffenden Forderungen oder Verbindlichkeiten.
- Bei Risiken, die im Rahmen der zukünftigen finanziellen Abwicklung geschäftlicher Aktivitäten (wie z. B. Importe, Exporte, Investitionen, Finanzanlagen) entstehen, handelt es sich um

ein Transaktionsrisiko, da die zugrunde liegenden Transaktionen zu einem heute unbekannten Wechselkurs vollzogen werden. Eine mögliche Liquiditätsbelastung entsteht auch in diesen Fällen erst zum Zeitpunkt der Erfüllung der betreffenden Transaktionen.

- Das ökonomische Risiko bezeichnet das Risiko von nachhaltigen Änderungen der Währungsparitäten, die neben der Liquiditätsbelastung auch die Konkurrenzfähigkeit der inländischen Unternehmen langfristig beeinträchtigen können. Naturgemäß sind hier nur überschaubare Zeiträume (z. B. die nächsten zwei bis drei Jahre) durch Termingeschäfte absicherbar.

Dazu folgendes Beispiel:

BEISPIEL: Am 13.1.2022 erfolgte eine Bestellung von Waren in Asien im Wert von 10.000 USD.

Der Wechselkurs an diesem Tag lag bei 1,13 €/1 USD. Entsprechend belief sich der Bestellwert an diesem Tag auf 8.850 €.

Der Zeitpunkt der Rechnungsstellung und der Zahlungszeitpunkt war der 15.4.2022.

Der Wechselkurs an diesem Tag lag bei 1,09 €/1 USD. Entsprechend belief sich der Rechnungswert an diesem Tag auf 9.174 €.

Damit hat sich der in Euro ausgedrückte Einkaufspreis innerhalb von drei Monaten um etwa 3,7 % erhöht. Dieser erhöhte Einkaufspreis verringert entsprechend die Marge.

Anmerkung dazu: In der Vergangenheit gab es bereits größere Kursänderungen. Beispielsweise lag der Wechselkurs am 13.4.2021 bei 1,195 €/1 USD. An diesem Tag wären die im Beispiel genannten 10.000 USD nur 8.386 € wert gewesen. In Fortsetzung des obigen Beispiels wäre das bei Bezahlung am 13.4.2022 eine rechnerische Erhöhung des Einkaufspreises um 9,4 %.

Damit wird deutlich, dass vor allem bei einem größeren zeitlichen Abstand zwischen dem Zeitpunkt der Bestellung und dem Zeitpunkt der Bezahlung ein durchaus nennenswertes Wechselkursrisiko besteht.

Wie könnte man nun dieses Risiko verringern?

Zunächst einmal sollte ermittelt werden, welchen Umfang das Wechselkursrisiko im Verhältnis zu anderen Liquiditätsströmen bzw. dem eigenen Cashflow hat.

Wie bei allen Risiken gibt es auch hier folgende Möglichkeiten:

- **Risikovermeidung:**

  Man hat die Möglichkeit, Fremdwährungsgeschäfte zu vermeiden, also nur Zahlungsvereinbarungen auf Euro-Basis einzugehen. Ob dies gelingt, hängt von der Branche bzw. der eigenen Marktmacht ab.

- **Risikoverringerung:**

  Man versucht, einen möglichen Schaden zu verringern. In diesem Fall könnte man überlegen, jeweils schon bei Auftragserteilung den zukünftig fällig werdenden USD-Betrag tatsächlich zu beschaffen. Damit hätte man Wechselkursrisiken vermieden, die im Zeitraum von der Auftragserteilung bis zur Zahlungsfälligkeit entstehen können. Ob dies möglich ist, hängt von der vorhandenen Liquidität ab, da Liquidität bereits vor der Zahlungsfälligkeit gebunden ist.

- **Risikotragung:**

  Man entscheidet aufgrund der Risikobeurteilung, dass es sich bezüglich der Eintrittswahrscheinlichkeit und der möglichen Schadenshöhe um ein vom Unternehmen tragbares Risiko handelt. Ob dies sinnvoll ist, wird sowohl vom betragsmäßigen Umfang als auch vom zeitlichen Abstand zwischen dem Zeitpunkt der Auslösung der zukünftigen Zahlung und dem der späteren Zahlung abhängen.

- **Risikoübertragung:**

  Man entscheidet sich, das Risiko an andere zu übertragen. Das könnten Kunden, Lieferanten oder Banken sein. Ob die Übertragung an Kunden oder Lieferanten möglich ist, hängt wieder von der eigenen Marktmacht ab. Entsprechend müssten dann Währungsklauseln (ähnlich wie Preisgleitklauseln) vereinbart werden. Ggf. kann man so das Wechselkursrisiko zumindest teilweise auf alle Beteiligten verteilen.

  Absicherung der Wechselkurse: Hier sprechen Sie am besten mit Ihrer Hausbank. Diese kennt Sie am besten und kann einschätzen, welche Absicherungsmodelle für Sie geeignet sind. Diese Geschäfte werden „Hedging" genannt.

  Infrage kommen hier vor allem Termingeschäfte dieser Form:

  Sie kaufen zu einem heute bereits festgelegten Wechselkurs den zukünftig benötigten US-Dollar-Betrag. Der Zeitpunkt zur Ausführung dieses Geschäfts kann ein bestimmter Stichtag sein (z. B. der 30.11. eines Jahres) oder in einem bestimmten Zeitraum liegen (z. B. im November eines Jahres). Lassen Sie sich hier von Ihrer Bank verschiedene Möglichkeiten zeigen und die zugehörigen Kurse und Gebühren anbieten. Bei häufigeren Fällen und größeren Beträgen sollten Sie auch Angebote von internationalen Anbietern einholen.
  Erfahrungsgemäß liegen die Unterschiede bei Betrachtung aller Kosten bei etwa 1 bis 2 %, bezogen auf die benötigte Summe. Das ist bezogen auf ein mögliches Währungsrisiko (siehe die im obigen Beispiel genannten 3,7 bis 9,5 %) ein überschaubarer, vor allem aber ein sicher bestimmbarer Wert.

Es ist zudem zu empfehlen, möglichst einen längeren Zeitraum (z. B. die nächsten ein bis zwei Jahre) bezüglich des Devisenbedarfs zu betrachten und dann gemeinsam mit Ihrer Bank oder anderen Anbietern über die für Sie optimale Lösung zu sprechen. Das wird möglich sein, wenn Ihr Unternehmen in einer relativ konjunkturunabhängigen Branche tätig ist bzw. der Zeitpunkt des Bedarfs eines Wechselkursgeschäftes gut einschätzbar ist. Eine längerfristige Planung würde Sie dann auch in die Lage versetzen, möglichst zu für Sie günstigen Kursen Termingeschäfte zu tätigen. So können Sie möglicherweise Ihre durchschnittlichen Einkaufspreise in Euro senken, was dann Ihre Marge verbessern wird. Das setzt natürlich voraus, dass Sie zu diesen Zeitpunkten über die entsprechend notwendige Liquidität verfügen oder einen entsprechenden Rahmen mit Ihrer Bank vereinbaren können. In allen Fällen gilt natürlich, dass man nie mit Sicherheit sagen kann, wie sich Kurse zukünftig entwickeln werden. Spätestens die Jahre seit 2020 haben uns gezeigt, wie sich durch Pandemien und politische Konflikte relativ schnell starke Veränderungen bei Lieferketten, Frachtkosten und eben Wechselkursen ergeben können.

Zusammengefasst lässt sich festhalten: Auch dieser Bereich des Liquiditätsmanagements zeigt, dass es für die Liquiditätsplanung immer wichtiger wird, in Szenarien zu denken und die unterschiedlichen Szenarien mit den entsprechenden Tools im Controlling abbilden zu können.

Mehr dazu lesen Sie in den folgenden Kapiteln.

10. Liquiditätsplanung mit Szenarien

Die Jahre seit 2020 zeigen wieder einmal, dass Ereignisse eintreten können, mit denen man nicht gerechnet hat oder deren Eintrittswahrscheinlichkeit zuvor als sehr gering eingestuft wurde.

Ereignisse dieser Art werden als „exogene Schocks“[1] bezeichnet.

Zu nennen wären an dieser Stelle die Corona-Pandemie (März 2020), die unfallbedingte Blockade des Suezkanals (März 2021) und der russische Angriff auf die Ukraine (Februar 2022). Alle drei Ereignisse traten mehr oder weniger unerwartet auf, und bei allen drei Ereignissen war oder ist (Juli 2022) die weitere Entwicklung bzw. das Ende der Störung (im systemtheoretischen Sinne) nicht absehbar. Natürlich hatte und hat jeder seine eigenen Vorstellungen davon, wie sich derartige Störungen beheben lassen und wie lange sie jeweils dauern werden. Allerdings: Aufgrund der Einzigartigkeit dieser „Schocks“ (zumindest im Westeuropa der letzten etwa 75 Jahre) gibt es diesbezüglich keine Erfahrungen, die man zur verlässlichen Einschätzung der Lage heranziehen könnte, bzw. keine bekannten Maßnahmen, die in derartigen Situationen zu ergreifen wären. Weil aber die Ursachen (und oft auch einige der Folgen) der hier beispielhaft genannten Ereignisse nicht durch eigene Entscheidungen oder Handlungen behoben oder beeinflusst werden können, stellt sich die Frage, wie Unternehmen bzw. das Controlling damit umgehen sollten.

Zum plötzlichen (nicht konkret vorhersehbaren) Auftreten dieser Störungen kommt die Schwierigkeit hinzu, dass (zumindest in den Fällen der Pandemie und des Angriffs auf die Ukraine) ziemlich schnell klar wird, dass auch die weitere Entwicklung dieser Krisen schwer einzuschätzen ist. Damit stoßen bisherige „einfache“, mehr oder wenig lineare Planungsmodelle an ihre Grenzen. Die zusätzlich zu den eigentlichen Störungen auftretenden Schwierigkeiten liegen in den komplexen Zusammenhängen und nicht absehbaren Verhaltensweisen aller Beteiligten (Kunden, Lieferanten, Politik) in verschiedenen Regionen oder Staaten.

Wir wollen uns an dieser Stelle vorrangig mit den Folgen für die Liquidität und den Überlegungen zur Beeinflussung der Liquidität beschäftigen.

Daher zunächst die Frage: Auf welche Weise und in welchem Umfang wurde und wird die Unternehmensliquidität konkret von diesen „exogenen Schocks“ beeinflusst?

In allen drei beispielhaft genannten Fällen haben die Ereignisse zunächst dazu geführt, dass (neben anderen weitreichenden Effekten) vor allem Lieferketten in vielen Bereichen (Produktion sowie Lieferwege von Waren und Rohstoffen) zeitgleich und nahezu weltweit gestört wurden. Damit war es zunächst unmöglich, eine andere Lieferkette (Lieferant, Lieferweg) aufzubauen.

Mit dem längerfristigen Ausbleiben eingeplanter Warenzugänge sind bei den betroffenen Unternehmen eingeplante Produktionsvorgänge oder eingeplante Absatzvorgänge unmöglich geworden bzw. haben sich zeitlich stark verzögert.

1 Ein **exogener Schock** ist eine überraschende Änderung **exogener** (hier: außerhalb des Unternehmens liegender) Variablen. Es handelt sich um ein einmaliges Ereignis, dessen Ausmaß und Zeitpunkt von den Wirtschaftssubjekten nicht vorhergesehen werden kann. Daher sind Ereignisse dieser Art in üblichen Planungen nicht enthalten.

Das hatte im Bereich Liquidität diese Folgen:

- ► Verzögerung von Zahlungseingängen durch nicht mögliche Leistungserfüllungen,
- ► gebundene Mittel in bereits bestellten und angezahlten Waren oder in (teil-)gefertigten Erzeugnissen.

In vielen Fällen konnten eingeplante Umsätze und die sich daraus ergebenden Geldeingänge nicht realisiert werden. Die Liquidität hat sich also nicht so wie geplant aufgebaut. Je nach vertraglicher Vereinbarung mit den Abnehmern kamen sogar noch Liquiditätsabflüsse durch vereinbarte Strafzahlungen wegen Nicht- oder verspäteter Lieferung hinzu.

Auf der anderen Seite war es in vielen Fällen so, dass die von den Unternehmen bestellten Waren vertraglich bedingt bereits ganz oder teilweise geliefert waren oder bezahlt werden mussten.

Durch diese beiden Effekte entstanden ungeplante Liquiditätslücken. Zudem war es in allen drei Fällen einige Zeit nicht absehbar, wie lange die Störungen anhalten würden und wie lange es dauern würde, bis sich wieder eine „normale" oder wenigstens eine stabile, sprich planbare Lage auf den Beschaffungsmärkten und Beschaffungswegen einstellen würde. (Um die Betrachtung dieser herausfordernden Planungslage an dieser Stelle im Umfang und in der Tiefe zu begrenzen, verzichten wir auf die Einbeziehung von weiteren Effekten, wie z. B. Kurzarbeit oder die Veränderung von Wechselkursen. Zu beiden Punkten finden Sie mehr in den jeweiligen Kapiteln.) Damit ergibt sich die Situation, dass eine übliche, lineare Planung nicht zielführend bzw. nicht sinnvoll möglich wäre.

Was ist nun die Alternative? Der Verzicht auf jede Planung? Wohl nicht!

Schon im eigenen direkten Interesse des Unternehmens und oft auch um die Informationsinteressen von Geldgebern zu erfüllen (die oft auch als Nebenbedingungen in den entsprechenden Verträgen verankert sind), muss eine verlässliche Planung aufgestellt werden.

Im Umfeld der in den Beispielen gezeigten Ereignisse wird besonders deutlich, dass es nun keinesfalls mehr ausreicht, die Vergangenheit „irgendwie" hochzurechnen (z. B. „5% mehr Umsatz" oder ähnliche einfache Modelle).

10.1 Überlegung und Planung in Szenarien

Die Herausforderungen an die Planung liegen nun darin, zu überlegen, welche weiteren Entwicklungen der Ereignisse möglich oder denkbar sind. Rein logisch könnte man sagen, dass für jede Entwicklung (Richtung und zeitliche Dauer) eine Eintrittswahrscheinlichkeit zwischen 0 und 1 oder, anders ausgedrückt, zwischen 0 % und 100 % besteht. Das würde bezogen auf die verwendeten Beispiele bedeuten, dass man beispielsweise eine der folgenden Annahmen treffen könnte: entweder die Annahme, dass die „Störung" ewig dauert, oder die Annahme, dass die Störung sofort endet. An dieser Darstellung lässt sich erkennen, dass die Wahrheit bezüglich der Dauer ziemlich sicher zwischen diesen Extremwert liegen wird.

Um die Planungsaufgaben in solchen Störungslagen etwas zu begrenzen, sollte man nun anfangen, ihre mögliche Dauer abzuschätzen.

Also beispielsweise:

- im Falle der Corona-Pandemie eine Dauer von ein bis drei Jahren,
- im Falle der Suezkanalblockade eine Dauer von vier bis zwölf Wochen,
- im Falle des Ukrainekriegs eine Dauer von ein bis drei Jahren.

Sinnvoller als die Schätzung eines einzelnen Wertes als möglicher Dauer, also z. B. von genau 1,5 Jahren (Corona), ist es, Eintrittswahrscheinlichkeiten für unterschiedliche Zeiträume zu verwenden.

Wir teilen also die gesamte Eintrittswahrscheinlichkeit von 100 % auf und erhalten durch Schätzung je eine Eintrittswahrscheinlichkeit für verschiedene Annahmen.

Was bedeutet das?

Dazu folgendes Beispiel:

BEISPIEL:

- Annahme 1: Corona dauert ein Jahr, Eintrittswahrscheinlichkeit 20 %,
- Annahme 2: Corona dauert zwei Jahre, Eintrittswahrscheinlichkeit 50 %,
- Annahme 3: Corona dauert drei Jahre, Eintrittswahrscheinlichkeit 30 % (100 % - 20 % - 50 % = 30 %).

Damit haben wir nun die Laufzeiten für drei mögliche Szenarien bestimmt.

Im nächsten Schritt überlegt man, was die jeweiligen konkreten, zunächst qualitativen Auswirkungen für das Unternehmen in den verschiedenen Unternehmensbereichen wie Warenbezug, Produktion und Absatz sein würden.

Beispielsweise kann es zu diesen **direkten Folgen** kommen:

- verzögerter Warenzugang, geringerer Warenzugang als gedacht, schubweiser Warenzugang,
- verzögerter Warenausgang, verringerter Warenausgang, Wegfall von Abnehmern aufgrund deren eigener durch die Störung ausgelöster Schwierigkeiten,
- ...

Dies führt dann zu diesen **möglicherweise notwendig werdenden Maßnahmen:**

- notwendige (frühere) Aufstockung des Lagers,
- Ausbau der (Zwischen-)Lagerkapazitäten,
- Verringerung oder Erhöhung der Produktionsmenge zu bestimmten Zeiten,
- Verringerung oder Erhöhung der möglichen Schichten zu bestimmten Zeiten,
- zusätzliches Personal, um schnell produzieren, laden/entladen zu können,
- ...

Diese Maßnahmen führen wiederum zu höheren Kosten bzw. zu den für uns wichtigen **höheren Liquiditätsabflüssen:**

- höhere Kosten für den Warenbezug,
- höhere Lagerkosten für die Zwischenlagerung unfertiger/teilfertiger Produkte,
- höhere Produktionskosten durch notwendig werdende Zusatzschichten, wenn die notwendigen Vorprodukte dann „plötzlich" eintreffen und eine sofortige Verarbeitung erfordern,
- ...

Diese Aufzählung möglicher konkreter Folgen und ihrer Auswirkungen auf die Liquidität sieht naturgemäß bei jedem Unternehmen anders aus und lässt sich beliebig erweitern und ergänzen. Um alle möglichen qualitativen Folgen für das Unternehmen zu erfassen, müssen die Auswirkungen in allen Unternehmensbereichen (neben Beschaffung, Produktion und Absatz auch die Bereiche Logistik, Personal, Finanzen, FuE, IT ...) untersucht werden.

Nachdem die konkreten Folgen in allen Unternehmensbereichen ermittelt worden sind, müssen die jeweiligen Folgen für die Entwicklung der Liquidität erfasst bzw. berechnet werden. Neben die Unsicherheit, wie sich eine Krise entwickeln wird, tritt die Schwierigkeit, die zukünftigen Kosten zu schätzen. Wie viele von Ihnen es erlebt haben, sind die Preisentwicklungen und damit die Folgen für die Liquiditätsabflüsse in vielen Bereichen kaum noch vorhersehbar gewesen.

Dies betraf (Juli 2022) vor allem diese Bereiche:

- Frachtkosten (zunächst beim Warenbezug durch Seetransport per Container),
- Rohstoffkosten (vor allem bei Baustoffen),
- Energiekosten.

Zudem haben die Entwicklungen in diesen drei Kostenbereichen weitreichende Folgen für die Preisentwicklungen in anderen Bereichen. Damit ist klar, dass eine Liquiditätsbetrachtung, die auf Vergangenheitswerten beruht, nicht mehr zu belastbaren Planungsergebnissen führen kann. Es ergibt sich damit die Notwendigkeit, dass für jeden Kostenbereich entsprechende Kostenschätzungen erstellt werden. Dies geschieht am besten durch den Einkauf oder zumindest mit dessen Unterstützung. Wie schon oben bei der der Darstellung zum Vorgehen der Schätzung von möglichen Zeitdauern gezeigt, müssen Werte für mögliche Preisentwicklungen und deren zugehörige Eintrittswahrscheinlichkeiten geschätzt werden.

Beispielsweise in dieser Form:

TAB. 4: Mögliche Preise und ihre Eintrittswahrscheinlichkeiten

Lfd. Nr.	Diesel/l	2022	E 2022	2023	E 2023	2024	E 2024
1	2,00 €	73 %	1,46 €	15 %	0,30 €	10 %	0,20 €
2	1,90 €	7 %	0,13 €	70 %	1,33 €	60 %	1,14 €
3	1,80 €	6 %	0,11 €	5 %	0,09 €	20 %	0,36 €
4	1,70 €	5 %	0,09 €	4 %	0,07 €	4 %	0,07 €
5	1,60 €	4 %	0,06 €	3 %	0,05 €	3 %	0,05 €
6	1,50 €	3 %	0,05 €	2 %	0,03 €	2 %	0,03 €
7	1,40 €	2 %	0,03 €	1 %	0,01 €	1 %	0,01 €
		100 %	**1,92 €**	**100 %**	**1,88 €**	**100 %**	**1,86 €**

Dieses Beispiel kann natürlich auch monatsgenau entwickelt werden, um einer realistischen Entwicklung näherzukommen.

Man kann nun die obenstehenden Werte jeweils in unterschiedlichen Szenarien (hier: maximal sieben) verwenden oder man nimmt zur Vereinfachung den jeweils in der letzten Zeile stehenden rechnerischen Erwartungswert. Das wäre in unserem Beispiel für das Jahr 2022 der Dieselpreis von 1,92 €/l.

Entsprechend müssen ähnliche Tabellen für alle infrage kommenden Kostenpositionen im Unternehmen entwickelt werden. Damit wird schnell klar, dass dies keine Aufgabe ist, die „einfach so“ oder nebenher bearbeitet werden kann. Übrigens muss dieselbe Arbeit für alle Erlöspositionen erledigt werden, um auch da belastbare Werte zu erhalten. Recht schnell können so in Unternehmen mehrere Hundert bis mehrere Tausend Positionen vorhanden sein, die entsprechend überlegt und ermittelt werden müssen. Wenn man nur das recht einfache Modell der obigen Tabelle verwendet, entstehen dann pro Position rund 50 (!) Zahlenwerte. Müsste diese Aufgabenstellung in einer (theoretisch) endlichen Krisensituation nur einmalig erledigt werden (Beispiel: Störfall Suezkanal), wäre es sicher ausreichend, eine entsprechende Tabellenkalkulation dafür aufzubauen. Wenn jedoch diese Art der Aufgabenstellung in längeren oder nicht absehbaren Krisensituationen wiederholt und damit mit sich verändernden Werten gelöst werden muss, wird erkennbar, dass der Arbeitsaufwand mit einer Tabellenkalkulation für alle Beteiligten recht hoch wäre.

Zudem besteht wegen der großen Anzahl von Positionen (leicht mehrere Tausend bis Zehntausend) eine große Gefahr von fehlerhaften Werten durch Eingabe- oder Berechnungsfehler. Damit ist erkennbar, dass eine übliche Tabellenkalkulation für einen regelmäßigen Einsatz zur Ermittlung und Darstellung von Szenarien nur im Einzelfall oder im Notfall geeignet ist.

Es stellt sich nun die Frage, mit welchen Instrumenten diese Aufgabe schneller und sicherer gelöst werden könnte. Dazu lesen Sie das nächste Kapitel zum Thema „Datenbankgestützte Planungs- und Analysetools“.

11. Datenbankgestützte Planungs- und Analysetools

Wie Sie vor allem im letzten Kapitel gelesen haben, nimmt der Arbeitsaufwand durch die Anforderungen an eine belastbare Planung in den Bereichen Erfassen, Sammeln und Auswerten von Daten (sprich: Controlling) stark zu. Viele von Ihnen sind in Anbetracht vermehrter Krisen in den letzten Jahren zu der Erkenntnis gelangt, dass eine „einfache", nur jährliche Planung und Analyse nicht mehr ausreichend ist.

Wie kann man nun ein System aufbauen, bei dem zumindest der Arbeitsaufwand beim Erfassen, Sammeln und Validieren von Daten verringert und zusätzlich auch die Fehlerrate im gesamten Ablauf deutlich reduziert wird?

Wie der Titel dieses Kapitels schon verrät, liegt die Antwort im Einsatz von datenbankgestützten Planungs- und Analysetools. Was kann man darunter verstehen?

In den meisten Unternehmen werden heute schon datenbankgestützte ERP-Systeme[2] für viele oder sogar alle Unternehmensbereiche eingesetzt. Das können beispielsweise Produkte von Sage, Microsoft, Oracle, SAP und vielen anderen Anbietern sein. Damit ist schon einmal die Quelle für im Unternehmen bereits vorhandene Daten gefunden, die man nicht noch einmal (mehr oder weniger) von Hand in eine Tabellenkalkulation eintragen muss. Meist lassen sich dort enthaltene Daten recht einfach und zeitsparend per Schnittstelle fehlerfrei in eine Tabellenkalkulation überführen. So wäre zunächst einmal Arbeit und Zeit gespart sowie Sicherheit gewonnen, was bereits im Unternehmen vorhandene Daten betrifft.

Nicht beantwortet sind damit allerdings die Fragen, wie man weitere (Umwelt-)Daten bzw. eigene Schätzungen reibungslos und sicher erfasst und wie man damit Planungen und Analysen weitgehend automatisiert durchführt.

11.1 BI-Tools und Big Data

Die Lösung dazu findet sich in datenbankgestützten Planungs- und Analysetools. Sie werden am Markt oft als BI-Tools oder Big-Data-Tools bezeichnet, wobei die Bezeichnung „Big Data", also „große Datenmengen", es ziemlich gut trifft. Unabhängig vom Namen erlauben diese Tools den Umgang mit mehreren und unterschiedlichen Datenquellen und unterschiedlichen Formaten sowie das Speichern und Analysieren großer Datenmengen. Damit lassen sich sowohl im Unternehmen bereits vorhandene Daten als auch weitere, externe Daten aus unterschiedlichen Quellen einlesen und verwenden. In beiden Fällen müssen die jeweiligen Datenquellen einmal verknüpft bzw. entsprechend konfiguriert werden. Später wird dann bei Bedarf automatisch der jeweils aktualisierte Datenstand abgerufen. Damit entfällt die zeitraubende und fehleranfällige manuelle Aktualisierung.

Grundsätzlich bieten diese Tools zahlreiche Visualisierungen (Grafiken und Diagramme) von Daten und vereinfachen die Berichterstellung. Als Anwender kann man eine Vielzahl von Datenformaten untersuchen, bearbeiten und problemlos in verschiedenen Darstellungsformen für bestimmte Zielgruppen freigeben.

2 ERP = Enterprise-Resource-Planning.

11.2 Verwendung unterschiedlicher Parameter und Szenarien

Zudem ermöglichen die Tools die Planung mit unterschiedlichen Parametern bzw. Szenarien. Dabei lassen sich mögliche zukünftige Entwicklungen bei bestimmten Positionen einzeln oder in Gruppen zusammengefasst verändern und darstellen. Dies ist sowohl prozentual als auch in absoluten Beträgen möglich. Vielfach lassen sich auch Standard-Szenarien anlegen, zwischen denen man dann bei Bedarf wechseln kann. Manche Tools ermöglichen darüber hinaus eine nahtlose bidirektionale Echtzeitintegration in vorhandene Systeme. Damit können Planungs- oder Analyseergebnisse in das ERP-System überspielt werden, falls das gewünscht wird.

BEISPIELE für derartige Tools sind:

Qlik, Tableau, Microsoft Power BI, IBM InfoSphere.

Es gibt am Markt eine wirklich sehr große Anzahl von Anbietern und Produkten; hier hilft im ersten Schritt die Nutzung von entsprechenden Software-Portalen, um sich einen Überblick zu verschaffen.

Früher oder später werden wohl alle Unternehmen statt der aufwändigen und schwer zu pflegenden Tabellenkalkulationen derartige Tools verwenden, um bei Änderungen der Lage oder bei notwendig werdenden Anpassungen der Zielsetzung schnell die Auswirkungen verschiedener Annahmen und Maßnahmen beurteilen und darstellen zu können. So können auch in turbulenten Zeiten jeweils aktuell und zeitnah ein guter Überblick und eine brauchbare Entscheidungsgrundlage geschaffen werden.

12. Zahlenbeispiel und praktische Umsetzung

Wie sich eine Liquiditätsplanung vor allem in kleinen und mittelständischen Betrieben vergleichsweise einfach aus vorhandenen Instrumenten und Werkzeugen erstellen lässt, wird im Folgenden erläutert.

12.1 Gewinn- und Verlustrechnung als Basis für die Planungen

Ausgangspunkt für das Beispiel ist die ohnehin in jedem Unternehmen vorhandene Gewinn- und Verlustrechnung (GuV) bzw. die betriebswirtschaftliche Auswertung (BWA). Durch die Nutzung bereits vorhandener Werkzeuge lässt sich der Arbeitsaufwand in den meisten Fällen deutlich reduzieren und man muss sich im Unternehmen nicht mit der Funktionsweise neuer Instrumente vertraut machen.

12.2 Planung von Gesamtleistung und Rohertrag

Im Rahmen der operativen Planung werden, wie bereits dargelegt, die Planzahlen für das kommende Geschäftsjahr festgelegt. Besonders sorgfältig müssen wegen der großen Unsicherheiten der Umsatz und der Materialaufwand geplant werden. Dazu kann z. B. das Schema, wie es in der nachstehenden Abbildung zu sehen ist, verwendet werden. Für große Kunden (A-Kunden) kann monatlich eine separate Planung von Umsätzen und Materialaufwand erfolgen. Der Umsatz muss geschätzt werden, z. B. anhand der Auftragseingänge, der Entwicklung der Vorjahre oder der Zusagen von Kunden. Die restlichen Kunden (B- und C-Kunden) werden z. B. zu „sonstigen Kunden" zusammengefasst und pauschal geplant. Analog wird mit der Planung des Materialaufwands verfahren. Die Materialaufwandsquote kann in den meisten Fällen z. B. anhand von Aufschreibungen, Schätzungen, Rezepturen oder Stücklisten zumindest näherungsweise ermittelt werden. Liegen keine Werte vor, können über einen längeren Zeitraum oder an verschiedenen Tagen bzw. bei verschiedenen Aufträgen Stichproben erhoben werden. Am Ende entsteht so eine relativ genaue Rohertragsplanung.

HINWEIS

Aus Vereinfachungsgründen wurden Bestandsveränderungen nicht berücksichtigt. Gibt es in einem Betrieb Bestandsveränderungen, müssen Erhöhungen der Gesamtleistung zugerechnet und Minderungen abgezogen werden.

ABB. 11: Planungsschema für Umsätze und Materialaufwand (Auszug)

Umsatz-/Materialaufwandsplanung (Rohertrag)							
Bereich	Materialquote	Jan	Feb	Mrz	Apr	Mai	Jun
Kunde I	Umsatz						
	Materialaufwand						
Kunde II	Umsatz						
	Materialaufwand						
Kunde III	Umsatz						
	Materialaufwand						
Kunde IV	Umsatz						
	Materialaufwand						
Kunde V	Umsatz						
	Materialaufwand						
Kunde VI	Umsatz						
	Materialaufwand						
Kunde VII	Umsatz						
	Materialaufwand						
Sonstige Kunden	Umsatz						
	Materialaufwand						
...	Umsatz						
	Materialaufwand						
Summen	Umsatz	0,0	0,0	0,0	0,0	0,0	0,0
	Materialaufwand	0,0	0,0	0,0	0,0	0,0	0,0

Abbildung 12 zeigt eine mit Umsatz- und Materialdaten ausgefüllte monatliche Rohertragsplanung. Im Beispiel ist zu erkennen, dass der Materialaufwand bei Kunde I 60 % beträgt, bei Kunde II 53 % usw. Der durchschnittliche Materialaufwand liegt bei knapp 52 %.

Abb. 12: Übernahme der Umsatz- und Materialdaten in die GuV

Umsatz-/Materialaufwandsplanung (Rohertrag)															Jahr 20xx Angaben in T€
Bereich/Kunden/ Sparte/Produkte		**Geld-fluss**	**Material-quote**	**Jan**	**Feb**	**Mrz**	**Apr**	**Mai**	**Jun**	**Jul**	**Aug**	**Sep**	**Okt**	**Nov**	**Dez**	**Gesamt-jahr**
Kunde I	Umsatz			140,0	130,0	160,0	170,0	160,0	165,0	142,0	140,0	157,0	162,0	163,0	178,0	**1.867,0**
	Materialaufwand		60,00%	84,0	78,0	96,0	102,0	96,0	99,0	85,2	84,0	94,2	97,2	97,8	106,8	**1.120,2**
Kunde II	Umsatz			16,0	12,0	4,0	6,0	5,0	2,0	2,0	4,0	12,0	15,0	16,0	18,0	**112,0**
	Materialaufwand		53,00%	8,5	6,4	2,1	3,2	2,7	1,1	1,1	2,1	6,4	8,0	8,5	9,5	**59,4**
Kunde III	Umsatz			4,0	4,0	4,0	6,0	6,0	6,0	8,0	8,0	8,0	12,0	12,0	12,0	**90,0**
	Materialaufwand		48,00%	1,9	1,9	1,9	2,9	2,9	2,9	3,8	3,8	3,8	5,8	5,8	5,8	**43,2**
Kunde IV	Umsatz			0,0	0,0	0,0	0,0	25,0	0,0	0,0	25,0	0,0	30,0	0,0	0,0	**80,0**
	Materialaufwand		67,00%	0,0	0,0	0,0	0,0	16,8	0,0	0,0	16,8	0,0	20,1	0,0	0,0	**53,6**
Kunde V	Umsatz			15,0	18,0	10,0	42,0	0,0	0,0	0,0	0,0	0,0	0,0	0,0	0,0	**85,0**
	Materialaufwand		50,00%	7,5	9,0	5,0	21,0	0,0	0,0	0,0	0,0	0,0	0,0	0,0	0,0	**42,5**
Kunde VI	Umsatz			150,0	140,0	180,0	190,0	200,0	190,0	180,0	170,0	190,0	170,0	180,0	200,0	**2.140,0**
	Materialaufwand		44,00%	66,0	61,6	79,2	83,6	88,0	83,6	79,2	74,8	83,6	74,8	79,2	88,0	**941,6**
Kunde VII	Umsatz			30,0	28,0	25,0	32,0	40,0	35,0	30,0	28,0	33,0	38,0	42,0	50,0	**411,0**
	Materialaufwand		55,00%	16,5	15,4	13,8	17,6	22,0	19,3	16,5	15,4	18,2	20,9	23,1	27,5	**226,1**
Sonstige Kunden	Umsatz			4,0	5,0	8,0	9,0	12,0	10,0	12,0	10,0	9,0	12,0	14,0	15,0	**120,0**
	Materialaufwand		52,00%	2,1	2,6	4,2	4,7	6,2	5,2	6,2	5,2	4,7	6,2	7,3	7,8	**62,4**
	Umsatz			0,0	0,0	0,0	0,0	0,0	0,0	0,0	0,0	0,0	0,0	0,0	0,0	**0,0**
	Materialaufwand		0,00%	0,0	0,0	0,0	0,0	0,0	0,0	0,0	0,0	0,0	0,0	0,0	0,0	**0,0**
	Umsatz			0,0	0,0	0,0	0,0	0,0	0,0	0,0	0,0	0,0	0,0	0,0	0,0	**0,0**
	Materialaufwand		0,00%	0,0	0,0	0,0	0,0	0,0	0,0	0,0	0,0	0,0	0,0	0,0	0,0	**0,0**
	Umsatz			0,0	0,0	0,0	0,0	0,0	0,0	0,0	0,0	0,0	0,0	0,0	0,0	**0,0**
	Materialaufwand		0,00%	0,0	0,0	0,0	0,0	0,0	0,0	0,0	0,0	0,0	0,0	0,0	0,0	**0,0**
Summen	**Umsatz**			**359,0**	**337,0**	**391,0**	**455,0**	**448,0**	**408,0**	**374,0**	**385,0**	**409,0**	**439,0**	**427,0**	**473,0**	**4.905,0**
	Materialaufwand		**51,97%**	**186,5**	**174,9**	**202,2**	**234,9**	**234,5**	**211,0**	**192,0**	**202,1**	**210,8**	**233,0**	**221,6**	**245,4**	**2.548,9**

12.3 Planung von Kosten- und Betriebsergebnis

Die folgende Abbildung zeigt, dass die Daten der Rohertragsplanung in die Plan-GuV übernommen worden sind. Außerdem ist zu erkennen, dass die weiteren Kostenpositionen in die GuV aufgenommen wurden. Am Ende werden ein monatliches Betriebsergebnis und ein Gesamtbetriebsergebnis von 115,50 T€ ausgewiesen (evtl. Abweichungen im Nachkommabereich sind durch Rundungsdifferenzen begründet).

Abb. 15: Monatliche GuV-Planung

Plan-Gewinn- und Verlustrechnung	Jan	Feb	Mrz	Apr	Mai	Jun	Jul	Aug	Sep	Okt	Nov	Dez	Gesamt	
1. Umsatzerlöse														
Kunde I	140,0	130,0	160,0	170,0	160,0	165,0	142,0	140,0	157,0	162,0	163,0	178,0	1.867,0	
Kunde II	16,0	12,0	4,0	6,0	5,0	2,0	2,0	4,0	12,0	15,0	16,0	18,0	112,0	
Kunde III	4,0	4,0	4,0	6,0	6,0	6,0	8,0	8,0	8,0	12,0	12,0	12,0	90,0	
Kunde IV	0,0	0,0	0,0	0,0	25,0	0,0	0,0	25,0	0,0	30,0	0,0	0,0	80,0	
Kunde V	15,0	18,0	10,0	42,0	0,0	0,0	0,0	0,0	0,0	0,0	0,0	0,0	85,0	
Kunde VI	150,0	140,0	180,0	190,0	200,0	190,0	180,0	170,0	190,0	170,0	180,0	200,0	2.140,0	
Kunde VII	30,0	28,0	25,0	32,0	40,0	35,0	30,0	28,0	33,0	38,0	42,0	50,0	411,0	
Sonstige Kunden	4,0	5,0	8,0	9,0	12,0	10,0	12,0	10,0	9,0	12,0	14,0	15,0	120,0	
Umsatzerlöse	359,0	337,0	391,0	455,0	448,0	408,0	374,0	385,0	409,0	439,0	427,0	473,0	4.905,0	
2. Bestandsveränderungen														
(fertige u. unfertige Erzeugnisse)	0	0	0	0	0	0	0	0	0	0	0	0	0	
3. Gesamtleistung														
	359,0	**337,0**	**391,0**	**455,0**	**448,0**	**408,0**	**374,0**	**385,0**	**409,0**	**439,0**	**427,0**	**473,0**	**4.905,0**	**100,00%**
4. Materialaufwand														
Kunde I	84,0	78,0	96,0	102,0	96,0	99,0	85,2	84,0	94,2	97,2	97,8	106,8	1.120,2	
Kunde II	8,5	6,4	2,1	3,2	2,7	1,1	1,1	2,1	6,4	8,0	8,5	9,5	59,4	
Kunde III	1,9	1,9	1,9	2,9	2,9	2,9	3,8	3,8	3,8	5,8	5,8	5,8	43,2	
Kunde IV	0,0	0,0	0,0	0,0	16,8	0,0	0,0	16,8	0,0	20,1	0,0	0,0	53,6	
Kunde V	7,5	9,0	5,0	21,0	0,0	0,0	0,0	0,0	0,0	0,0	0,0	0,0	42,5	
Kunde VI	66,0	61,6	79,2	83,6	88,0	83,6	79,2	74,8	83,6	74,8	79,2	88,0	941,6	
Kunde VII	16,5	15,4	13,8	17,6	22,0	19,3	16,5	15,4	18,2	20,9	23,1	27,5	226,1	
Sonstige Kunden	2,1	2,6	4,2	4,7	6,2	5,2	6,2	5,2	4,7	6,2	7,3	7,8	62,4	
Materialaufwand	186,5	174,9	202,2	234,9	234,5	211,0	192,0	202,1	210,8	233,0	221,6	245,4	2.548,9	51,97%
5. Löhne und Gehälter														
Löhne (brutto)	60,5	56,0	65,2	67,1	64,4	61,6	58,8	57,4	58,3	60,7	61,0	69,0	740,0	
Gehälter (brutto)	42,0	42,0	42,0	42,0	42,0	42,0	42,0	42,0	42,0	42,0	42,0	42,0	504,0	
Weihnachtsgeld (brutto)	4,0	4,0	4,0	4,0	4,0	4,0	4,0	4,0	4,0	4,0	4,0	4,0	48,0	
Aushilfslöhne	1,8	1,3	2,0	1,8	1,6	1,5	1,5	1,4	1,8	2,0	2,2	2,5	21,4	
Löhne und Gehälter	108,3	103,3	113,2	114,9	112,0	109,1	106,3	104,8	106,1	108,7	109,2	117,5	1.313,4	26,78%

6. Soziale Abgaben u. Aufw. f. Altersvers.														
AG-Anteil gesetzliche Sozialabgaben Lohn	7,3	6,7	7,8	8,1	7,7	7,4	7,1	6,9	7,0	7,3	7,3	8,3	88,8	
AG-Anteil gesetzliche Sozialabgaben Gehalt	5,0	5,0	5,0	5,0	5,0	5,0	5,0	5,0	5,0	5,0	5,0	5,0	60,5	
AG-Anteil gesetzliche Sozialabgaben WG	0,5	0,5	0,5	0,5	0,5	0,5	0,5	0,5	0,5	0,5	0,5	0,5	5,8	
Ges. Sozialaufw. Aushilfen	0,2	0,2	0,2	0,2	0,2	0,2	0,2	0,2	0,2	0,2	0,3	0,3	2,6	
Beiträge Berufsgenossenschaften	13,0	12,4	13,6	13,8	13,4	13,1	12,8	12,6	12,7	13,0	13,1	14,1	157,6	
Weiterbildung	0,0	0,0	3,0	0,0	2,0	2,0	3,0	1,0	0,0	2,0	2,0	3,0	18,0	
Freiwillige Sozialaufwendungen (LSt.frei)	0,2	0,2	0,2	0,2	0,2	0,2	0,2	0,2	0,2	0,2	0,2	0,2	2,4	
Sozialabgaben	26,2	25,0	30,4	27,8	29,1	28,4	28,7	26,4	25,7	28,3	28,4	31,4	335,6	6,84%
7. Abschreibungen														
Sachanlagen	5,3	5,3	5,3	5,3	5,3	5,3	5,3	5,3	5,3	5,3	5,3	5,3	63,6	
Geringwertige Wirtschaftsgüter	0,6	0,6	0,6	0,6	0,6	0,6	0,6	0,6	0,6	0,6	0,6	0,6	7,2	
Abschreibungen	5,9	5,9	5,9	5,9	5,9	5,9	5,9	5,9	5,9	5,9	5,9	5,9	70,8	1,44%
8. Raumkosten														
Gas, Strom, Wasser	1,5	1,5	1,5	1,5	1,5	1,5	1,5	1,5	1,5	1,5	1,5	1,5	18,0	
Reinigung	0,3	0,3	0,8	0,3	0,3	0,8	0,3	0,3	0,8	0,3	0,3	0,8	5,6	
Instandhaltung Räume	0,2	0,2	0,6	0,2	0,2	0,6	0,2	0,2	0,6	0,2	0,2	0,6	4,0	
Raumkosten	2,0	2,0	2,9	2,0	2,0	2,9	2,0	2,0	2,9	2,0	2,0	2,9	27,6	0,56%
9. Versicherungen, Beiträge, Abgaben														
Versicherungen	0,5	0,5	0,5	0,5	0,5	0,5	0,5	0,5	0,5	0,5	0,5	0,5	6,0	
Beiträge	0,3	0,3	0,3	0,3	0,3	0,3	0,3	0,3	0,3	0,3	0,3	0,3	3,6	
Abgaben	0,2	0,2	0,2	0,2	0,2	0,2	0,2	0,2	0,2	0,2	0,2	0,2	2,4	
Versicherungen, Beiträge, Abgaben	1,0	1,0	1,0	1,0	1,0	1,0	1,0	1,0	1,0	1,0	1,0	1,0	12,0	0,24%
10. Reparaturen und Instandhaltungen														
Anlagen und Maschinen	1,5	1,5	1,5	1,5	1,5	1,5	1,5	1,5	1,5	1,5	1,5	1,5	18,0	
EDV	1,0	1,0	1,0	1,0	1,0	1,0	1,0	1,0	1,0	1,0	1,0	1,0	12,0	
Reparaturen und Instandhaltungen	2,5	2,5	2,5	2,5	2,5	2,5	2,5	2,5	2,5	2,5	2,5	2,5	30,0	0,61%
11. Fahrzeugkosten														
Versicherungen	0,4	0,4	0,4	0,4	0,4	0,4	0,4	0,4	0,4	0,4	0,4	0,4	4,8	
Laufende Kosten	3,6	3,0	3,6	3,3	3,1	3,1	3,0	3,3	3,3	3,8	4,2	5,0	42,3	
Reparaturen	0,6	0,6	0,6	0,6	0,6	0,6	0,6	0,6	0,6	0,6	0,6	0,6	7,2	
Sonstige Kfz-Kosten	0,3	0,3	0,3	0,3	0,3	0,3	0,3	0,3	0,3	0,3	0,3	0,3	3,6	
Fahrzeugkosten	4,9	4,3	4,9	4,6	4,4	4,4	4,3	4,6	4,6	5,1	5,5	6,3	57,9	1,18%

12. Werbe- und Reisekosten														
Werbekosten	8,0	5,0	10,0	8,0	5,0	6,0	6,0	6,0	8,0	10,0	12,0	12,0	96,0	
Messekosten	0,0	0,0	0,0	0,0	0,0	0,0	25,0	0,0	0,0	0,0	0,0	0,0	25,0	
Geschenke – 40 Euro	0,2	0,2	0,2	0,2	0,2	0,2	0,2	0,2	0,2	0,2	0,2	0,1	2,3	
Bewirtungen	0,4	0,4	0,4	0,4	0,4	0,4	0,4	0,4	0,4	0,4	0,4	0,4	4,8	
Werbe- und Reisekosten	8,6	5,6	10,6	8,6	5,6	6,6	31,6	6,6	8,6	10,6	12,6	12,5	128,1	2,61%
13. Kosten der Warenabgabe														
Ausgangsfrachten	3,2	3,0	3,5	4,1	4,0	3,7	3,4	3,5	3,7	4,0	3,8	4,3	44,1	
Verpackungen	1,4	1,3	1,6	1,8	1,8	1,6	1,5	1,5	1,6	1,8	1,7	1,9	19,6	
Verkaufsprovisionen	3,9	3,7	4,3	5,0	4,9	4,5	4,1	4,2	4,5	4,8	4,7	5,2	54,0	
Warenabgabe	8,6	8,1	9,4	10,9	10,8	9,8	9,0	9,2	9,8	10,5	10,2	11,4	117,7	2,40%
14. Sonstige betriebliche Aufwendungen														
Porto	0,1	0,1	0,1	0,1	0,1	0,1	0,1	0,1	0,1	0,1	0,1	0,1	1,2	
Telefon	0,7	0,7	0,7	0,7	0,7	0,7	0,7	0,7	0,7	0,7	0,7	0,7	8,4	
Bürobedarf	0,6	0,6	0,6	0,6	0,6	0,6	0,6	0,6	0,6	0,6	0,6	0,6	7,2	
Fachliteratur	0,2	0,2	0,2	0,2	0,2	0,2	0,2	0,2	0,2	0,2	0,2	0,2	2,4	
Mieten für Einrichtungen	2,2	2,2	2,2	2,2	2,2	2,2	2,2	2,2	2,2	2,2	2,2	2,2	26,4	
Nebenkosten des Geldverkehrs	0,3	0,3	0,3	0,3	0,3	0,3	0,3	0,3	0,3	0,3	0,3	0,3	3,6	
Werkzeuge	0,9	0,8	1,2	1,2	0,8	0,8	0,8	1,2	1,2	1,2	1,2	1,2	12,5	
Sonstige betriebl. Aufwendungen	2,6	2,3	2,6	2,6	2,3	2,3	2,3	2,8	2,8	3,3	3,3	3,8	33,0	
Sonstige betriebl. Aufwendungen	7,6	7,2	7,9	7,9	7,2	7,2	7,2	8,1	8,1	8,6	8,6	9,1	94,7	1,93%
15. Zinsen und ähnliche Aufwendungen														
Zinsen für kurzfristige Verbindlichkeiten	1,9	1,9	1,9	1,9	1,9	1,9	1,9	1,9	1,9	1,9	1,9	1,9	22,8	
Zinsen für langfristige Verbindlichkeiten	1,4	1,4	1,4	1,4	1,4	1,4	1,4	1,4	1,4	1,4	1,4	1,4	16,8	
Zinsen und ähnliche Aufwendungen	3,3	3,3	3,3	3,3	3,3	3,3	3,3	3,3	3,3	3,3	3,3	3,3	39,6	0,81%
16. Sonstige Steuern														
Grundsteuern	0,4	0,4	0,4	0,4	0,4	0,4	0,4	0,4	0,4	0,4	0,4	0,4	4,8	
Kfz-Steuern	0,7	0,7	0,7	0,7	0,7	0,7	0,7	0,7	0,7	0,7	0,7	0,7	8,4	
Sonstige Steuern	1,1	1,1	1,1	1,1	1,1	1,1	1,1	1,1	1,1	1,1	1,1	1,1	13,2	0,27%
17. Betriebsergebnis	-7,5	-7,2	-4,2	29,6	28,6	14,8	-20,9	7,4	18,6	18,4	15,0	22,7	115,5	2,35%

Mithilfe der GuV lässt sich also mit relativ geringem Arbeitsaufwand ein aussagekräftiges Betriebsergebnis planen und übersichtlich darstellen.

12.4 Überleitung von der Plan-GuV zur Liquiditätsplanung

Mit der Umsatz- und Kostenplanung kann zwar das Betriebsergebnis berechnet und dargestellt werden; es lässt sich jedoch nicht erkennen, wann die Zahlungen erfolgen und wie sich mögliche Abweichungen, z. B. zwischen Umsatz (Forderungen) und tatsächlichem Zahlungseingang sowie zwischen Kosten und tatsächlichen Auszahlungen, auf die Liquidität auswirken.

12.4.1 Überleitung der Rohertragsplanung

Daher ist es notwendig, sich jede Position noch einmal genauer anzusehen und auf die (voraussichtlichen) Zahlungszeitpunkte bzw. Fälligkeiten hin zu untersuchen. Auch diese Planung lässt sich mit einer ergänzten bzw. erweiterten GuV durchführen. Und zwar, indem man vor allem bei Umsätzen jeden A-Kunden separat auf sein Zahlungsverhalten untersucht und den Zahlungseingang entsprechend plant. Bei den sonstigen Kunden kann diese Planung z. B. mithilfe der durchschnittlichen Debitorenlaufzeit erfolgen. Beim Material sollte vor allem bei Rohstoffen und Komponenten mit hohem Wertanteil (A-Materialen) analog verfahren und eine Analyse der Fälligkeiten von Zahlungen vorgenommen werden. Bei Materialien mit geringem Volumen hingegen kann z. B. die durchschnittliche Kreditdauer zu Hilfe genommen werden.

Die Daten mit den Zahlungszeitpunkten können jetzt zusätzlich in die in Abbildung 13 dargestellte GuV aufgenommen werden. Für jeden A-Kunden können dann monatlich sowohl Umsätze und Materialaufwand als auch die Zahlungszeitpunkte relativ verlässlich geplant werden. Für die kleineren Kunden erfolgt wie bisher auch eine pauschale Planung und Überleitung (vgl. Abbildung 14).

BEISPIEL: Mit Kunde I soll im Januar ein Umsatz von 140 T€ erzielt werden. Es fällt im Schnitt ein Materialaufwand von 84 T€ bzw. 60 % an. Die Analyse des Zahlungsverhaltens von Kunde A ergibt, dass er durchschnittlich einen Monat später zahlt als der Umsatz in der GuV entsteht. Der Umsatz im Januar geht also im Beispiel im Februar ein, der des Februars im März usw. Umgekehrt erhält das Unternehmen noch aus dem Vormonat Dezember eine Zahlung des Kunden i. H. von 171 T€.

Beim Materialaufwand hat die Analyse ergeben, dass die Auszahlungen bei diesem Kunden im Schnitt im gleichen Monat erfolgen. Die 84 T€ Materialaufwand führen also noch im Januar zu Auszahlungen usw.

Im Beispiel sind mögliche Zahlungsausfälle sowie ggf. Kürzungen aufgrund von gewährten Nachlässen oder Skontozahlungen nicht berücksichtigt. Zusätzlich sind im unteren Teil des Tabellenblatts die Daten zur Umsatz- und Vorsteuer aus Erlösen und Materialaufwand eingebunden. Der separate Ausweis erfolgt vor allem, um einen einfacheren Vergleich von Nettodaten bei GuV und Liquiditätsplanung zu ermöglichen.

Abb. 14: Überleitung von der GuV- zur Liquiditätsplanung beim Rohertrag

Umsatz-/Materialaufwandsplanung (Rohertrag)																Jahr 20xx Angaben in T€
Bereich/Kunden/ Sparte/Produkte		**Geldfluss**	**Material-quote**	**Jan**	**Feb**	**Mrz**	**Apr**	**Mai**	**Jun**	**Jul**	**Aug**	**Sep**	**Okt**	**Nov**	**Dez**	**Gesamt-jahr**
Kunde I	Umsatz			140,0	130,0	160,0	170,0	160,0	165,0	142,0	140,0	157,0	162,0	163,0	178,0	1.867,0
	Materialaufwand		60,00%	84,0	78,0	96,0	102,0	96,0	99,0	85,2	84,0	94,2	97,2	97,8	106,8	**1.120,2**
	Geldfluss/Umsatz	1 Monat		171,0	140,0	130,0	160,0	170,0	160,0	165,0	142,0	140,0	157,0	162,0	163,0	**1.860,0**
	Geldfluss/Material	gl. Monat		84,0	78,0	96,0	102,0	96,0	99,0	85,2	84,0	94,2	97,2	97,8	106,8	**1.120,2**
Kunde II	Umsatz			16,0	12,0	4,0	6,0	5,0	2,0	2,0	4,0	12,0	15,0	16,0	18,0	**112,0**
	Materialaufwand		53,00%	8,5	6,4	2,1	3,2	2,7	1,1	1,1	2,1	6,4	8,0	8,5	9,5	**59,4**
	Geldfluss/Umsatz	1 Monat		19,0	16,0	12,0	4,0	6,0	5,0	2,0	2,0	4,0	12,0	15,0	16,0	**113,0**
	Geldfluss/Material	gl. Monat		8,5	6,4	2,1	3,2	2,7	1,1	1,1	2,1	6,4	8,0	8,5	9,5	**59,4**
Kunde III	Umsatz			4,0	4,0	4,0	6,0	6,0	6,0	8,0	8,0	8,0	12,0	12,0	12,0	**90,0**
	Materialaufwand		48,00%	1,9	1,9	1,9	2,9	2,9	2,9	3,8	3,8	3,8	5,8	5,8	5,8	**43,2**
	Geldfluss/Umsatz	2 Monate		11,0	13,0	4,0	4,0	4,0	6,0	6,0	6,0	8,0	8,0	8,0	12,0	**90,0**
	Geldfluss/Material	gl. Monat		1,9	1,9	1,9	2,9	2,9	2,9	3,8	3,8	3,8	5,8	5,8	5,8	**43,2**
Kunde IV	Umsatz			0,0	0,0	0,0	0,0	25,0	0,0	0,0	25,0	0,0	30,0	0,0	0,0	**80,0**
	Materialaufwand		67,00%	0,0	0,0	0,0	0,0	16,8	0,0	0,0	16,8	0,0	20,1	0,0	0,0	**53,6**
	Geldfluss/Umsatz	gl. Monat		0,0	0,0	0,0	0,0	25,0	0,0	0,0	25,0	0,0	30,0	0,0	0,0	**80,0**
	Geldfluss/Material	gl. Monat		0,0	0,0	0,0	0,0	16,8	0,0	0,0	16,8	0,0	20,1	0,0	0,0	**53,6**
Kunde V	Umsatz			15,0	18,0	10,0	42,0	0,0	0,0	0,0	0,0	0,0	0,0	0,0	0,0	**85,0**
	Materialaufwand		50,00%	7,5	9,0	5,0	21,0	0,0	0,0	0,0	0,0	0,0	0,0	0,0	0,0	**42,5**
	Geldfluss/Umsatz	1 Monat		0,0	15,0	18,0	10,0	42,0	0,0	0,0	0,0	0,0	0,0	0,0	0,0	**85,0**
	Geldfluss/Material	gl. Monat		7,5	9,0	5,0	21,0	0,0	0,0	0,0	0,0	0,0	0,0	0,0	0,0	**42,5**
Kunde VI	Umsatz			150,0	140,0	180,0	190,0	200,0	190,0	180,0	170,0	190,0	170,0	180,0	200,0	**2.140,0**
	Materialaufwand		44,00%	66,0	61,6	79,2	83,6	88,0	83,6	79,2	74,8	83,6	74,8	79,2	88,0	**941,6**
	Geldfluss/Umsatz	2 Monate		179,0	196,0	150,0	140,0	180,0	190,0	200,0	190,0	180,0	170,0	190,0	170,0	**2.135,0**
	Geldfluss/Material	Vormonat		61,6	79,2	83,6	88,0	83,6	79,2	74,8	83,6	74,8	79,2	88,0	71,0	**946,6**
Kunde VII	Umsatz			30,0	28,0	25,0	32,0	40,0	35,0	30,0	28,0	33,0	38,0	42,0	50,0	**411,0**
	Materialaufwand		55,00%	16,5	15,4	13,8	17,6	22,0	19,3	16,5	15,4	18,2	20,9	23,1	27,5	**226,1**
	Geldfluss/Umsatz	2 Monate		39,0	46,0	30,0	28,0	25,0	32,0	40,0	35,0	30,0	28,0	33,0	38,0	**404,0**
	Geldfluss/Material	gl. Monat		16,5	15,4	13,8	17,6	22,0	19,3	16,5	15,4	18,2	20,9	23,1	27,5	**226,1**

Bereich/Kunden/ Sparte/Produkte		Geldfluss	Material-quote	Jan	Feb	Mrz	Apr	Mai	Jun	Jul	Aug	Sep	Okt	Nov	Dez	Gesamt-jahr
Sonstige Kunden	Umsatz			4,0	5,0	8,0	9,0	12,0	10,0	12,0	10,0	9,0	12,0	14,0	15,0	**120,0**
	Materialaufwand		52,00%	2,1	2,6	4,2	4,7	6,2	5,2	6,2	5,2	4,7	6,2	7,3	7,8	**62,4**
	Umsatz			0,0	0,0	0,0	0,0	0,0	0,0	0,0	0,0	0,0	0,0	0,0	0,0	**0,0**
	Materialaufwand		0,00%	0,0	0,0	0,0	0,0	0,0	0,0	0,0	0,0	0,0	0,0	0,0	0,0	**0,0**
	Umsatz			0,0	0,0	0,0	0,0	0,0	0,0	0,0	0,0	0,0	0,0	0,0	0,0	**0,0**
	Materialaufwand		0,00%	0,0	0,0	0,0	0,0	0,0	0,0	0,0	0,0	0,0	0,0	0,0	0,0	**0,0**
	Umsatz			0,0	0,0	0,0	0,0	0,0	0,0	0,0	0,0	0,0	0,0	0,0	0,0	**0,0**
	Materialaufwand		0,00%	0,0	0,0	0,0	0,0	0,0	0,0	0,0	0,0	0,0	0,0	0,0	0,0	**0,0**
Summen	Umsatz			359,0	337,0	391,0	455,0	448,0	408,0	374,0	385,0	409,0	439,0	427,0	473,0	4.905,0
	Materialaufwand		51,97%	186,5	174,9	202,2	234,9	234,5	211,0	192,0	202,1	210,8	233,0	221,6	245,4	2.548,9

12.4.2 Überleitung der restlichen Planpositionen

Mit der genauen Planung der Zahlungszeitpunkte beim Umsatz und Material ist bereits ein großer Teil der notwendigen Überleitungsarbeiten erledigt. Dennoch gibt es bei einzelnen Kostenpositionen oft durchaus noch nennenswerte Abweichungen zwischen GuV-Planung und den voraussichtlichen Zahlungszeitpunkten. In der GuV werden die Kosten häufig relativ gleichmäßig verteilt, um Schwankungen auszuschließen und eine verlässlichere Kalkulationsbasis zu bekommen. Außerdem wird mit der regelmäßigen Verteilung dem Umstand Rechnung getragen, dass die Kosten in den entsprechenden Monaten entstehen. Beispielsweise entsteht der Anspruch auf Weihnachtsgeld monatlich zu einem Zwölftel; das wird in der GuV entsprechend berücksichtigt. In der Liquiditätsplanung muss aber auf die Zahlungszeitpunkte abgestellt werden.

Um einen Überblick über die tatsächlichen Zahlungszeitpunkte zu erhalten, müssen entsprechende Korrekturen vorgenommen und die Beträge in den Monaten angesetzt werden, in denen es tatsächlich zu Zahlungen kommt. Umgekehrt gibt es Positionen, z. B. Abschreibungen oder auch kalkulatorische Kosten, die nicht zahlungsrelevant sind, so dass auch hier Korrekturen notwendig sind.

Betroffen sind vor allem

- Personalzahlungen, z. B. Sonderzahlungen wie Urlaubs- oder Weihnachtsgeld sowie zugehörige Zahlungen für die Sozialleistungen sowie evtl. Bonuszahlungen und Tantiemen,
- Versicherungen, bei denen es häufig jährliche Zahltermine gibt,
- Steuern, Gebühren oder Beiträge, bei denen es ebenfalls jährliche, halbjährliche oder quartalsweise Zahltermine gibt,
- Abschreibungen, die herausgerechnet werden müssen, weil sie nicht zahlungsrelevant sind. Geringwertige Wirtschaftsgüter müssen hingegen weiter berücksichtigt werden, da es bei Anschaffung während des Jahres zu Zahlungen kommt.

12.4.3 Darstellung des liquiditätswirksamen Ergebnisses

Im Beispiel sind die angesprochenen Korrekturen und Anpassungen vorgenommen worden. In der Folge kommt es zu durchaus deutlichen Veränderungen beim liquiditätswirksamen Betriebsergebnis, wie Abbildung 15 zeigt. Betrug das Planbetriebsergebnis für das Gesamtjahr noch 115,50 T€, so beläuft sich das liquiditätswirksame Planbetriebsergebnis immerhin auf 153,60 T€ (ohne Umsatzsteuerpositionen). Das ist ein für das Unternehmen positiver Unterschied von rund 38 T€. Mit anderen Worten: Das liquiditätswirksame Ergebnis übersteigt das Betriebsergebnis der GuV voraussichtlich um 38 T€. Bezieht man die Umsatzsteuerzahlungen aus dem Bereich Umsätze und Materialeinsatz mit ein, so ergibt sich ein noch deutlicherer Unterschied zwischen GuV und Liquiditätsplanung. Somit verfügt das Unternehmen über mehr Mittel, um z. B. Schulden zu tilgen oder Investitionen zu tätigen (vgl. auch nachfolgenden Punkt).

ABB. 15: Liquiditätswirksames Betriebsergebnis

Finanzplanung (Überleitung von G+V)						Jahr	20xx				Angaben in T€				
	Jan	Feb	Mrz	Apr	Mai	Jun	Jul	Aug	Sep	Okt	Nov	Dez	Gesamt		Anmerkungen/Überleitung
1. Umsatzerlöse															
Kunde I	171,0	140,0	130,0	160,0	170,0	160,0	165,0	142,0	140,0	157,0	162,0	163,0	1.860,0		
Kunde II	19,0	16,0	12,0	4,0	6,0	5,0	2,0	2,0	4,0	12,0	15,0	16,0	113,0		tats. Geldfluss
Kunde III	11,0	13,0	4,0	4,0	4,0	6,0	6,0	6,0	8,0	8,0	8,0	12,0	90,0		tats. Geldfluss
Kunde IV	0,0	0,0	0,0	0,0	25,0	0,0	0,0	25,0	0,0	30,0	0,0	0,0	80,0		tats. Geldfluss
Kunde V	0,0	15,0	18,0	10,0	42,0	0,0	0,0	0,0	0,0	0,0	0,0	0,0	85,0		tats. Geldfluss
Kunde VI	179,0	196,0	150,0	140,0	180,0	190,0	200,0	190,0	180,0	170,0	190,0	170,0	2.135,0		tats. Geldfluss
Kunde VII	39,0	46,0	30,0	28,0	25,0	32,0	40,0	35,0	30,0	28,0	33,0	38,0	404,0		tats. Geldfluss
Sonstige Kunden	12,0	4,0	5,0	8,0	9,0	12,0	10,0	12,0	10,0	9,0	12,0	14,0	117,0		tats. Geldfluss
Umsatzerlöse	**431,0**	**430,0**	**349,0**	**354,0**	**461,0**	**405,0**	**423,0**	**412,0**	**372,0**	**414,0**	**420,0**	**413,0**	**4.884,0**		
2. Bestandsveränderungen															
(fertige u. unfertige Erzeugnisse)	0,0	0,0	0,0	0,0	0,0	0,0	0,0	0,0	0,0	0,0	0,0	0,0	0,0		
3. Gesamtleistung															
Umsatzsteuer (Erlöse, hier nachrichtlich)	81,9	81,7	66,3	67,3	87,6	77,0	80,4	78,3	70,7	78,7	79,8	78,5	928,0		Automatische Übernahme
	431,0	430,0	349,0	354,0	461,0	405,0	423,0	412,0	372,0	414,0	420,0	413,0	4.884,0	100,00%	
4. Materialaufwand															
Kunde I	84,0	78,0	96,0	102,0	96,0	99,0	85,2	84,0	94,2	97,2	97,8	106,8	1.120,2		tats. Geldfluss
Kunde II	8,5	6,4	2,1	3,2	2,7	1,1	1,1	2,1	6,4	8,0	8,5	9,5	59,4		tats. Geldfluss
Kunde III	1,9	1,9	1,9	2,9	2,9	2,9	3,8	3,8	3,8	5,8	5,8	5,8	43,2		tats. Geldfluss
Kunde IV	0,0	0,0	0,0	0,0	16,8	0,0	0,0	16,8	0,0	20,1	0,0	0,0	53,6		tats. Geldfluss
Kunde V	7,5	9,0	5,0	21,0	0,0	0,0	0,0	0,0	0,0	0,0	0,0	0,0	42,5		tats. Geldfluss
Kunde VI	61,6	79,2	83,6	88,0	83,6	79,2	74,8	83,6	74,8	79,2	88,0	71,0	946,6		tats. Geldfluss
Kunde VII	16,5	15,4	13,8	17,6	22,0	19,3	16,5	15,4	18,2	20,9	23,1	27,5	226,1		tats. Geldfluss
Sonstige Kunden	2,1	2,6	4,2	4,7	6,2	5,2	6,2	5,2	4,7	6,2	7,3	7,8	62,4		tats. Geldfluss
Materialaufwand	182,1	192,5	206,6	239,3	230,1	206,6	187,6	210,9	202,0	237,4	230,4	228,4	2.553,9	52,29%	
Vorsteuer (Material)	34,6	36,6	39,2	45,5	43,7	39,3	35,7	40,1	38,4	45,1	43,8	43,4	485,2		Automatische Übernahme
5. Löhne und Gehälter															
Löhne (brutto)	60,5	56,0	65,2	67,1	64,4	61,6	58,8	57,4	58,3	60,7	61,0	69,0	740,0		
Gehälter (brutto)	42,0	42,0	42,0	42,0	42,0	42,0	42,0	42,0	42,0	42,0	42,0	42,0	504,0		
Weihnachtsgeld (brutto)	0,0	0,0	0,0	0,0	0,0	0,0	0,0	0,0	0,0	0,0	48,0	0,0	48,0		Einmalig Novemberzahlung
Aushilfslöhne	1,8	1,3	2,0	1,8	1,6	1,5	1,5	1,4	1,8	2,0	2,2	2,5	21,4		
Löhne und Gehälter	104,3	99,3	109,2	110,9	108,0	105,1	102,3	100,8	102,1	104,7	153,2	113,5	1.313,4	26,89%	

6. Soziale Abgaben u. Aufw. f. Altersvers.															
AG-Anteil gesetzliche Sozialabgaben Lohn	7,3	6,7	7,8	8,1	7,7	7,4	7,1	6,9	7,0	7,3	7,3	8,3	88,8		
AG-Anteil gesetzliche Sozialabgaben Gehalt	5,0	5,0	5,0	5,0	5,0	5,0	5,0	5,0	5,0	5,0	5,0	5,0	60,5		
AG-Anteil gesetzliche Sozialabgaben WG	0,0	0,0	0,0	0,0	0,0	0,0	0,0	0,0	0,0	0,0	5,8	0,0	5,8		Einmalig Novemberzahlung
Ges. Sozialaufw. Aushilfen	0,2	0,2	0,2	0,2	0,2	0,2	0,2	0,2	0,2	0,2	0,3	0,3	2,6		
Beiträge Berufsgenossenschaften	12,5	11,9	13,1	13,3	13,0	12,6	12,3	12,1	12,3	12,6	18,4	13,6	157,6		
Weiterbildung	0,0	0,0	3,0	0,0	2,0	2,0	3,0	1,0	0,0	2,0	2,0	3,0	18,0		
Freiwillige Sozialaufwendungen (LSt.frei)	0,2	0,2	0,2	0,2	0,2	0,2	0,2	0,2	0,2	0,2	0,2	0,2	2,4		
Sozialabgaben	25,2	24,0	29,4	26,8	28,1	27,4	27,8	25,4	24,7	27,3	39,0	30,4	335,6	6,87%	
7. Abschreibungen															
Sachanlagen	5,3	5,3	5,3	5,3	5,3	5,3	5,3	5,3	5,3	5,3	5,3	5,3	63,6		unberücksichtigt
Geringwertige Wirtschaftsgüter	0,6	0,6	0,6	0,6	0,6	0,6	0,6	0,6	0,6	0,6	0,6	0,6	7,2		
Abschreibungen	5,9	5,9	5,9	5,9	5,9	5,9	5,9	5,9	5,9	5,9	5,9	5,9	70,8	1,45%	
8. Raumkosten															
Gas, Strom, Wasser	1,5	1,5	1,5	1,5	1,5	1,5	1,5	1,5	1,5	1,5	1,5	1,5	18,0		
Reinigung	0,3	0,3	0,8	0,3	0,3	0,8	0,3	0,3	0,8	0,3	0,3	0,8	5,6		
Instandhaltung Räume	0,2	0,2	0,6	0,2	0,2	0,6	0,2	0,2	0,6	0,2	0,2	0,6	4,0		
Raumkosten	2,0	2,0	2,9	2,0	2,0	2,9	2,0	2,0	2,9	2,0	2,0	2,9	27,6	0,57%	
9. Versicherungen, Beiträge, Abgaben															
Versicherungen	0,0	0,0	0,0	0,0	0,0	3,0	0,0	0,0	0,0	0,0	0,0	3,0	6,0		Halbjahreszahlungen
Beiträge	0,3	0,3	0,3	0,3	0,3	0,3	0,3	0,3	0,3	0,3	0,3	0,3	3,6		
Abgaben	0,0	0,0	0,6	0,0	0,0	0,6	0,0	0,0	0,6	0,0	0,0	0,6	2,4		Quartalszahlungen
Versicherungen, Beiträge, Abgaben	0,3	0,3	0,9	0,3	0,3	3,9	0,3	0,3	0,9	0,3	0,3	3,9	12,0	0,25%	
10. Reparaturen und Instandhaltungen															
Anlagen und Maschinen	1,5	1,5	1,5	1,5	1,5	1,5	1,5	1,5	1,5	1,5	1,5	1,5	18,0		
EDV	1,0	1,0	1,0	1,0	1,0	1,0	1,0	1,0	1,0	1,0	1,0	1,0	12,0		
Reparaturen und Instandhaltungen	2,5	2,5	2,5	2,5	2,5	2,5	2,5	2,5	2,5	2,5	2,5	2,5	30,0	0,61%	
11. Fahrzeugkosten															
Versicherungen	4,8	0,0	0,0	0,0	0,0	0,0	0,0	0,0	0,0	0,0	0,0	0,0	4,8		Jahreszahlung
Laufende Kosten	3,6	3,0	3,6	3,3	3,1	3,1	3,0	3,3	3,3	3,8	4,2	5,0	42,3		
Reparaturen	0,6	0,6	0,6	0,6	0,6	0,6	0,6	0,6	0,6	0,6	0,6	0,6	7,2		
Sonstige Kfz-Kosten	0,3	0,3	0,3	0,3	0,3	0,3	0,3	0,3	0,3	0,3	0,3	0,3	3,6		
Fahrzeugkosten	9,3	3,9	4,5	4,2	4,0	4,0	3,9	4,2	4,2	4,7	5,1	5,9	57,9	1,19%	

12. Werbe- und Reisekosten															
Werbekosten	8,0	5,0	10,0	8,0	5,0	6,0	6,0	6,0	8,0	10,0	12,0	12,0	96,0		
Messekosten	0,0	0,0	0,0	0,0	0,0	0,0	25,0	0,0	0,0	0,0	0,0	0,0	25,0		
Geschenke – 40 Euro	0,2	0,2	0,2	0,2	0,2	0,2	0,2	0,2	0,2	0,2	0,2	0,1	2,3		
Bewirtungen	0,4	0,4	0,4	0,4	0,4	0,4	0,4	0,4	0,4	0,4	0,4	0,4	4,8		
Werbe- und Reisekosten	8,6	5,6	10,6	8,6	5,6	6,6	31,6	6,6	8,6	10,6	12,6	12,5	128,1	2,62%	
13. Kosten der Warenabgabe															
Ausgangsfrachten	3,9	3,9	3,1	3,2	4,1	3,6	3,8	3,7	3,3	3,7	3,8	3,7	44,0		
Verpackungen	1,7	1,7	1,4	1,4	1,8	1,6	1,7	1,6	1,5	1,7	1,7	1,7	19,5		
Verkaufsprovisionen	4,7	4,7	3,8	3,9	5,1	4,5	4,7	4,5	4,1	4,6	4,6	4,5	53,7		
Warenabgabe	10,3	10,3	8,4	8,5	11,1	9,7	10,2	9,9	8,9	9,9	10,1	9,9	117,2	2,40%	
14. Sonstige betriebliche Aufwendungen															
Porto	0,1	0,1	0,1	0,1	0,1	0,1	0,1	0,1	0,1	0,1	0,1	0,1	1,2		
Telefon	0,7	0,7	0,7	0,7	0,7	0,7	0,7	0,7	0,7	0,7	0,7	0,7	8,4		
Bürobedarf	0,6	0,6	0,6	0,6	0,6	0,6	0,6	0,6	0,6	0,6	0,6	0,6	7,2		
Fachliteratur	0,2	0,2	0,2	0,2	0,2	0,2	0,2	0,2	0,2	0,2	0,2	0,2	2,4		
Mieten für Einrichtungen	2,2	2,2	2,2	2,2	2,2	2,2	2,2	2,2	2,2	2,2	2,2	2,2	26,4		
Nebenkosten des Geldverkehrs	0,3	0,3	0,3	0,3	0,3	0,3	0,3	0,3	0,3	0,3	0,3	0,3	3,6		
Werkzeuge	0,9	0,8	1,2	1,2	0,8	0,8	0,8	1,2	1,2	1,2	1,2	1,2	12,5		
Sonstige betriebl. Aufwendungen	2,6	2,3	2,6	2,6	2,3	2,3	2,3	2,8	2,8	3,3	3,3	3,8	33,0		
Sonstige betriebl. Aufwendungen	7,6	7,2	7,9	7,9	7,2	7,2	7,2	8,1	8,1	8,6	8,6	9,1	94,7	1,94%	
15. Zinsen und ähnliche Aufwendungen															
Zinsen für kurzfristige Verbindlichkeiten	1,9	1,9	1,9	1,9	1,9	1,9	1,9	1,9	1,9	1,9	1,9	1,9	22,8		
Zinsen für langfristige Verbindlichkeiten	1,4	1,4	1,4	1,4	1,4	1,4	1,4	1,4	1,4	1,4	1,4	1,4	16,8		
Zinsen und ähnliche Aufwendungen	3,3	3,3	3,3	3,3	3,3	3,3	3,3	3,3	3,3	3,3	3,3	3,3	39,6	0,81%	
Vorsteuer (Rest, ohne Material, hier nachrichtlich)	10,0	9,5	8,4	7,9	6,5	4,5	8,0	7,8	9,1	10,2	9,7	12,1	103,7		Manuelle Eingaben
16. Sonstige Steuern															
Grundsteuern	0,0	0,0	1,2	0,0	0,0	1,2	0,0	0,0	1,2	0,0	0,0	1,2	4,8		Quartalszahlungen
Kfz-Steuern	8,4	0,0	0,0	0,0	0,0	0,0	0,0	0,0	0,0	0,0	0,0	0,0	8,4		Jahreszahlung
Sonstige Steuern	8,4	0,0	1,2	0,0	0,0	1,2	0,0	0,0	1,2	0,0	0,0	1,2	13,2	0,27%	
17. Betriebsergebnis (liquiditätswirksam)	**66,4**	**78,5**	**-38,9**	**-61,0**	**58,2**	**24,0**	**43,8**	**37,4**	**1,9**	**2,1**	**-47,7**	**-11,2**	**153,6**	**3,14%**	
Umsatzsteuer	81,9	81,7	66,3	67,3	87,6	77,0	80,4	78,3	70,7	78,7	79,8	78,5	928,0		
Vorsteuer	44,6	46,1	47,6	53,4	50,2	43,8	43,7	47,9	47,5	55,3	53,5	55,5	588,9		
18. Betriebsergebnis (liquiditätswirksam inkl. Ust)	**103,7**	**114,1**	**-20,3**	**-47,1**	**95,6**	**57,2**	**80,5**	**67,8**	**25,1**	**25,4**	**-21,3**	**11,8**	**492,6**		

In der nächsten Übersicht sind noch einmal die Ergebnisse der klassischen GuV-Planung sowie die Ergebnisse der liquiditätswirksamen Planung (Finanzplanung) inkl. Umsatzsteuer gegenübergestellt. Es fällt auf, dass, neben dem Jahres-Gesamtergebnis, durchaus nennenswerte Schwankungen bei den Monatsresultaten bestehen und dass sich die Liquidität aus der reinen betrieblichen Tätigkeit voraussichtlich insgesamt positiv entwickelt und es zumindest kumuliert keine Deckungslücken geben wird.

ABB. 16: Gegenüberstellung GuV- und Finanzplanung

Plan-Gewinn- und Verlustrechnung					Jahr 20xx						Angaben in T€		
	Jan	Feb	Mrz	Apr	Mai	Jun	Jul	Aug	Sep	Okt	Nov	Dez	Gesamt
1. Umsatzerlöse	359,0	337	391	455	448	408	374	385	409	439	427	473	4.905,0
2. Bestandsveränderungen	0,0	0	0	0	0	0	0	0	0	0	0	0	0,0
3. Gesamtleistung	359,0	337,0	391,0	455,0	448,0	408,0	374,0	385,0	409,0	439,0	427,0	473,0	4.905,0
4. Materialaufwand	186,5	174,9	202,2	234,9	234,5	211,0	192,0	202,1	210,8	233,0	221,6	245,4	2.548,9
5. Löhne und Gehälter	108,3	103,3	113,2	114,9	112,0	109,1	106,3	104,8	106,1	108,7	109,2	117,5	1.313,4
6. Soziale Abgaben u. Aufw. f. Altersvers.	26,2	25,0	30,4	27,8	29,1	28,4	28,7	26,4	25,7	28,3	28,4	31,4	335,6
7. Abschreibungen	5,9	5,9	5,9	5,9	5,9	5,9	5,9	5,9	5,9	5,9	5,9	5,9	70,8
8. Raumkosten	2,0	2,0	2,9	2,0	2,0	2,9	2,0	2,0	2,9	2,0	2,0	2,9	27,6
9. Versicherungen, Beiträge, Abgaben	1,0	1,0	1,0	1,0	1,0	1,0	1,0	1,0	1,0	1,0	1,0	1,0	12,0
10. Reparaturen und Instandhaltungen	2,5	2,5	2,5	2,5	2,5	2,5	2,5	2,5	2,5	2,5	2,5	2,5	30,0
11. Fahrzeugkosten	4,9	4,3	4,9	4,6	4,4	4,4	4,3	4,6	4,6	5,1	5,5	6,3	57,9
12. Werbe- und Reisekosten	8,6	5,6	10,6	8,6	5,6	6,6	31,6	6,6	8,6	10,6	12,6	12,5	128,1
13. Kosten der Warenabgabe	8,6	8,1	9,4	10,9	10,8	9,8	9,0	9,2	9,8	10,5	10,2	11,4	117,7
14. Sonstige betriebliche Aufwendungen	7,6	7,2	7,9	7,9	7,2	7,2	7,2	8,1	8,1	8,6	8,6	9,1	94,7
15. Zinsen und ähnliche Aufwendungen	3,3	3,3	3,3	3,3	3,3	3,3	3,3	3,3	3,3	3,3	3,3	3,3	39,6
16. Sonstige Steuern	1,1	1,1	1,1	1,1	1,1	1,1	1,1	1,1	1,1	1,1	1,1	1,1	13,2
17. Betriebsergebnis	**-7,5**	**-7,2**	**-4,2**	**29,6**	**28,6**	**14,8**	**-20,9**	**7,4**	**18,6**	**18,4**	**15,0**	**22,7**	**115,5**
18. Betriebsergebnis kumuliert	**-7,5**	**-14,6**	**-18,9**	**10,7**	**39,4**	**54,2**	**33,3**	**40,7**	**59,3**	**77,7**	**92,7**	**115,5**	

Finanzplanung (Überleitung von G+V)						Jahr 20xx					Angaben in T€		
	Jan	Feb	Mrz	Apr	Mai	Jun	Jul	Aug	Sep	Okt	Nov	Dez	Gesamt
1. Umsatzerlöse	431,0	430,0	349,0	354,0	461,0	405,0	423,0	412,0	372,0	414,0	420,0	413,0	4.884,0
2. Bestandsveränderungen	0,0	0	0	0	0	0	0	0	0	0	0	0	0,0
3. Gesamtleistung	431,0	430,0	349,0	354,0	461,0	405,0	423,0	412,0	372,0	414,0	420,0	413,0	4.884,0
4. Materialaufwand	182,1	192,5	206,6	239,3	230,1	206,6	187,6	210,9	202,0	237,4	230,4	228,4	2.553,9
5. Löhne und Gehälter	104,3	99,3	109,2	110,9	108,0	105,1	102,3	100,8	102,1	104,7	153,2	113,5	1.313,4
6. Soziale Abgaben u. Aufw. f. Altersvers.	25,2	24,0	29,4	26,8	28,1	27,4	27,8	25,4	24,7	27,3	39,0	30,4	335,6
7. Abschreibungen	0,6	0,6	0,6	0,6	0,6	0,6	0,6	0,6	0,6	0,6	0,6	0,6	7,2
8. Raumkosten	2,0	2,0	2,9	2,0	2,0	2,9	2,0	2,0	2,9	2,0	2,0	2,9	27,6
9. Versicherungen, Beiträge, Abgaben	0,3	0,3	0,9	0,3	0,3	3,9	0,3	0,3	0,9	0,3	0,3	3,9	12,0
10. Reparaturen und Instandhaltungen	2,5	2,5	2,5	2,5	2,5	2,5	2,5	2,5	2,5	2,5	2,5	2,5	30,0
11. Fahrzeugkosten	9,3	3,9	4,5	4,2	4,0	4,0	3,9	4,2	4,2	4,7	5,1	5,9	57,9
12. Werbe- und Reisekosten	8,6	5,6	10,6	8,6	5,6	6,6	31,6	6,6	8,6	10,6	12,6	12,5	128,1
13. Kosten der Warenabgabe	10,3	10,3	8,4	8,5	11,1	9,7	10,2	9,9	8,9	9,9	10,1	9,9	117,2
14. Sonstige betriebliche Aufwendungen	7,6	7,2	7,9	7,9	7,2	7,2	7,2	8,1	8,1	8,6	8,6	9,1	94,7
15. Zinsen und ähnliche Aufwendungen	3,3	3,3	3,3	3,3	3,3	3,3	3,3	3,3	3,3	3,3	3,3	3,3	39,6
16. Sonstige Steuern	8,4	0,0	1,2	0,0	0,0	1,2	0,0	0,0	1,2	0,0	0,0	1,2	13,2
17. Liquiditätsüberschuss-/unterdeckung	**66,4**	**78,5**	**-38,9**	**-61,0**	**58,2**	**24,0**	**43,8**	**37,4**	**1,9**	**2,1**	**-47,7**	**-11,2**	**153,6**
18. Überschuss/-unterdeckung kumuliert	**66,4**	**144,9**	**106,0**	**45,0**	**103,2**	**127,2**	**170,9**	**208,4**	**210,3**	**212,4**	**164,7**	**153,6**	
19. Zahllast	**37,3**	**35,6**	**18,7**	**13,9**	**37,4**	**33,2**	**36,7**	**30,4**	**23,2**	**23,4**	**26,3**	**23,0**	**339,0**
20. Überschuss/Unterdeckung kum./Ust	**103,7**	**180,5**	**124,6**	**58,9**	**140,6**	**160,4**	**207,7**	**238,8**	**233,5**	**235,7**	**191,0**	**176,5**	**492,6**

12.5 Plan- und Ist-Werte regelmäßig gegenüberstellen

Selbst die beste Planung verfehlt ihren Zweck, wenn man sich nicht die Mühe macht, sie regelmäßig mit der aktuellen Entwicklung zu vergleichen. Daher ist es notwendig, eine zweite Übersicht zu erstellen, in der man monatlich die Ist-Daten eingibt und diese mit den Plan-Werten vergleicht. Ergeben sich größere Abweichungen, muss geprüft werden, was getan werden kann, um die Plan-Werte zumindest annähernd zu erreichen.

Da Plan- und Ist-Daten in der Praxis so gut wie nie vollständig übereinstimmen, ist es notwendig, sich sehr sorgfältig zu überlegen, ab welcher Größenordnung man eingreifen will oder sogar muss. Diese Frage muss sich jedes Unternehmen selbst beantworten und vor dem Hintergrund der individuellen Situation eines Betriebs entscheiden. Wichtig ist, dass man vor allem bei negativen Abweichungen (geringere Einzahlungen als geplant, höhere Auszahlungen als geplant) prüft, ob es sich um eine dauerhafte Entwicklung handelt, die ohne die Einleitung von Steuerungsmaßnahmen in den kommenden Monaten voraussichtlich zu Zahlungsproblemen in nennenswertem Umfang führen kann. Bei kleineren oder voraussichtlich einmaligen Abweichungen (etwa wenn ein Kunde ankündigt, dass er aufgrund temporärer Probleme ausnahmsweise mit Verzug zahlen wird) besteht i. d. R. kein Handlungsbedarf.

13. Berechnung von Kapitaldienstfähigkeit und Cashflow

Bisher wurden im Beispiel nur Vorgänge und Positionen berücksichtigt, die mit dem ureigenen betrieblichen Zweck eines Unternehmens zu tun haben und die in der klassischen BWA bzw. GuV auftauchen, die Umsätze und Aufwendungen.

In jedem Betrieb gibt es aber zahlreiche weitere Geschäftsfälle, die erheblichen Einfluss auf die Liquiditätslage eines Unternehmens haben. Daher muss das ermittelte liquiditätswirksame Ergebnis um diese Positionen erweitert werden, um erkennen zu können, wie sich die Liquiditätslage insgesamt voraussichtlich gestalten wird, bzw. um auch hier später eine Gegenüberstellung von Plan- und Ist-Daten vornehmen zu können.

13.1 Kapitaldienstfähigkeit

Als Kapitaldienstfähigkeit im engeren Sinne wird die Fähigkeit eines Unternehmens bezeichnet, ausreichend liquide Mittel zu erwirtschaften, um seinen Zins- und Tilgungsverpflichtungen aus eigener Kraft nachkommen zu können. Die Mittel hierzu sollten also weitgehend vollständig aus dem operativen Geschäft erwirtschaftet werden.

Außer den Zins- und Tilgungsverpflichtungen existieren jedoch weitere zahlungsrelevante Geschäftsfälle, etwa Investitionen, Zahlungen an Gesellschafter oder Steuerzahlungen. Auch Veränderungen beim Umlaufvermögen führen zu Zahlungen. Werden z. B. Lieferantenverbindlichkeiten getilgt oder Lagerbestände aufgebaut, fließen Mittel aus dem Unternehmen ab. Zudem kommen oft andere Einzahlungen hinzu, etwa wenn Vermögen verkauft wird, Darlehen bei der Bank aufgenommen oder Gesellschaftereinlagen getätigt werden. Zur Berechnung der Kapitaldienstfähigkeit sind diese Positionen ebenfalls zu berücksichtigen.

Aus dem Saldo sämtlicher Ein- und Auszahlungen ergibt sich die (erweiterte) Kapitaldienstfähigkeit des Unternehmens. Bei einem positiven Wert verfügt das Unternehmen über ausreichende Mittel, um allen seinen Zahlungsverpflichtungen vollständig selbst nachkommen zu können. Bei einem negativen Wert genügen die erwirtschafteten Mittel hierfür nicht und es ist notwendig, sich um Deckungsmöglichkeiten zu bemühen. Zur Deckung möglicher Lücken sollten zunächst die ggf. verfügbaren freien liquiden Mittel sowie der oder die Kontokorrentkredite hinzugezogen werden. Verbleibt weiterhin eine Deckungslücke oder ist abzusehen, dass in den kommenden Monaten eine solche Lücke auftreten kann, müssen weitere Maßnahmen umgesetzt werden. Beispielsweise kann geprüft werden, ob Investitionen oder andere große Auszahlungen verschoben werden können oder ob es möglich ist, die Zahlungsziele bei Lieferanten neu zu verhandeln und zu verlängern. Welche weiteren Möglichkeiten ein Unternehmen zur Verbesserung der Liquiditätslage hat, wird ausführlich in Kapitel 17 „Auswahl wichtiger Liquiditätskennzahlen" beschrieben.

Erweiterung der GuV- und Finanzplanung aus dem Beispiel

Wie eine Erweiterung der GuV- bzw. der Finanzplanung aus dem Beispiel zur Berechnung der Kapitaldienstfähigkeit aussehen kann, ist in der nächsten Abbildung zu sehen. Die Daten aus der liquiditätswirksamen Planung werden nachrichtlich in Punkt I übernommen. Anschließend besteht die Möglichkeit, monatlich unterschiedliche Aus- und Einzahlungen zu planen. Die liquiden Mittel und die Kontokorrentlinien müssen lediglich als Saldo zum Jahresbeginn eingegeben werden. Durch die Monatsergebnisse werden der Banksaldo und die ausgenutzte Kreditlinie automatisch neu berechnet. Der besondere Vorteil dieser Darstellung ist, dass man leicht erkennen kann, wie sich die voraussichtliche Liquiditätslage für ein Unternehmen Monat für Monat insgesamt entwickeln wird und ob und, wenn ja, wann und in welchem Umfang es ggf. zu Liquiditätsengpässen kommen wird.

Im Beispiel ist zu erkennen, dass es im Unternehmen im Planjahr trotz eines Liquiditätsüberschusses aus der Finanzplanung von 492,60 T€ voraussichtlich zu einem Engpass kommen wird. Eine positive Liquidität im laufenden Jahr lässt sich nur aufrechterhalten, indem die Banklinien zu großen Teilen genutzt werden. Daher muss geprüft werden, ob sich diese Entwicklung im kommenden Jahr stoppen und umkehren lässt. Zum anderen sollte schon jetzt nach Möglichkeit geprüft werden, ob man die Auszahlungen begrenzen kann, etwa indem man Investitionen verschiebt bzw. anders finanziert, oder ob sich weitere Einzahlungen erschließen lassen, etwa durch weitere Vermögensverkäufe. Denn die Überdeckung kann man im Beispiel nur erreichen, wenn das Unternehmen seine Kreditlinie zu größeren Teilen ausschöpft. Die Liquiditätsreserven sind somit stark beansprucht und es müssen kontinuierlich mehr Zinsen gezahlt werden.

ABB. 17: Darstellung der Kapitaldienstfähigkeit

Kapitaldienstfähigkeit und Cashflow						Jahr 20xx							Angaben in T€
	Jan	Feb	Mrz	Apr	Mai	Jun	Jul	Aug	Sep	Okt	Nov	Dez	Gesamt
I. Ermittelte Überschuss-/Unterdeckung (inkl. Ust)	**103,7**	**114,1**	**-20,3**	**-47,1**	**95,6**	**57,2**	**80,5**	**67,8**	**25,1**	**25,4**	**-21,3**	**11,8**	**492,6**
II. Weitere Auszahlungen													
1. Tilgungen													
Kredit Bank 1	0,0	0,0	12,0	0,0	0,0	12,0	0,0	0,0	12,0	0,0	0,0	12,0	48,0
Kredit Bank 2	0,0	0,0	0,0	0,0	53,0	0,0	0,0	0,0	0,0	0,0	0,0	0,0	53,0
Kredit Bank 3	5,0	5,0	5,0	5,0	5,0	5,0	5,0	5,0	5,0	5,0	5,0	5,0	60,0
Summe Tilgungen	5,0	5,0	17,0	5,0	58,0	17,0	5,0	5,0	17,0	5,0	5,0	17,0	161,0
2. Entnahmen													
Gesellschafter	8,0	8,0	8,0	8,0	8,0	8,0	8,0	8,0	8,0	8,0	8,0	12,0	100,0
Andere	0,0	0,0	0,0	0,0	0,0	0,0	0,0	0,0	0,0	0,0	0,0	0,0	0,0
Summe Entnahmen	8,0	8,0	8,0	8,0	8,0	8,0	8,0	8,0	8,0	8,0	8,0	12,0	100,0
3. Investitionen													
Gebäude	0,0	0,0	0,0	0,0	0,0	0,0	0,0	0,0	0,0	0,0	0,0	0,0	0,0
Grund und Boden	0,0	0,0	0,0	0,0	0,0	0,0	0,0	0,0	0,0	0,0	0,0	0,0	0,0
Fuhrpark	35,0	0,0	0,0	0,0	0,0	0,0	0,0	0,0	0,0	0,0	0,0	0,0	35,0
Maschinen	0,0	0,0	0,0	0,0	0,0	210,0	0,0	0,0	0,0	70,0	0,0	0,0	280,0
EDV/IT	0,0	0,0	0,0	0,0	0,0	0,0	0,0	0,0	0,0	0,0	0,0	45,0	45,0
Büroausstattung	0,0	0,0	0,0	0,0	0,0	0,0	10,0	0,0	0,0	0,0	0,0	10,0	20,0
Lizenzen	0,0	0,0	0,0	0,0	0,0	0,0	0,0	0,0	0,0	0,0	0,0	0,0	0,0
Andere	0,0	0,0	0,0	0,0	0,0	0,0	0,0	0,0	0,0	0,0	0,0	0,0	0,0
Summe Investitionen	35,0	0,0	0,0	0,0	0,0	210,0	10,0	0,0	0,0	70,0	0,0	55,0	380,0
4. Sonstige Auszahlungen													
Abbau Lieferantenverbindlichkeiten	20,0	30,0	40,0	0,0	0,0	0,0	0,0	0,0	0,0	0,0	0,0	0,0	90,0
Aufbau Roh-, Hilfs-, Betriebsstoffe	0,0	0,0	0,0	0,0	0,0	0,0	0,0	0,0	0,0	0,0	0,0	0,0	0,0
Spenden	0,0	0,0	0,0	0,0	0,0	0,0	0,0	0,0	0,0	0,0	0,0	20,0	20,0
Umsatzsteuer-Zahllast (inkl. Investitionen)	-20,0	-15,0	-8,0	-9,0	-20,0	-30,0	-20,0	-15,0	-11,0	-9,0	-14,0	33,5	-137,6
Steuervorauszahlungen	0,0	0,0	16,0	0,0	0,0	16,0	0,0	0,0	16,0	0,0	0,0	16,0	64,0
Andere	0,0	0,0	0,0	0,0	0,0	0,0	0,0	0,0	0,0	0,0	0,0	0,0	0,0
Summe sonstige Auszahlungen	0,0	15,0	48,0	-9,0	-20,0	-14,0	-20,0	-15,0	5,0	-9,0	-14,0	69,5	36,4

III. Weitere Einzahlungen													
Spenden	0,0	0,0	0,0	0,0	0,0	0,0	0,0	0,0	0,0	0,0	0,0	0,0	0,0
Gesellschaftereinlagen	0,0	0,0	0,0	0,0	0,0	0,0	0,0	0,0	0,0	0,0	0,0	0,0	0,0
Vermögensverkäufe	0,0	24,0	0,0	0,0	0,0	0,0	0,0	26,0	0,0	0,0	0,0	0,0	50,0
Sonstige, z.B. Steuererstattungen	0,0	0,0	0,0	0,0	0,0	0,0	0,0	0,0	0,0	0,0	0,0	0,0	0,0
Summe sonstige Einzahlungen	0,0	24,0	0,0	0,0	0,0	0,0	0,0	26,0	0,0	0,0	0,0	0,0	50,0
VI. Kapitaldienstfähigkeit nach Ein-/Auszahlungen													
Kapitaldienstfähigkeit (selektiv)	55,7	110,1	-93,3	-51,1	49,6	-163,8	77,5	95,8	-4,9	-48,6	-20,3	-141,6	-134,9
Kapitaldienstfähigkeit (kumuliert)	55,7	165,8	72,6	21,5	71,1	-92,8	-15,3	80,5	75,7	27,1	6,8	-134,9	
VII. Über-/Unterdeckung													
Banksaldo Monatsanfang	45,0	100,7	210,8	117,6	66,5	116,1	-47,8	29,7	125,5	120,7	72,1	51,8	
Banksaldo Monatsende	100,7	210,8	117,6	66,5	116,1	-47,8	29,7	125,5	120,7	72,1	51,8	-89,9	
Kreditlinien/Kontokorrent	200,0	200,0	200,0	200,0	200,0	200,0	200,0	200,0	200,0	200,0	200,0	200,0	
Über-/Unterdeckung	300,7	410,8	317,6	266,5	316,1	152,2	229,7	325,5	320,7	272,1	251,8	110,1	

Visualisierung der Ergebnisse

Zahlendarstellungen sollten möglichst durch grafische Analysen erweitert werden. Grafiken und Bilder werden von vielen Menschen leichter und schneller aufgenommen als Zahlen, die in Tabellen präsentiert werden. Somit sind Analysen und Bewertungen i. d. R. einfacher. Grafische Auswertungen fassen meist Detailergebnisse zusammen und zeigen Trends auf. Nur wenn es größere Abweichungen oder deutlich negative Entwicklungen gibt, ist es notwendig, tiefer in die Einzelzahlen einzusteigen.

Wie eine solche Darstellung aussehen kann, zeigt Abbildung 18. Zu sehen ist, dass die Entwicklung zentraler Größen und der Trend bei der Zahlungsfähigkeit über das Gesamtjahr nach unten zeigen und man im Unternehmen aktiv werden sollte, um die Entwicklung zu stoppen oder umzukehren.

ABB. 18: Mögliche grafische Darstellung der Entwicklung von Liquidität und Kapitaldienstfähigkeit

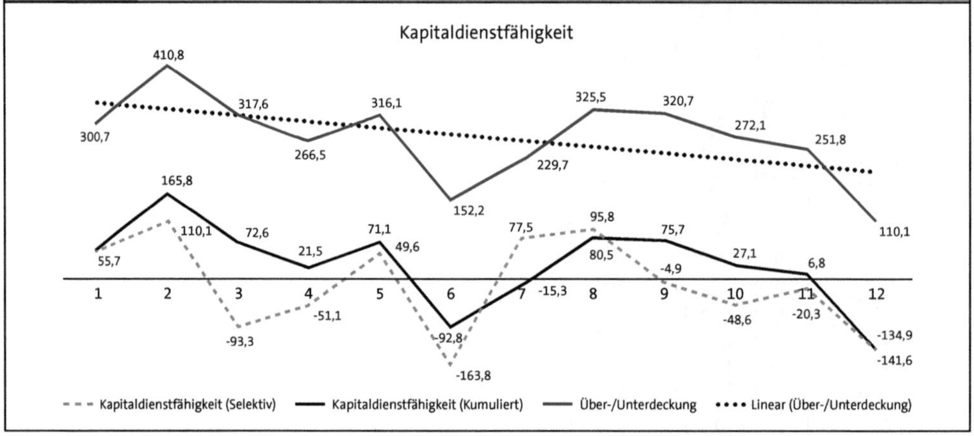

DOWNLOAD

Das vorliegende Buch wird durch ein Excel-Tool ergänzt, in dem Sie das Beispiel aus den vorangehenden zwei Kapiteln finden. Eine Gegenüberstellung von Plan- und Ist-Werten in der gleichen Datei ist nicht möglich. Es muss zuerst eine Plan-Datei erstellt und gesichert werden, um eine Ursprungsplanung zu Vergleichszwecken vorliegen zu haben. Von dieser Ursprungsdatei muss im Anschluss eine Kopie erstellt werden, in der jeweils nach Ablauf eines Monats mit den Ist-Daten die monatlichen Planwerte überschrieben werden. Die Ist-Daten sollten dann zunächst mit den Plan-Daten aus der Ursprungsdatei verglichen werden.

13.2 Cashflow

Die Kapitaldienstfähigkeit eines Unternehmens kann auch mithilfe des Cashflows berechnet und dargestellt werden. Er wird regelmäßig von Banken und Investoren hinzugezogen, um die Liquiditätslage eines Unternehmens zu beurteilen.

DEFINITION

Der Cashflow ist definiert als Überschuss der betrieblichen Einzahlungen über die betrieblichen Auszahlungen einer Periode. Er wird ausschließlich unter Berücksichtigung zahlungsrelevanter Größen berechnet. Geschäftsfälle, die nicht zahlungswirksam sind, etwa Abschreibungen und Rückstellungen, müssen deshalb herausgerechnet bzw. korrigiert werden. Der Cashflow zeigt damit, in welchem Umfang ein Unternehmen dazu in der Lage ist, die für betriebliche Zwecke erforderlichen Finanzmittel selbst zu erwirtschaften (Selbst- bzw. Innenfinanzierung). Er zeigt, ob die im operativen Geschäft erwirtschafteten Mittel ausreichen, die Existenz eines Unternehmens langfristig zu sichern, ob z. B. genügend Mittel für die Tilgung von Krediten oder für Investitionen zur Verfügung stehen.

Der Cashflow eines Unternehmens muss stets größer null sein. Grundsätzlich gilt natürlich: je höher, desto besser. Eine Empfehlung zur konkreten Ausprägung kann nicht gegeben werden, da es von Branche zu Branche teilweise extreme Unterschiede gibt.

Gründe für die Berechnung des Cashflows

Im Prinzip würde auch die Gewinn- und Verlustrechnung (GuV) den gleichen Zweck erfüllen wie die Cashflow-Rechnung. Allerdings enthält die GuV wie gezeigt auch nicht zahlungsrelevante Positionen und wird häufig unter Berücksichtigung rechtlicher und steuerlicher Überlegungen erstellt. Um die Steuern niedrig zu halten, wird ein Unternehmer i. d. R. versuchen, seine Erträge so gering und seine Aufwendungen so hoch wie möglich auszuweisen.

Das betrifft auf der Einzahlungsseite vor allem die Umsätze, bei denen u. U. noch kein Zahlungseingang vorliegt, und auf der Ausgabenseite beispielsweise die Abschreibungen, die je nach Interessenslage gestaltet werden können. Hinzu kommen ggf. weitere Korrekturpositionen, etwa Veränderungen der Rückstellungen oder Wertberichtigungen. Deutliche Verzerrungen treten vor allem in Branchen oder Unternehmen mit hohem Investitionsvolumen und in Krisenzeiten auf. Auf der einen Seite fallen häufig hohe Abschreibungen an. Auf der anderen Seite hat es oft noch keine Zahlungen für getätigte Umsätze gegeben, sondern es sind nur Forderungen entstanden.

Der Cashflow ist daher in seiner Aussagekraft wesentlich genauer, weil er eben um entsprechende Positionen korrigiert und bereinigt wird und nur tatsächliche Zahlungsvorgänge des Unternehmens berücksichtigt werden.

13.2.1 Direkte und indirekte Cashflow-Berechnung

Bei der Cashflow-Berechnung werden zwei grundlegende Methoden unterschieden: die direkte und die indirekte Berechnung.

13.2.1.1 Direkte Methode

Bei der direkten Methode wird die eigentliche Gewinn- und Verlustrechnung im Prinzip „wiederholt“, allerdings ausschließlich unter Berücksichtigung der zahlungsgleichen Geschäftsfälle. Alle zahlungsungleichen Geschäftsfälle bleiben unberücksichtigt.

Cashflow (direkt) = zahlungsgleiche Erträge - zahlungsgleiche Aufwendungen

13.2.1.2 Indirekte Methode

Bei der indirekten Methode hingegen geht man vom ermittelten GuV-Ergebnis aus und rechnet alle zahlungsungleichen Werte zurück. Das GuV-Ergebnis wird also um sämtliche zahlungsungleichen Beträge korrigiert.

Cashflow (indirekt) = Jahresüberschuss/-fehlbetrag + zahlungsungleiche Aufwendungen - zahlungsungleiche Erträge

Vereinfachtes Zahlenbeispiel zum indirekten Cashflow:

Cashflow (indirekt) = Jahresüberschuss 50.000 € + 25.000 € Abschreibungen - 5.000 € Auflösung von Rückstellungen = 70.000 €.

- **Cashflow-Berechnung nach der indirekten Methode:**

  Beide Berechnungen kommen zum gleichen Ergebnis. Allerdings ist die direkte Cashflow-Berechnung in der Praxis meist wesentlich schwieriger durchzuführen und zudem erheblich aufwändiger, da fast immer eine deutlich höhere Zahl von Geschäftsfällen berücksichtigt werden muss. Sie findet daher so gut wie keine Anwendung. Im weiteren Verlauf wird daher nur noch auf die indirekte Methode eingegangen.

- **Unterschiedlich komplexe Berechnungsmöglichkeiten:**

  Für die Berechnung des Cashflows an sich gibt es in der Praxis zahlreiche, unterschiedlich komplexe Möglichkeiten. Im weiteren Verlauf werden zwei Varianten vorgestellt. Zunächst soll auf eine häufig verwendete einfache Berechnungsvariante für die Ermittlung des eigentlichen Cashflows bzw. des Cashflows im engeren Sinne eingegangen werden. Diese Berechnungsmöglichkeit kann vor allem in kleinen und mittleren Unternehmen Anwendung finden und genügt i. d. R. den dortigen Informations- und Steuerungsanforderungen.

  Bei der zweiten Variante wird erläutert, wie der Cashflow nach internationalen Vorschriften, etwa den IFRS, berechnet wird. Diese fordern zusätzlich, dass auch die Mittelverwendung dargestellt wird. Die Darstellung nach IFRS ist derzeit nur für Konzerne verpflichtend, nicht für kleine Unternehmen.

PRAXISTIPP

Soll der Cashflow im Rahmen von Kredit- oder Finanzierungsgesprächen berechnet werden, ist mit dem Kapitalgeber nach Möglichkeit im Vorfeld zu besprechen, welche Variante gewünscht ist bzw. wie der Kapitalgeber den Cashflow berechnet, um bei den Verhandlungen von den gleichen Basisgrößen ausgehen zu können.

13.2.2 Cashflow-Berechnung für kleine und mittelständische Betriebe

Ausgangspunkt für die Berechnung des Cashflows ist der Jahresüberschuss. Wesentliche nicht auszahlungswirksame Positionen wie Abschreibungen oder Zuführung bzw. Auflösung von Rückstellungen müssen herausgerechnet werden. Ggf. kommen noch andere Positionen hinzu, etwa Verlust- oder Gewinnvorträge.

	Jahresüberschuss
+	Abschreibungen
+	sonstige Aufwendungen, die keine Auszahlungen sind
-	Erträge, die keine Einzahlungen sind
=	**Cashflow im engeren Sinn**

Diese Version kann als „Cashflow für Praktiker" bezeichnet werden und genügt in den meisten Fällen für die Anwendung in kleinen Betrieben. Die einfache Variante lässt sich fast immer mit relativ geringem Aufwand und bei Bedarf auch unterjährig erstellen.

13.2.3 Cashflow-Statement

Die Cashflow-Berechnung nach IAS 7 baut auf dem Cashflow im engeren Sinne auf, weist aber „im Anschluss" noch nach, wofür die Mittel verwendet wurden. Um dieses Ziel zu erreichen, muss der Cashflow im engeren Sinne durch Zahlungspositionen ergänzt werden, die nicht Bestandteil der GuV sind, etwa Investitionen oder Schuldentilgung. Im Einzelnen werden zusätzlich folgende Bereiche betrachtet:

- **Operativer Cashflow (Cashflow aus laufender Geschäftstätigkeit, cash flow from operating activities):**

  Dieser Teil des Cashflows beinhaltet das Ergebnis aus dem eigentlichen operativen Geschäft, inkl. aller Nebengeschäfte und einkommenserzielender Aktivitäten eines Unternehmens, einschließlich Veränderungen von Forderungen, Vorräten oder Verbindlichkeiten. Er ist i. d. R. der Teil des Cashflows mit der größten Bedeutung, da aus diesem Teil ersichtlich wird, in welchem Umfang ein Unternehmen notwendiges Wachstum, Entwicklungen oder Investitionen aus eigener Kraft finanzieren kann.

- **Cashflow aus Investitionstätigkeit (cash flow from investing activities):**

  Dieser Teil des Cashflows zeigt sämtliche Aktivitäten aus dem investiven Geschäft eines Unternehmens, etwa Kauf von Anlagevermögen oder Verkauf von Anlagevermögen.

- **Cashflow aus Finanzierungstätigkeit (cash flow from financing activities):**

  Der dritte Teil des Cashflows umfasst alle Aktivitäten, die Summe und Struktur des Kapitals eines Unternehmens verändern, etwa Zuführungen zum Eigenkapital oder Ausschüttungen an die Unternehmenseigner.

  Zum Schluss werden ferner die liquiden Mittel zu Beginn des Geschäftsjahres addiert. So erhält man den Bestand an flüssigen Mitteln zum Ende des Geschäftsjahres (vgl. Schema nachstehende Abbildung).

Abb. 13. Grundlegendes Schema Cashflow Statement

	Ergebnis laut Gewinn- und Verlustrechnung
+/-	Abschreibungen/Zuschreibungen
+/-	Erhöhung/Verminderung Rückstellungen
-/+	Erträge/Verluste aus Anlagenabgang
=	Cashflow i. e. S.
+/-	Verminderung/Erhöhung der Forderungen, Vorräte etc.
+/-	Erhöhung/Verminderung der Lieferverbindlichkeiten etc.
1.	= Cashflow aus Geschäftstätigkeit (operativer Cashflow)
+	Einzahlungen aus Anlageabgängen
-	Auszahlungen für Anlageinvestitionen
2.	= Cashflow aus Investitionstätigkeit
+	Einzahlungen aus Zuführungen von Eigenkapital
-	Auszahlungen an die Eigentümer
+	Einzahlungen aus Aufnahme von Finanzverbindlichkeiten
-	Auszahlungen aus Rückzahlung von Finanzverbindlichkeiten
3.	= Cashflow aus Finanzierungstätigkeit
	Summe der Positionen 1, 2, 3
+	Finanzmittelbestand zu Beginn des Geschäftsjahres
4.	= Finanzmittelbestand Geschäftsjahresende

13.2.4 Ausgewählte Kennzahlen zum Cashflow

Der Nutzen der Cashflow-Berechnung lässt sich erhöhen, wenn zusätzlich spezifische Kennzahlen gebildet werden. Im Folgenden werden vier ausgewählte Kenngrößen dargestellt und besprochen.

13.2.4.1 Cashflow-Umsatzverdienstrate

Die Cashflow-Umsatzverdienstrate oder Cashflow-Marge zeigt an, wie viel Prozent des Umsatzes einem Unternehmen als Geldzufluss verbleiben. Der Aussagewert entspricht in etwa der Kennzahl Umsatzrentabilität, ist aber aufgrund der Korrekturen des Gewinns bzw. Jahresüberschusses besser zur Beurteilung der Wirtschaftlichkeit geeignet. Der Wert sollte so groß wie möglich ausfallen, ist aber stark branchenabhängig.

$$\textbf{CF-Umsatzverdienstrate} = \frac{\textbf{Cashflow} \cdot \textbf{100}}{\textbf{Umsatzerlöse}}$$

13.2.4.2 Cashflow-Investitionsverhältnis

Diese Kennzahl zeigt an, in welchem Umfang ein Unternehmen seine geplanten Investitionen aus dem Umsatz finanzieren kann. Auch hier gilt, dass der Wert möglichst hoch ausfallen sollte, also ein großer Teil der Investitionen durch eigene Mittel bezahlt werden kann.

$$\text{CF-Investitionsverhältnis} = \frac{\text{Cashflow} \cdot 100}{\text{Investitionen}}$$

13.2.4.3 Cashflow-Finanzierungsgrad

Der Cashflow-Finanzierungsgrad gibt Auskunft darüber, in welchem Umfang Mittel für (geplante) Investitionen, Schuldentilgung und Gewinnausschüttungen bzw. Entnahmen zur Verfügung stehen werden. Es sollte möglichst ein Wert von 100 % angestrebt werden, was in der Praxis aber oft problematisch ist. Wächst ein Unternehmen z. B. stark, sind hohe Investitionen erforderlich, die den Wert rapide schrumpfen lassen.

$$\text{CF-Finanzierungsgrad} = \frac{\text{Cashflow} \cdot 100}{\text{Investitionen} + \text{Schuldentilgung} + \text{Gewinnausschüttung bzw. Entnahmen}}$$

13.2.4.4 Theoretische Schuldentilgungsdauer

Mithilfe des Cashflows lässt sich auch die theoretische Schuldentilgungsdauer ermitteln. Diese ergibt sich, wenn man die Schulden abzüglich evtl. vorhandener liquider Mittel durch den Cashflow dividiert. Ein Wert bis fünf Jahre wird als gut oder zumindest günstig angesehen, ein Wert bis zehn Jahre ist gerade noch ausreichend. Übersteigt die Schuldentilgungsdauer zehn Jahre, wird dies in Investorenkreisen als schlecht oder sogar ungenügend bewertet. Als theoretische Schuldentilgungsdauer wird dieser Vorgang übrigens deshalb bezeichnet, weil man in der Praxis kaum den gesamten Cashflow über mehrere Jahre dazu einsetzen wird, Schulden zu tilgen. Der Cashflow wird zumindest in Teilen auch dazu verwendet, Investitionen zu tätigen oder den Eigentümern Dividenden zu zahlen.

$$\text{Schuldentilgungsdauer} = \frac{\text{Verbindlichkeiten - flüssige Mittel}}{\text{Cashflow}}$$

13.2.5 Cashflow als Brücke zwischen Gewinn und Liquidität

Der Cashflow schlägt eine Brücke zwischen dem im Unternehmen erzielten Gewinn und der Liquiditätslage. Die Berechnung des Cashflows zeigt, was aus dem im Unternehmen erzielten Gewinn geworden ist, wofür er verwendet wurde. Deshalb ist die Berechnung und der Ausweis des Cashflows auch und gerade in kleinen Betrieben so wichtig: Der Cashflow verdeutlicht Unternehmern, dass es auf Dauer nicht ausreicht, „nur" einen Gewinn zu erzielen. Es müssen immer auch genügend liquide Mittel zur Verfügung stehen, um das Unternehmen und wichtige Vorhaben, etwa die Expansion oder Investitionen, zu finanzieren.

Die nächste Abbildung zeigt typische Beispiele für Unternehmen mit unterschiedlichen Gewinn- und Liquiditätssituationen. Ziel jedes Unternehmers muss es sein, mit seinem Betrieb in das obere rechte Matrizenfeld zu gelangen. Erst wenn ein Unternehmen dauerhaft steigende Gewinne erzielt und es seine Liquiditätslage kontinuierlich verbessert, machen Unternehmer und Führungskräfte eine insgesamt gute Arbeit!

ABB. 20: Cashflow-Beispiele für Unternehmen in unterschiedlichen Gewinn- und Liquiditätssituationen

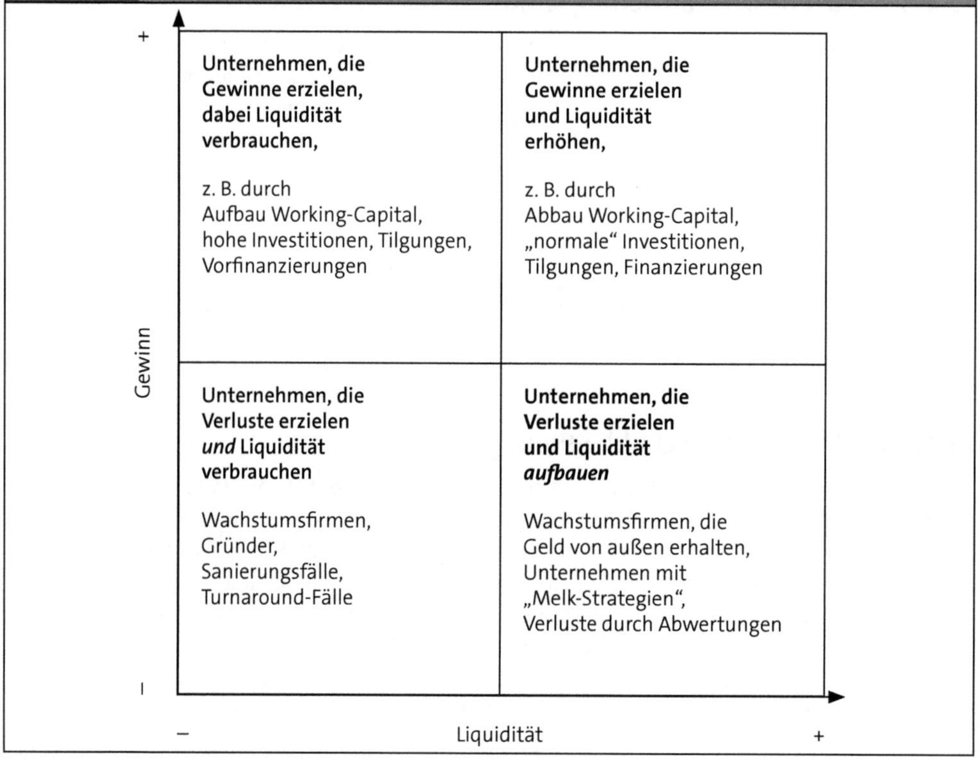

13.3 Vergleich der Aussagekraft von Finanzplanung und Cashflow

Stellt man die monatliche Kapitalflussrechnung und das Cashflow-Statement gegenüber, lässt sich erkennen, dass beide Instrumente zu gleichen Ergebnissen kommen. Bei der monatlichen Kapitalflussrechnung werden noch evtl. Deckungsmöglichkeiten wie Kontokorrentkredite ergänzt. Der entscheidende Vorteil der Kapitalflussrechnung ist, dass sie eine monatliche Betrachtung möglich macht und man mit einem Vorlauf von mehreren Monaten erkennen kann, ob man im Unternehmen auf einen Zahlungsmittelengpass zusteuert. So verbleibt meist ausreichend Zeit, sich um einen Ausgleich zu bemühen. Der Cashflow hingegen wird typischerweise aus Daten der Vergangenheit erstellt und meist nur jährlich oder im besten Fall pro Quartal gebildet. Daher eignet sich die Kapitalflussrechnung in der Praxis besser zur Planung und Steuerung der Liquidität im Unternehmen.

14. Langfristige Finanzplanung

14.1 Zielsetzung der langfristigen Finanzplanung

Die langfristige Finanz- und Liquiditätsplanung wird von der strategischen Unternehmensplanung abgeleitet und bestimmt. Im Rahmen der strategischen Planung werden vor allem Entscheidungen über die langfristige Ausrichtung des Unternehmens getroffen, z. B. ob es Preisführer oder Innovationsführer sein möchte. Daraus ergibt sich dann der entsprechende Investitions- und Erweiterungsbedarf.

Die langfristige Finanzplanung soll aufzeigen, ob die strategischen Entscheidungen grundsätzlich realisierbar sind. In ihr werden die wesentlichen erwarteten jährlichen Zahlungsströme abgebildet.

Wichtigste Teilelemente der strategischen Finanzplanung sind die (langfristige) Personal-, Produktions- und Investitionsplanung.

ABB. 21: Von den Teilplänen zur Finanzplanung

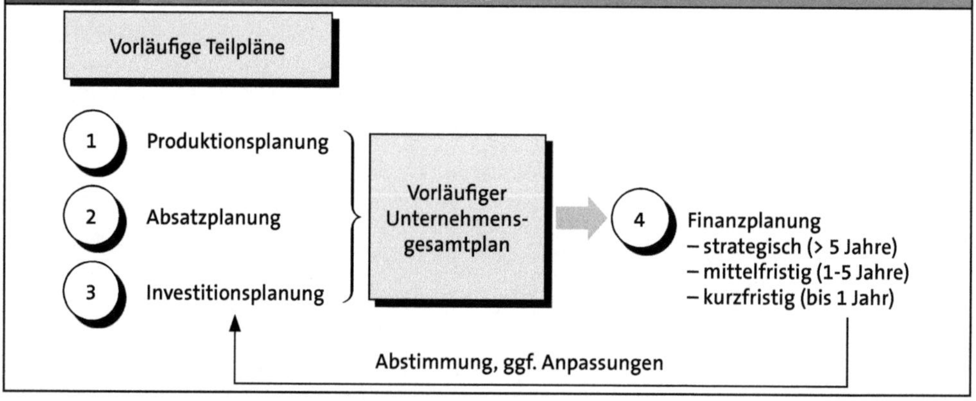

Die langfristige Finanzplanung soll u. a. die Fragen beantworten, wie die Geschäftstätigkeit des Unternehmens in den nächsten meist drei bis fünf Jahren finanziert wird und ob die Liquidität langfristig gesichert ist. Wie bei der operativen Planung wird auf Teilpläne, wie beispielsweise eine mittelfristige Umsatz- und Kostenplanung, zurückgegriffen. Wichtige Planungsgrundlagen sind zudem die grundsätzlichen Entscheidungen der Geschäftsleitung sowie die Überprüfung von deren Auswirkungen auf die Finanzierung und Realisierbarkeit.

Zusätzlich muss regelmäßig die Unternehmensumwelt beobachtet und evtl. auf Veränderungen in Bezug auf die Auswirkungen auf das eigene Unternehmen überprüft werden. Das können z. B. Veränderungen bei Wettbewerbern, am Markt, bei Produkten, bei Technologien, auf den Rohstoffmärkten oder Modeerscheinungen sein.

14.2 Phasen der langfristigen Finanzplanung

Die Finanzplanung ist der Prozess der Erstellung eines Finanzplans eines Unternehmens, Staats oder Privathaushalts. Sie umfasst die Kapitalbedarfsplanung und die Liquiditätsplanung.

Phasen der Finanzplanung:

- (rückwärtsgerichtete) Finanzanalyse des Ist-Zustandes,
- Soll- und Ist-Vergleich,
- Finanzprognose,
- Planung der alternativen Möglichkeiten zur Finanzbeschaffung,
- Planausgleich,
- Kontrolle der Planvorgaben (Finanz- und Liquiditätskontrolle),
- Planrevision.

Die grundlegende Aufgabe der unternehmerischen Finanzplanung ist es, die Zahlungsfähigkeit des Unternehmens zu sichern. Gelingt dies nicht, ist ein Unternehmen von der Insolvenz (Zahlungsunfähigkeit, früher Konkurs genannt) bedroht.

Im Rahmen eines Finanzplans werden die in der Zukunft erwarteten Einzahlungen und Auszahlungen gegenübergestellt, um damit frühzeitig zukünftige Liquiditätslücken aufzudecken. So können rechtzeitig Maßnahmen zur Sicherung der Liquidität des Unternehmens eingeleitet werden.

Neben der Liquiditätssicherung hat die Finanzplanung die Aufgabe, den künftigen Kapitalbedarf des Unternehmens zu ermitteln. Während der Finanzplanung müssen Investitionspläne und Rentabilitätsüberlegungen mit der Kapitalbeschaffung und der Liquiditätserhaltung in Einklang gebracht werden.

Die Finanz- und Liquiditätsplanung werden außerdem von Banken als Grundlage zur Kreditgewährung oder Kreditverlängerung gefordert und sind vor allem in Krisensituationen die wichtigsten Instrumente zum aktiven Krisenmanagement.

HINWEIS

Die verwendeten Zahlen müssen nicht immer absolut genau sein. Selbst wenn eine Liquiditäts- und Finanzplanung in großen Teilen auf Schätzungen und Annahmen beruht, erhalten die Verantwortlichen einen guten Eindruck von der grundlegenden Zahlungsfähigkeit und den möglichen Problemen im Unternehmen. Vor allem, wenn es zu Beginn nur wenig Erfahrungen im Umgang mit der Planung gibt, lassen sich Schätzungen und Fehler kaum vermeiden. Mit zunehmender Anwendungsdauer können die Schätzungen nach und nach durch exakte Daten ersetzt werden.

14.3 Langfristigen Kapitalbedarf ermitteln

Jedes Unternehmen benötigt für den laufenden Betrieb sowie für Modernisierungen, Erweiterungen, Investitionen und Expansionen langfristig zur Verfügung stehendes Kapital. Doch gerade in kleinen Betrieben wird der Teil der Kapitalbedarfsplanung, der über ein Jahr hinausgeht, oft stark vernachlässigt. Wenn überhaupt, wird danach gesehen, welche Mittel man für das Folgejahr voraussichtlich brauchen wird und woher man sie bekommen kann. Über die Gestaltung der längerfristigen Zukunft werden sich relativ wenig Gedanken gemacht. Dabei ist es von groder Wirklichkeit auch etwas weiter in die Zukunft zu sehen. Denn erst wenn der Kapitalbedarf insgesamt, und nach Möglichkeit auch untergliedert in verschiedene Kategorien, zumindest in etwa bekannt ist, kann man sich im Unternehmen um die Gestaltung einer möglichst günstigen Finanzierung kümmern. Finanzierung bedeutet festzulegen, woher die Mittel auf längere Sicht kommen sollen, etwa aus Eigen- oder Fremdmitteln. Bei der Finanzierung geht es nicht nur darum, für sich die Bewilligung des nächsten Kredits mit den Banken abzustimmen. Im Gegenteil. Es sollte geprüft werden, welche weiteren Finanzierungsformen es gibt, die dazu beitragen können, die Finanzierung eines Unternehmens auf ein breites und gesundes Fundament zu stellen. Zudem sollte geprüft werden, ob es im Gegenzug möglich ist, zumindest einen Teil der Bankkredite zurückzuzahlen, um die Abhängigkeit von dem Institut oder den Instituten zu verringern. Dazu ist es im ersten Schritt notwendig, den voraussichtlichen Kapitalbedarf für die nächsten drei bis fünf Jahre zu ermitteln.

14.3.1 Ursachen für Kapitalbedarf

Kapitalbedarf in Unternehmen entsteht u. a. für die Finanzierung von:

- Investitionen,
- Expansions- und Erweiterungsvorhaben,
- Forschungs- und Entwicklungsprojekten,
- Projekten im Tagesgeschäft, z. B. Bau von Maschinen oder Bauvorhaben (komplett oder im Rahmen von Vor-/Zwischenfinanzierungen),
- Umlaufvermögen, z. B. Vorräten, Forderungen,
- Kapitaldiensten (Tilgung, Zinsen),
- Gründungen,
- Gesellschafterentnahmen,
- Verlusten/Fehlbeträgen.

Der Kapitalbedarf lässt sich in den meisten Fällen relativ einfach für mehrere Jahre planen und erfassen. Er sollte nach Bedarfsarten, z. B. Investitionen oder Betriebsmitteln, getrennt geplant und dargestellt werden. Die Detaillierung führt gleichzeitig dazu, dass man sich konkret über einzelne Positionen Gedanken macht und eine inhaltliche Planung (wofür benötigen wir wie viel Geld und warum gerade in diesem Umfang?) erstellt. Eine einfache Fortschreibung, beispielsweise von aktuellen Positionen mit einem „Inflationsprozentsatz“, ist keine Planung und sollte vermieden werden.

DOWNLOAD

Zu den Kapiteln 14.3 bis 14.5 gehört eine Excel-Anwendung, mit der sich sowohl der Kapitalbedarf als auch mögliche Deckungslücken identifizieren lassen. Darüber hinaus bietet die Anwendung die Möglichkeit, den aktuellen und ggf. den gewünschten künftigen Finanzierungsmix, z. B. Eigen- und Fremdkapital sowie andere Finanzierungsformen wie Fördergelder oder Leasing, darzustellen. Sie finden die Excel-Anwendung zum Download in der NWB Datenbank.

Abbildung 22 zeigt eine Möglichkeit, wie sich der Kapitalbedarf eines Unternehmens über mehrere Jahre hinweg erfassen und darstellen lässt. Bei einer Mehrjahresplanung genügt es, wenn man die Planung jährlich vornimmt, da es vor allen Dingen darum geht, einen Überblick über die Relationen zu bekommen. Ein Herunterbrechen auf Monate sollte dann im Rahmen der operativen und der Liquiditätsplanung erfolgen.

14.3.2 Kapitalbedarf nach Kategorien getrennt dokumentieren

Allerdings sollte zu jeder Planposition und zu jedem Jahr schriftlich festgehalten werden, wie die Zahlen zustande gekommen sind und was sich hinter jeder einzelnen Größe verbirgt.

BEISPIEL ▸ Investitionen:

Jede Abteilung im Unternehmen sollte ihren konkreten Bedarf anmelden, z. B. Art der Investition, Notwendigkeit, den voraussichtlichen Umfang und auch den Zeitpunkt. Je nach Vorhaben bzw. Größenordnung sollte es für die Vorhaben zumindest für die ersten beiden Planjahre zusätzlich eine Investitionsrechnung oder Kosten-Nutzen-Betrachtung geben. Gleiches gilt für die anderen Auszahlungspositionen, etwa Kapitaldienst oder Veränderungen bei den Betriebsmitteln. Die Dokumentation stellt sicher, dass man auch zu einem späteren Zeitpunkt noch nachvollziehen kann, warum man zu den Zahlen gekommen ist und welche Prämissen den Daten zugrunde lagen. Die Informationen können dann u. a. dazu genutzt werden, künftige Planungen zu verbessern.

ABB. 22: Beispiel für einen Kapitalbedarfsplan

	20xx	20xx + 1	20xx + 2	20xx + 3	20xx + 4	Gesamt	Bemerkungen/Kommentare
Investitionen							
Gebäude/Grundstücke	0	0	0	0	0	0	
Maschinen	350.000	110.000	180.000	220.000	340.000	1.200.000	
Werkzeuge	95.000	37.000	110.000	90.000	100.000	432.000	
Fuhrpark	75.000	0	0	80.000	0	155.000	
Sonstiges, z.B. Betriebsausstattung, IT	5.000	5.000	30.000	5.000	15.000	60.000	
Summe Investitionen	**525.000**	**152.000**	**320.000**	**395.000**	**455.000**	**1.847.000**	
Betriebsmittel							
Material, Komponenten	508.000	830.000	1.025.000	1.370.000	1.660.000	5.393.000	Bestandsveränderungen
Forderungen	30.000	35.000	38.000	40.000	45.000	188.000	Bestandsveränderungen
Sonstiges, z.B. Handelswaren	3.000	3.000	4.000	5.000	5.000	20.000	
Summe Betriebsmittel	**541.000**	**868.000**	**1.067.000**	**1.415.000**	**1.710.000**	**5.601.000**	
Kapitaldienst							
Zinsen	12.000	18.000	22.000	30.000	35.000	117.000	
Tilgungen	25.000	35.000	40.000	60.000	100.000	260.000	
Summe Kapitaldienst	**37.000**	**53.000**	**62.000**	**90.000**	**135.000**	**377.000**	
Sonstiges							
Gründungskosten	0	0	0	0	0	0	
Sonstiges, z.B. Gewährleistungen, Lizenzen, Spenden	25.000	35.000	45.000	50.000	60.000	215.000	
Gesellschafterentnahmen	44.000	61.000	74.000	84.000	84.000		
Verluste	0	0	0	0	0	0	
Summe Sonstiges	**25.000**	**35.000**	**45.000**	**50.000**	**60.000**	**215.000**	
Summe Kapitalbedarf	**1.128.000**	**1.108.000**	**1.494.000**	**1.950.000**	**2.360.000**	**8.040.000**	

Auszug aus Excel-Datei, Hinweis zum Download siehe Kapitel 14.3.1.

14.4 Finanzierungsbedarf klären

Ist der Kapitalbedarf geklärt, muss ebenfalls für drei bis fünf Jahre klargestellt werden, wie die Nachfrage nach Geld gedeckt werden kann. Basis für die Analyse ist zum einen der dargestellte Kapitalbedarfsplan, aus dem die wichtigsten voraussichtlichen Zahlungsabflüsse außerhalb des operativen Geschäfts ersichtlich werden. Zum anderen muss die Finanzplanung auch die Ein- und Auszahlungen aus dem laufenden Geschäft berücksichtigen.

Alle Zahlungspositionen münden nun in eine langfristige Finanzplanung, die ebenfalls auf Jahresebene erstellt wird. Ein Herunterbrechen auf Monate ist i. d. R. allenfalls im ersten Planjahr erforderlich bzw. sinnvoll. Um eine umfassende Finanzplanung zu erstellen, werden zuerst die erwarteten Einzahlungen, z. B. aus Umsatzerlösen, Vermögensverkäufen und anderen Quellen wie Lizenz- und Patenterlösen oder möglichen Gesellschaftereinzahlungen, geplant. Dann sollten alle Kostenarten geplant werden, die zu Auszahlungen führen, z. B. Material-, Personal-, Raumkosten. Abschreibungen müssen nicht erfasst werden, da sie nicht zahlungsrelevant sind. Sie müssen aber sehr wohl bei der Gewinnberechnung berücksichtigt werden, denn dann werden, zusätzlich zu den zahlungswirksamen Kosten, alle weiteren auszahlungswirksamen Positionen, wie sie in der Kapitalbedarfsplanung dargestellt wurden, geplant.

Die langfristige Finanzplanung kann z. B. mit der zum Buch gehörenden Excel-Datei (Arbeitsblatt Finanzplanung) vorgenommen werden. Die Daten aus der Kapitalbedarfsplanung werden automatisch übernommen, können aber auch manuell eingegeben werden, wenn man auf die Erstellung einer Kapitalbedarfsplanung verzichtet. Der Vorteil einer separaten Kapitalbedarfsplanung ist, dass man durch weitere Untergliederungen besser erkennen kann, wofür wann konkret Geld benötigt wird. Bei den Investitionen lässt sich so einfacher erkennen, ob die Mittel eher für Maschinen, Gebäude oder andere Investitionen anfallen. Daher sollte auf eine separate Kapitalbedarfsplanung möglichst nicht verzichtet werden. Ein Muster und Beispiel für eine umfassende Finanzplanung findet sich in Abbildung 23.

ABB. 23: Beispiel für eine Finanzplanung

Langfristige Finanzplanung							
	2022	2023	2024	2025	2026	Summen	Bemerkungen/ Kommentare
A. Einzahlungen							
Umsatzerlöse (zahlungswirksam, keine nicht fälligen Forderungen)	3.508.000	4.018.000	5.260.000	6.125.000	6.870.000	**25.781.000**	
Vermögensverkäufe	20.000	15.000	15.000	20.000	20.000	**90.000**	
Zinsen/Dividenden	8.000	65.000	5.000	6.000	6.000	**90.000**	
Gesellschaftereinlagen	0	0	0	0	0	**0**	
Sonstige Einzahlungen, z. B. Lizenzen, Steuererstattungen	2.000	3.500	4.000	4.500	4.000	**18.000**	
Summe Einzahlungen	**3.538.000**	**4.101.500**	**5.284.000**	**6.155.500**	**6.900.000**	**25.979.000**	
B. Auszahlungen							
Material (Verbrauch, kein Bestandsaufbau wie unter Finanzierung Umlaufvermögen)	768.000	870.000	1.128.900	1.315.000	1.480.000	**5.561.900**	
Personalauszahlungen	1.162.000	1.322.000	1.735.000	2.020.000	2.260.000	**8.499.000**	
Raumkosten	90.000	90.000	93.000	93.000	97.000	**463.000**	
Betriebliche Steuern	28.000	30.000	35.000	38.000	43.000	**174.000**	
Versicherungen/Beiträge	19.000	20.000	22.000	25.000	28.000	**114.000**	
Besondere Kosten	94.100	99.000	103.000	111.000	119.000	**526.100**	
Kfz-Kosten	34.500	38.000	44.000	49.000	55.000	**220.500**	
Werbe-/Reisekosten	190.000	200.000	220.000	250.000	250.000	**1.110.000**	
Kosten Warenabgabe	61.000	65.000	67.000	71.000	75.000	**339.000**	
Reparaturen/ Instandhaltung	58.000	60.000	65.000	70.000	75.000	**328.000**	
Sonstige Kosten	143.000	154.000	167.000	170.000	18.000	**652.000**	
Summe Investitionen	525.000	152.000	320.000	395.000	455.000	**1.847.000**	Daten ggf. aus Kapitalbedarfsplan oder separate Planung
Summe Betriebsmittel	541.000	868.000	1.067.000	1.415.000	1.710.000	**5.601.000**	Daten ggf. aus Kapitalbedarfsplan oder separate Planung
Zinsen	12.000	18.000	22.000	30.000	35.000	**117.000**	Daten ggf. aus Kapitalbedarfsplan oder separate Planung
Tilgungen	25.000	35.000	40.000	60.000	100.000	**260.000**	Daten ggf. aus Kapitalbedarfsplan oder separate Planung
Gründungskosten	0	0	0	0	0	**0**	Daten ggf. aus Kapitalbedarfsplan oder separate Planung
Gesellschafterentnahmen	0	0	0	0	0	**0**	Daten ggf. aus Kapitalbedarfsplan oder separate Planung
Sonstiges, z.B. Gewährleistungen, Lizenzen, Spenden	25.000	25.000	30.000	35.000	40.000	**155.000**	Daten ggf. aus Kapitalbedarfsplan oder separate Planung
Verluste	0	0	0	0	0	**0**	Daten ggf. aus Kapitalbedarfsplan oder separate Planung
Summe Auszahlungen	**3.775.600**	**4.046.000**	**5.158.900**	**6.147.000**	**6.840.000**	**25.967.500**	
C. Über-/Unterdeckung							
Verfügbare freie Liquidität/ Bankmittel	25.000	30.000	35.000	40.000	50.000	50.000	
Über-/Unterdeckung = Kapitalbedarf	-212.600	**55.500**	**125.100**	**8.500**	60.000	36.500	
D. Kreditaufnahme							
Freie Kreditlinie bzw. Kreditaufnahmemöglichkeit	200.000	200.000	200.000	200.000	200.000	200.000	
Noch erforderlicher Zusatzkredit	12.600	0	0	0	0	12.600	
						Datum:	7/15/2022

Auszug aus Excel-Datei, Hinweis zum Download siehe Kapitel 14.3.1.

HINWEIS

Bei den Kosten ist beim Material der Verbrauch gemeint, im unteren Teil bzw. in der Kapitalbedarfsplanung die Veränderung bei den Beständen. Beide Positionen sollten, wenn sie im Unternehmen relevant sind, separat geplant werden.

14.5 Finanzierungsstruktur analysieren und bewerten

Ist der Kapitalbedarf des Unternehmens insgesamt bekannt, muss man sich fragen, wie er finanziert werden soll. In Betracht kommen neben der klassischen Finanzierung über Eigen- und Fremdkapital (Kreditfinanzierung über die Bank) auch weitere Kapitalquellen, etwa Fördermittel, Leasing, Factoring oder auch mittelständische Beteiligungsgesellschaften (MBG, https://www.mbg-beteiligungskapital.de/). Bevor man sich für eine Veränderung der Finanzierungsstruktur entscheidet, sollte man sich ausführlich über die Vor- und Nachteile sowie die Kosten informieren. Einen Einstieg in die Thematik bietet Tabelle 5. Sie zeigt ausgewählte Finanzierungsquellen mit wichtigen Vor- und Nachteilen. Die Übersicht erhebt keinen Anspruch auf absolute Richtig- und Vollständigkeit und soll vor allem der Orientierung und dem Einstieg in das Thema „Erweiterung und Veränderung der Unternehmensfinanzierung" dienen.

TAB. 5: Auswahl von Finanzierungsformen mit wesentlichen Vor- und Nachteilen

Finanzierungsform	Vorteile	Nachteile
Eigenkapital	Unabhängigkeit des Unternehmers, Puffer bezüglich Überschuldung, unbegrenzt verfügbar, Akquiseeffekt für Fremdkapital (viel Eigenkapital als Basis für die Aufnahme von Fremdkapital), kein Tilgungs-/Zinsanspruch Dritter, Autarkie bei Entscheidungen.	Teuer, da Eigenkapitalgeber hohe Verzinsung erwarten (ca. 10-20 %), Haftungs- und Verlustrisiko, Eigenkapitalgeber fordern umfassende Informationen, Ausschüttungen werden aus versteuertem Gewinn bezahlt.
Fremdkapital	Vor allem im langfristigen Bereich gut planbar, hohe Sicherheit, Zinsen können als Betriebsausgaben abgesetzt werden.	Oft langer Akquiseprozess, hohe Anforderungen der Banken, Abhängigkeiten von Instituten, Risiko der Einmischung, regelmäßige Rechtfertigung notwendig.
Fördergelder	Im Kern wie Fremdkapital, oft preisgünstiger, häufig vorzeitige Tilgungen ohne zusätzliche Kosten möglich. Mehr z. B. unter *http://www.foerderdatenbank.de/*.	Im Kern wie Fremdkapital, meist gilt das Hausbankprinzip, es müssen also zwei Kapitalgeber überzeugt werden, sehr unübersichtliche Förderlandschaft, Risiko, dass es bis zum Schluss zu keiner Zusage der Mittel kommen kann.

Leasing	Schonung der Liquidität, gut planbare Raten, oft Paketleistungen (Beratung, Wartung, Service) möglich, geringere Anforderungen an Kreditwürdigkeitsprüfung und Sicherheiten, keine Bankverbindlichkeiten, steuerlich vollständig absetzbar, Bilanzneutralität, Wirtschaftsgut erscheint nicht in Bilanz des Kunden.	Teurer als klassische Fremdfinanzierung, nach Ablauf der Frist oft kein Eigentum, feste Vertragslaufzeiten ohne Kündigungsmöglichkeit, häufig Probleme bei der Rückgabe, z. B. wegen Schäden.
Factoring	Sehr kurzfristiger Liquiditätszufluss, Ausnutzung von Lieferantenskonto möglich, Abbau von Schulden möglich, Verbesserung von Bilanzrelationen, Kapitalquoten und weiteren Kennzahlen, z. B. Working-Capital, Übertragung von Teilen des Forderungsmanagements an Factor möglich, Kosteneinsparungen bei Zinsen und Bonitätsprüfung möglich, Arbeitsentlastung.	Relativ hohe Kosten, je nach Leistungsumfang ab ca. 0,5-0,8 % auf die abgetretenen Forderungen, Factor kauft i. d. R. nur „gute" Forderungen, auf den schlechten Kunden bleibt man sitzen, Factoring ist nicht für alle Branchen und Unternehmen geeignet (u. a. Baubranche, Auftragsfertiger), nicht alle Kunden wollen Factoring (Einverständnis erfragen).
Mittelständische Beteiligungsgesellschaften (MBG)	Im Kern wie Fremdkapital, allerdings verzichten MBG auf Renditeoptimierung, grundsätzlich für alle Arten der Unternehmensfinanzierung möglich, weitgehender Verzicht auf Sicherheiten und Mitspracherecht, siehe *https://www.mbg-beteiligungskapital.de/*.	Im Kern wie Fremdkapital, zusätzlich meist aufwändige/langwierige Vorbereitungen und Verhandlungen, gilt als Fremdkapital.
Stille typische bzw. atypische Beteiligung	Relativ nah an der Eigenkapitalfinanzierung, zählt je nach Vertragsgestaltung zum bilanziellen bzw. wirtschaftlichem Eigenkapital.	Oft höhere Kosten als bei Fremdkapital, stille Gesellschafter haben ggf. Mitbestimmungs- oder Zustimmungsrecht, ggf. Haftung der Teilhaber bei Insolvenz.
Crowdfunding	Stärkung der Eigenkapitalbasis, viele Partner, bei Erfolg viele Multiplikatoren, die als „Markenbotschafter" genutzt werden können. Übersicht über mögliche Plattformen unter *https://www.crowdfunding.de/*.	Oft höhere Kosten als bei Krediten, in Deutschland noch nicht weit verbreitet, vor allem in bestimmten Segmenten, z. B. Kreativbranche, Gründer, nur wenige seriöse Plattformen, Risiko, dass Nachahmer Ideen kopieren, da diese auf den Plattformen erläutert werden müssen.

Klarheit über künftige Finanzierungsstruktur schaffen

Bei der Beantwortung der Frage nach dem Finanzierungsmix müssen vor allem langfristige, strategische Punkte berücksichtigt werden. Jeder Unternehmer muss für sich dabei mindestens folgende Fragen klären:

- Ist die aktuelle Finanzierung ausreichend und entspricht sie den Vorstellungen des Unternehmers?
- Können bzw. sollen ggf. weitere Kredite erschlossen werden? Wenn ja, in welchem Umfang (Kapitalbedarfsplan)?
- Werden bei einer Entscheidung für einen Kredit die eigenen unternehmerischen Vorstellungen genügend berücksichtigt, z. B. Wunsch nach unternehmerischer Unabhängigkeit (wie hoch soll die Abhängigkeit von Banken höchstens sein?), Entscheidungsfreiheit, Flexibilität, Kosten?
- Werden z. B. die Kapitalquoten (Eigenkapitalanteil mindestens 20-25 %) beachtet?
- Werden bereits weitere Finanzierungsformen genutzt? Was für Erfahrungen hat man damit im Unternehmen gemacht?
- Sollen die Finanzierungsformen weiter genutzt werden? Wenn ja, welche? Und welche Finanzierungsformen scheiden von Beginn an aus (kurze Begründung festhalten)?
- Soll der Finanzierungsmix ausgeweitet werden (mehr als nur klassische Eigen- und Fremdmittel)? Wie sollen die Anteile künftig ausfallen?
- In welchem zeitlichen Umfang werden welche Finanzmittel benötigt? Es sollte immer auf eine fristenkongruente Finanzierung geachtet werden. Soll z. B. ein Pkw sechs Jahre genutzt werden, sollte die Finanzierung auch über diesen Zeitraum laufen.
- Sind die Voraussetzungen für eine weitere Kreditaufnahme gegeben, z. B. gutes Rating, gute Kennzahlen (u. a. Kapitalquoten, Schuldentilgungsdauer, Kapitaldienstfähigkeit, Working-Capital), ausreichend verfügbare Sicherheiten, fundierte Planung für ca. drei Jahre?
- Wenn nicht, was kann getan werden, um die Voraussetzungen zu verbessern, z. B. Kapitalbindung reduzieren (Umlaufvermögen senken), Vorhaben/Investitionen überprüfen und ggf. verschieben oder auf günstigere Alternativen bzw. andere Finanzierungsformen ausweichen?
- Wenn Eigenmittel zugeführt werden sollen (außerhalb einer möglichen Gewinnthesaurierung): Sind die Eigentümer überhaupt bereit, weitere Mittel zuzuschießen? Wenn ja, unter welchen Bedingungen? Welche Anpassungen müssen ggf. in den Verträgen (Gesellschaftervereinbarungen) vorgenommen werden? Wie wird mit Eigentümern umgegangen, die keine weiteren Mittel zuführen wollen?
- Soll eine Änderung im Finanzierungsmix auch dazu genutzt werden, bestimmte Bankkredite abzulösen oder umzuschulden? Kann z. B. ein Kontokorrent in einen langlaufenden Kredit umgewandelt werden, wenn die Linie ohnehin fast immer zur Hälfte oder mehr ausgenutzt wird?

14.6 Finanzierungsmix aufbauen und verbessern

Parallel zur Beantwortung der Fragen sollte man sich einen Überblick über die bestehende Finanzierung und die gewünschte bzw. geplante künftige Struktur unter Berücksichtigung des voraussichtlichen Kapitalbedarfs machen. Dies ist z. B. mit der Excel-Arbeitshilfe (Hinweis zum Download siehe Kapitel 14.3.1) möglich, in der sich zahlreiche unterschiedliche Finanzierungsformen auch detailliert, z. B. mit mehreren Partnern bei Banken, Leasing oder Fördermitteln, abbilden lassen.

Abbildung 24 zeigt, wie sowohl das bestehende als auch bis zu zwei mögliche Ziel-Szenarien erstellt werden können. Das Beispiel macht deutlich, dass die Finanzierung von Investitionen nicht über Bankkredite laufen, sondern dass auf Fördermittel sowie Leasing zurückgegriffen werden sollte.

ABB. 24: Auswahl von Finanzierungsformen mit wesentlichen Vor- und Nachteilen

	Bezeichnung	Aktuell	Plan 1	Plan 2	Bemerkungen/Erläuterungen
Eigenkapital	Bilanzposition EK	700.000	700.000	0	
		0	0	0	
		0	0	0	
		0	0	0	
		0	0	0	
Summe Eigenkapital		**700.000**	**700.000**	**0**	
Fremdkapital	Kredit Sparkasse	370.000	370.000	0	
	Kredit Bank 1	520.000	520.000	0	
	Kredit Bank 2	765.000	765.000	0	
		0	0	0	
		0	0	0	
Summe Fremdkapital		**1.655.000**	**1.655.000**	**0**	
Mezzanine	Atypische stille B.	0	0	0	
	Typische stille B.	0	0	0	
	Wandelanleihe	0	0	0	
	Nachrangdarlehen	0	0	0	
Summe Mezzanine		**0**	**0**	**0**	
MBG - Mittelständische Beteiligungsgesellschaften	Kredit 1	0	0	0	
	Kredit 2	0	0	0	
	Kredit 3	0	0	0	
Summe MBG		**0**	**0**	**0**	
Fördermittel	KfW-Unternehmerkredit	68.000	248.000	0	Investitionsfinanzierung über FM und Leasing
	Vertrag 2	0	0	0	
	Vertrag 3	0	0	0	
	Vertrag 4	0	0	0	
Summe Fördermittel		**68.000**	**248.000**	**0**	
Leasing	Vertrag 1	35.000	35.000	0	
	Vertrag 2	42.000	42.000	0	
	Vertrag 3	0	320.000	0	Investitionsfinanzierung über FM und Leasing
	Vertrag 4	0	0	0	
	Vertrag 5	0	0	0	
Summe Leasing		**77.000**	**397.000**	**0**	
Factoring	Position 1	0	0	0	
	Position 2	0	0	0	
	Position 3	0	0	0	
	Position 4	0	0	0	
	Position 5	0	0	0	
Summe Factoring		**0**	**0**	**0**	
Anderes, z.B. Mitarbeiterbeteiligung, Crowdfunding	Position 1	0	0	0	
	Position 2	0	0	0	
	Position 3	0	0	0	
Summe Anderes		**0**	**0**	**0**	
Gesamt		**2.500.000**	**3.000.000**	**0**	

Hinweis zum Download siehe Kapitel 14.3.1.

Die Arbeitshilfe umfasst zusätzlich einen Auswertungsbereich, in dem die Kapitalanteile dargestellt werden. Die Eingaben aus Abbildung 24 werden automatisch übernommen und es werden die Anteile je Finanzierungsart ausgewiesen (vgl. Abbildung 25). Unternehmer sollten bei der Finanzierung darauf achten, dass der Eigenkapitalanteil nicht unter 20 % fällt, auch wenn

z. B. Leasing oder Factoring bei der Unternehmensbewertung nicht als Fremdkapital gezählt werden.

Bilanzielles oder wirtschaftliches Eigenkapital?

Beim Eigenkapital stellt sich die Frage, ob man hier lediglich das bilanzielle Eigenkapital aufführen sollte oder ggf. das wirtschaftliche Eigenkapital, welches noch um bestimmte Posten korrigiert werden muss.

Abgezogen werden müssen z. B. ausstehende Einlagen und Verbindlichkeiten gegenüber Gesellschaftern, da sie nicht sofort verfügbar sind. Hinzugerechnet werden müssen ggf. Forderungen gegenüber Gesellschaftern, die eingetrieben werden können, sowie Gesellschafterdarlehen oder Sonderposten mit Rücklageanteil. Auch Nachrangdarlehen oder Beträge aus stillen Beteiligungen zählen je nach Gestaltung des Vertrags zum wirtschaftlichen Eigenkapital. Da die Banken i. d. R. bei einem Rating bzw. der Bonitätsbeurteilung das wirtschaftliche Eigenkapital hinzuziehen, sollte man prüfen, ob man als Unternehmer auch auf diese Größe abstellen soll. Wie sich das wirtschaftliche Eigenkapital genau zusammensetzt, sollte dann ggf. mit der Bank geklärt werden.

ABB. 25: Beispiel für die Darstellung der Finanzierungsstruktur mit Anteilen

Übersicht Finanzierungsmix	Aktuell		Plan 1		Plan 2	
	Absolut	Prozent	Absolut	Prozent	Absolut	Prozent
Eigenkapital	700.000	28,00%	700.000	23,33%	0	0,00%
Fremdkapital	1.655.000	66,20%	1.655.000	55,17%	0	0,00%
Mezzanine	0	0,00%	0	0,00%	0	0,00%
MBG - Mittelständische Beteiligungsgesellschaften	0	0,00%	0	0,00%	0	0,00%
Fördermittel	68.000	2,72%	248.000	8,27%	0	0,00%
Leasing	77.000	3,08%	397.000	13,23%	0	0,00%
Factoring	0	0,00%	0	0,00%	0	0,00%
Anderes, z.B. Mitarbeiterbeteiligung, Crowdfunding	0	0,00%	0	0,00%	0	0,00%
Summe	2.500.000	100,00%	3.000.000	100,00%	0	0,00%

15. Investitionsplanung und -rechnung

Investitionen sind von besonderer Bedeutung für ein Unternehmen, da sie langfristig Mittel binden und meist nicht ohne Weiteres rückgängig gemacht werden können. Außerdem ist zu beachten, dass Investitionen auch Folgekosten, wie z. B. für ihre Bewirtschaftung, ihren Betrieb und ihren Unterhalt, auslösen. Daher muss vor der Investitionsentscheidung ausreichend sicher ermittelt werden, wie die Auswirkungen auf das Unternehmen sein werden.

Die Beurteilung von Investitionsvorhaben erfolgt auf Basis zukünftiger Kosten und Leistungen bei den statischen Verfahren bzw. auf Basis zukünftiger Zahlungsströme bei den dynamischen Verfahren.

HINWEIS

Bei Großreparaturen oder kleineren Ersatzinvestitionen wird in der Praxis häufig auf die Anwendung von Verfahren der Investitionsrechnung verzichtet. Hierbei handelt es sich um Routineentscheidungen, die meist auch vom Volumen nicht zu den „echten" Investitionsentscheidungen gezählt werden müssen.

15.1 Statische und dynamische Investitionsverfahren

Für die Beurteilung der Vorteilhaftigkeit einzelner Investitionen (Einzelentscheidung) bzw. zum Vergleich von Investitionsalternativen (Auswahlentscheidung) lassen sich statische Verfahren und dynamische Verfahren unterscheiden:

TAB. 6: Verfahren der Investitionsrechnung

Statische Verfahren	Dynamische Verfahren
► Kostenvergleichsrechnung	► Kapitalwertmethode
► Gewinnvergleichsrechnung	► Methode des internen Zinsfußes
► Rentabilitätsrechnung	► Annuitätenmethode
► Amortisationsrechnung	

Bei den statischen Verfahren stehen die Größen „Kosten" und „Leistung" im Mittelpunkt, bei den dynamischen Verfahren werden „Einzahlungen" und „Auszahlungen" betrachtet.

15.2 Statische Verfahren

Verfahren der Investitionsrechnung heißen dann „statisch", wenn sie zeitliche Unterschiede im Auftreten von Ein- und Auszahlungen einer Investition nicht berücksichtigen. Die statischen Verfahren der Investitionsrechnung sind daher einfach und mit geringen Kosten durchführbar.

Charakteristisch für statische Verfahren ist die Annahme eines nicht existierenden theoretischen (= fiktiven) Durchschnittsjahres. Vereinfachend wird dabei oft als Bezugszeitraum das erste Jahr der Investition verwendet. Da aber in der Realität die Ein- und Auszahlungen nicht gleichmäßig während der Nutzungsdauer anfallen (z. B. hohe Anschaffungsauszahlungen am Anfang, später steigende Betriebskosten und steigende Erlöse), ist dieses erste Jahr nicht tatsächlich repräsentativ für die gesamte Nutzungsdauer. Dies gilt sowohl für die Ein- als auch für die Auszahlungsströme.

Für dieses fiktive Durchschnittsjahr werden statt der tatsächlichen Anschaffungsauszahlungen einer Investition die jährlichen Abschreibungen als periodisierte[3] Anschaffungsauszahlungen verwendet. Auch die anderen Größen, wie die Auszahlungen für die Finanzierung (Zinsen und Tilgungen) oder die Einzahlungen aus Umsatzerlösen, werden in vereinfachender Form gleichmäßig verteilt.

Es wird also nicht mit tatsächlichen Einzahlungen und Auszahlungen, sondern mit rechnerischen Kosten und Leistungen gearbeitet, deren tatsächlicher zeitlicher Anfall nicht berücksichtigt wird. Daran ist zu erkennen, dass statische Verfahren bezüglich ihrer Liquiditätswirkungen (zu) ungenau sind.

Sie sind dennoch in der Praxis beliebt, weil sie leicht zu handhaben sind, keine hohen mathematischen Anforderungen an die Entscheider stellen und nur einen geringen Aufwand bei der Beschaffung der Daten erfordern.

15.2.1 Kostenvergleichsrechnung

In diesem recht einfachen Verfahren lassen sich zwei oder mehrere Investitionsalternativen vergleichen. Ziel ist die Auswahl derjenigen Alternative, die zu den geringsten (durchschnittlichen) Kosten pro Leistungseinheit bzw. zu den geringsten Stückkosten führt.

Bei der Ermittlung der durchschnittlichen Kosten müssen die Fixkosten und die variablen Kosten pro Betrachtungsperiode ermittelt werden.

Es empfiehlt sich folgende Vorgehensweise:

- Zunächst werden sämtliche verfügbaren Daten über die Investitionsobjekte zusammengefasst.
- Anschließend werden Durchschnittswerte für die fixen Kosten (z. B. Abschreibungen) und die variablen Kosten (z. B. Produktionskosten) ermittelt.

Wie eingangs erwähnt muss das Problem „unsichere Zukunft" berücksichtigt werden. Angewandt auf die Kostenvergleichsrechnung sind wechselnde Auslastungen zu beachten, die zu unterschiedlich hohen (variablen) Kosten und schwankenden Erlösen führen. Die Schwankungen können dabei sehr groß sein, wie beispielsweise beim Umstieg von einem Einschicht- zu einem Dreischichtbetrieb, oder auch vergleichsweise gering, wenn es nur um übliche Auslastungsänderungen geht.

Ein weiteres Problem sind die vielfach technisch bedingten unterschiedlichen Produktionskapazitäten der Investitionsobjekte. Bei unterschiedlichen Kapazitäten der Investitionsobjekte muss daher der Kostenvergleich um einen Stückkostenvergleich ergänzt werden. Dabei wird auch die

3 Periodisiert = auf die Nutzungsdauer verteilt.

Menge ermittelt, bei der die Investitionsalternativen trotz unterschiedlicher Kostenstruktur die gleichen Kosten verursachen. Diese kostengleiche Menge wird als „kritische Menge" bezeichnet.

Für den Fall, dass nur zwei Investitionsobjekte miteinander verglichen werden sollen, lassen sich folgende Aussagen treffen:

- Liegt die zu produzierende Menge unterhalb dieser kritischen Menge, muss die Anlage mit den geringeren Fixkosten gewählt werden.
- Liegt die zu produzierende Menge oberhalb dieser kritischen Menge, muss die andere Alternative gewählt werden.

BEISPIEL Kostenvergleichsrechnung:

TAB. 7: Kostenvergleichsrechnung

Wert	Alternative A	Alternative B
Anschaffungskosten in €	200.000,00	300.000,00
Nutzungsdauer in Jahren	8	10
Kapazität in Stück/Jahr	20.000	25.000
Zinssatz in %	7	7
Abschreibung in €/Jahr	25.000,00	30.000,00
Zinsen in €/Jahr	7.000,00	10.500,00
Raumkosten in €/Jahr	12.000,00	12.000,00
Wartung in €/Jahr	10.000,00	15.000,00
Gehälter in €/Jahr	40.000,00	40.000,00
Sonstige fixe Kosten in €/Jahr	5.000,00	6.000,00
Fixe Kosten gesamt in €/Jahr	99.000,00	113.500,00
Fertigungslöhne in €/Jahr	45.000,00	55.500,00
Materialkosten in €/Jahr	20.000,00	25.000,00
Energiekosten in €/Jahr	2.000,00	3.000,00
Sonstige variable Kosten in €/Jahr	500,00	500,00
Variable Kosten gesamt in €/Jahr	67.500,00	83.500,00
Gesamte Kosten in €/Jahr	166.500,00	197.000,00
Kosten pro Stück in €	8,33	7,88

Das Ergebnis dieses Vergleichs führt zur Auswahl der Alternative B. Das könnte sich ändern, wenn sich durch eine Veränderung der Auftragslage die Auslastung ändert. Bei einer geringeren Auslastung könnte sich dann die Alternative A als die kostengünstigere Variante erweisen. Der Nachteil der statischen Methoden ist schon hier deutlich zu erkennen: Zukünftige mögliche Änderungen bleiben unberücksichtigt, da mit Durchschnittsmengen und -werten gerechnet wird.

15.2.2 Gewinnvergleichsrechnung

Die Gewinnvergleichsrechnung geht, im Gegensatz zur Kostenvergleichsrechnung, davon aus, dass die Entscheidung für oder gegen ein Investitionsobjekt von der Differenz zwischen Umsätzen und Kosten, also dem Gewinn,[4] abhängt. Die Entscheidungsregel lautet hier: Wähle die Alternative mit dem maximalen (durchschnittlichen) Gewinn!

BEISPIEL Gewinnvergleichsrechnung (Fortsetzung des vorigen Beispiels):

TAB. 8: Gewinnvergleichsrechnung

Wert	Alternative A	Alternative B
Gesamte Kosten in €/Jahr	166.500,00	197.000,00
Kosten pro Stück in €	8,33	7,88
Verkaufspreis pro Stück in €	8,60	8,40
Umsatzerlöse in €/Jahr	172.000,00	210.000,00
Gewinn in €/Jahr	5.500,00	13.000,00

Bei der im Beispiel gewählten Auslastung (Stückzahl) ist auch bei der Gewinnvergleichsrechnung die Alternative B die bessere Wahl. Die Hauptkritik bei diesem Verfahren betrifft auch hier die Verwendung von Durchschnittswerten. Daher gilt auch hier die Aussage, dass sich bei zukünftig anderen Ausbringungsmengen das Auswahlergebnis ändern könnte.

15.2.3 Rentabilitätsrechnung

Bei dieser Methode der statischen Verfahren wird zusätzlich auch das einzusetzende Kapital berücksichtigt: Es geht um die Vorteilhaftigkeit einer Investitionsalternative unter Berücksichtigung des für die Investition notwendigen Kapitaleinsatzes (KE). Die Rentabilitätsrechnung baut auf der Kosten- bzw. Gewinnvergleichsrechnung auf und zeigt die durchschnittliche jährliche Verzinsung des durchschnittlich gebundenen Kapitals.

Das durchschnittlich gebundene Kapital errechnet sich wie folgt:

$$\frac{\text{Anfänglich eingesetztes Kapital + Restwert}}{2}$$

Wenn man die Werte aus den oben genannten Beispielen einsetzt, bedeutet das für die Alternative A:

$$\frac{200.000\,€ + 0\,€}{2}$$

also ein durchschnittlich gebundenes Kapital von 100.000 €.

Die Rentabilität wird dabei wie folgt berechnet:

$$R = \frac{\text{G (= Gewinn)}}{\text{KE (= Durchschnitt des gebundenen Kapitals)}} \cdot 100$$

4 Das Wort „Gewinn“ wird hier so verwendet, weil das gezeigte Verfahren „Gewinnvergleichsrechnung“ heißt. Streng genommen müsste es nicht „Gewinn“, sondern „Betriebsergebnis“ heißen.

BEISPIEL Rentabilitätsvergleich (Fortsetzung des vorigen Beispiels):

TAB. 9: Rentabilitätsvergleich

Wert	Alternative A	Alternative B
Gesamtes eingesetztes Kapital in €	200.000,00	300.000,00
Durchschnittlich gebundenes Kapital in €	100.000,00	150.000,00
Gewinn in €/Jahr	5.500,00	13.000,00
Rentabilität in %/Jahr (bezogen auf das durchschnittlich gebundene Kapital)	5,50	8,66

Auch der hier durchgeführte Rentabilitätsvergleich zwischen beiden Alternativen führt zur Empfehlung, die Alternative B auszuwählen. Dies muss nicht in jedem Fall so sein. Es sind durchaus Fälle denkbar, in denen der Rentabilitätsvergleich zu einer anderen Auswahlempfehlung als die ersten beiden Verfahren führt.

HINWEIS

Ein sinnvoller Rentabilitätsvergleich verlangt

- gleiche oder ähnlich hohe Anschaffungskosten,
- eine gleiche oder ähnlich hohe Nutzungsdauer.

Es gibt auch die Möglichkeit, eine Differenzinvestition in die Rechnung einzubeziehen. Dies bedeutet zum einen, dass der Unterschiedsbetrag zwischen den beiden Anschaffungskosten zu einem gewählten Kalkulationszinssatz (hier also ein Betrag von 100.000 € zu 7 %) angelegt werden muss, um den Unterschied aufzuheben.

Zum anderen besteht im angeführten Beispiel ein Unterschied von zwei Jahren bei den jeweiligen Nutzungsdauern. In diesem Fall würde man rechnerisch den früher über die Abschreibung zurückgeführten Betrag zum Kalkulationszinssatz (hier also 200.000 € zu 7 %) anlegen.

Anhand dieser Erläuterungen lässt sich erkennen, dass man früher oder später doch zur Anwendung dynamischer Verfahren kommen wird, um vergleichbare Ergebnisse zu erhalten.

15.2.4 Amortisationsrechnung

Dieses in der Praxis sehr beliebte Verfahren will mögliche Investitionsalternativen durch ihre Amortisationsdauer vergleichbar machen. Die Amortisationsrechnung ermittelt die Dauer (= pay-off period), in der das gesamte eingesetzte Kapital durch die gesamten Rückflüsse (bestehend aus den Abschreibungen und den entstehenden Gewinnen) zurückgeführt ist.

Die Entscheidungsregel lautet hier: Wähle die Investition mit der kürzesten Investitionsdauer. Auf den ersten Blick liefert die Amortisationsrechnung zumindest bei gleichen Investitionszeiträumen brauchbare Ergebnisse. Doch auch hier spielen die Zeitpunkte der entstehenden Geldeingänge eine wichtige Rolle.

Zunächst betrachten wir die Amortisationsrechnung in der Fortsetzung unseres Beispiels.

BEISPIEL Amortisationsrechnung (Fortsetzung des Beispiels):

TAB. 10: Amortisationsrechnung

Wert	Alternative A	Alternative B
Gesamtes eingesetztes Kapital in €	200.000,00	300.000,00
Abschreibung in €/Jahr	25.000,00	30.000,00
Gewinn in €/Jahr	5.500,00	13.000,00
Gesamte Rückflüsse in €/Jahr	30.500,00	43.000,00
Amortisationsdauer in Jahren	6,56	6,98

Nach der hier durchgeführten Amortisationsrechnung zeigt sich, dass die Alternative A die kürzere Amortisationsdauer aufweist, also zu bevorzugen ist.

Um den zeitlich unterschiedlichen Zahlungsüberschüssen gerecht zu werden, ist neben der vorstehend gezeigten Verwendung von durchschnittlichen Rückflüssen auch die genauere Betrachtung der Amortisationsdauer mithilfe von kumulierten Rückflüssen möglich.

Dazu verwenden wir ein **angepasstes** Beispiel mit sich verändernden Rückflüssen im Zeitablauf:

BEISPIEL veränderte Rückflüsse im Zeitablauf mit einer Anschaffungsauszahlung von 100.000 €:

TAB. 11: Veränderte Rückflüsse im Zeitablauf mit Anschaffungsauszahlung von 100.000 €

Jahr	Rückflüsse in €/Jahr	Kumulierte Rückflüsse in €
1	20.000,00	20.000,00
2	25.000,00	45.000,00
3	25.000,00	70.000,00
4	30.000,00	100.000,00
5	35.000,00	135.000,00

Die durchschnittlichen jährlichen Rückflüsse betragen hier also 135.000 € / 5 = 27.000 €. Bei der Betrachtung der kumulierten Rückflüsse ist leicht zu erkennen, dass erst am Ende des vierten Jahres alle Rückflüsse zur Amortisation des eingesetzten Kapitals i. H. von 100.000 € führen.

Wenn wir dagegen nach der zuerst gezeigten einfachen Durchschnittsmethode die Amortisationsdauer berechnen, gelangen wir zu folgendem Ergebnis:

100.000 € / 27.000 € = 3,7 Jahre.

15.2.5 Kritik an den statischen Verfahren

Sämtliche statische Verfahren sind sehr einfache Verfahren, da sie den Faktor Zeit bei anfallenden Ein- und Auszahlungen nicht berücksichtigen. Auch mögliche Veränderungen der verwendeten Daten in der Zukunft werden durch die Annahme einer fiktiven Durchschnittsperiode vernachlässigt.[5]

Aus betriebswirtschaftlicher Sicht bestehen daher folgende Bedenken bei ihrer Anwendung:

- Sie betrachten nur das erste Jahr (kurze Frist),
- für die restliche Nutzungsdauer werden gleichbleibende Verhältnisse unterstellt,

5 Die statischen Verfahren werden in der Praxis dennoch häufig eingesetzt und deshalb auch Praktikerverfahren genannt.

- die Zahlungsstruktur bleibt unberücksichtigt.

Die entstehenden Fehler

- sind dann besonders groß, wenn die Investition dem Unternehmen sehr lange dienen soll, und
- nehmen zu, je höher der Kalkulationszinssatz ist.

15.3 Dynamische Verfahren

Bei den dynamischen Verfahren werden alle geplanten Ein- und Auszahlungen während der gesamten Nutzungsdauer zeitlich genau erfasst. Die Grundidee dabei ist: Es werden die zu unterschiedlichen Zeitpunkten anfallenden Ein- und Auszahlungen durch Aufzinsung bzw. Abzinsung (Diskontierung) auf einen einheitlichen Zeitpunkt (Vergleichszeitpunkt, Bezugszeitpunkt) vergleichbar gemacht.

Vereinfacht ausgedrückt gilt dabei: „Geld heute ist mehr wert als Geld morgen."

Als Vergleichszeitpunkt kann entweder der Beginn der Investition (Barwert) oder der Endpunkt der Investition (Endwert) gewählt werden. Das bedeutet, dass alle anfallenden Zahlungen auf ihren Endwert oder auf ihren Barwert mithilfe finanzmathematischer Methoden umgerechnet werden.

Die Vorteilhaftigkeit einer Investition ist damit abhängig von:

1. der Höhe der Ein- und Auszahlungen,
2. dem Zinssatz des Investors (Kalkulationszinssatz),
3. der zeitlichen Verteilung der Zahlungen.

Die dynamischen Verfahren der Investitionsrechnung werden auch finanzmathematische Verfahren genannt, weil sie auf finanzmathematischen Grundbegriffen aufbauen.

Die nachstehenden Darstellungen zeigen die grundsätzlichen Vorgehensweisen bei der Auf- und Abzinsung.

15.3.1 Die Aufzinsung

Durch die Aufzinsung wird ermittelt, wie viel ein heute vorhandener Geldbetrag mit Zinsen und Zinseszinsen zu einem späteren Zeitpunkt wert ist. Es wird also der Endwert einer Investition ermittelt.

BEISPIEL: Ein Anleger besitzt ein Sparguthaben von 1.000 €.

Die Bank zahlt 3 % Zinsen.

Wie viel Euro hat der Anleger in zwei Jahren auf seinem Konto?

Ergebnis: Sein Guthaben am Ende des ersten Jahres beträgt 1.000 € · 1,03 = 1.030 €

Am Ende des zweiten Jahres beträgt das Sparguthaben 1.030 € · 1,03 = 1.060,90 €

= (1 + 0,03) · (1 + 0,03) · 1.000 €

oder zusammengefasst:

$= (1 + 0{,}03)^2 \cdot 1.000\,€ = \underline{1060{,}90\,€}$

Die allgemeine Formel für den Aufzinsungsfaktor lautet damit:

Aufzinsungsfaktor = $(1 + i)^n = q^n$

i = Zinssatz (z. B. 3 %)

n = Anzahl der Zinsperioden (z. B. 2 Jahre)

oder q = 1 + i

15.3.2 Die Abzinsung

Durch die Abzinsung (Diskontierung) wird ermittelt, wie viel ein zukünftig vorhandener Geldbetrag unter Berücksichtigung von Zinsen und Zinseszinsen zu einem früheren Zeitpunkt wert ist. Hier wird der Barwert einer Investition berechnet.

BEISPIEL: Ein Anleger benötigt in zwei Jahren genau 1.060,90 €.

Die Bank zahlt 3 % Zinsen.

Welchen Betrag muss er heute anlegen?

Ergebnis: Der Anleger muss 1.000 € anlegen.

Dazu ist keine neue Herleitung der Formel notwendig, sondern eine einfache Veränderung der oben gezeigten Formel:

$= 1.060{,}90\,€ \cdot (1 + 0{,}03)^{-2} = 1.000\,€$

Die allgemeine Formel für den Abzinsungsfaktor lautet also:

$$\textbf{Abzinsungsfaktor} = \frac{1}{(1+i)^n} = (1+i)^{-n} = q^{-n} \text{ mit } q = 1 + i$$

BEISPIEL zur Abzinsung zukünftiger Zahlungen:

Einem Anleger sind zwei vergleichbare Mietshäuser zum Kauf angeboten worden, deren Anschaffungsauszahlungen gleich groß sind. Die Verteilung der aus den Mieterlösen zu erwartenden Einzahlungsüberschüsse (EÜ) ist in der folgenden Tabelle dargestellt:

TAB. 12: Verteilung der Einzahlungsüberschüsse

Jahre	1	2	3	4	5	Summe
Immobilie A (EÜ) in T€	10	25	35	75	5	150
Immobilie B (EÜ) in T€	50	30	40	20	10	150

Mit beiden Objekten erzielt der Anleger während der Laufzeit also dieselbe Summe an Einzahlungsüberschüssen i. H. von jeweils 150.000 €. Würde man hier eine der einfachen statischen Methoden, wie die Gewinnvergleichsrechnung, anwenden, käme man bei beiden Immobilien zum gleichen Ergebnis.

Nun erfolgt der Einsatz der dynamischen Methode, um eine bessere Entscheidungsgrundlage zu erhalten. Dies geschieht durch die Abzinsung der genannten jährlichen Einzahlungsüberschüsse auf den heutigen Tag (Barwert). Dazu unterstellen wir einen Kalkulationszins von 5 %. Wir nehmen also den Fall an, dass der Investor nicht in eine Immobilie investiert, sondern das Geld (gleicher Betrag und gleiche Laufzeit) zur Bank gebracht hätte und dort einen Zins von 5 % erhalten würde.

Frage: Wie hoch ist der heutige Wert (= Barwert) der zukünftigen Zahlungen?

Immobilie A

	t_1	t_2	t_3	t_4	t_5
	10.000	25.000	35.000	75.000	5.000
9.524,-	←				
22.676,-	←	←			
30.234,-	←	←	←		
61.703,-	←	←	←	←	
3.918,-	←	←	←	←	←
128.055,-	= abgezinster Betrag (Barwert)				

Immobilie B

	t_1	t_2	t_3	t_4	t_5
	50.000	30.000	40.000	20.000	10.000
47.619,-	←				
27.211,-	←	←			
34.554,-	←	←	←		
16.454,-	←	←	←	←	
7.835,-	←	←	←	←	←
133.673,-	= abgezinster Betrag (Barwert)				

Ergebnis: Da der Barwert hier größer ist, ist die Immobilie B zu wählen.

15.3.3 Anmerkungen zu den dynamischen Verfahren

Auch die dynamischen Methoden weisen bei ihrer Anwendung in der Praxis einige Fragen und Schwierigkeiten auf:

- **Unterstellung eines einheitlichen Marktzinssatzes:**

  Um verschiedene Investitionsmöglichkeiten vergleichbar zu machen, wird oft vereinfachend ein einheitlicher Marktzinssatz angenommen, der „Kalkulationszinssatz". Dadurch spielt es auch keine Rolle, ob eine bevorstehende Investition mit Eigen- oder Fremdkapital finanziert wird. Dies ist insofern in Ordnung, als sich auch die Kapitalstruktur eines Unternehmens während der Laufzeit der Investition ändern kann. Vernachlässigt wird mit dieser Vereinfachung auch die Tatsache, dass sich Soll- und Habenzinsen stark unterscheiden können. Dies spielt umso mehr eine Rolle, je weiter zukünftige Ein- und Auszahlungen voneinander entfernt auftreten. Konkret: Der mögliche Fehler durch eine derartige Vereinfachung ist bei kurzen Investitionslaufzeiten klein, bei langen Laufzeiten kann er dagegen relativ groß werden. In diesen Fällen sollten dann Einzahlungen und Auszahlungen mit unterschiedlich hohen Zinssätzen abgezinst werden.

- **Steuern und Inflation:**

  Steuern und Geldwertschwankungen (Inflation) spielen in der Realität eine wichtige Rolle, sie werden bei der grundlegenden Behandlung von Investitionen und Finanzierungen jedoch nicht berücksichtigt.

Das Problem: Steuern und Inflationsraten verändern sich im Zeitablauf und unterscheiden sich auch stark von Standort zu Standort bzw. von Land zu Land. Dadurch lassen sich Investitionen in unterschiedlichen Ländern und zu unterschiedlichen Zeitpunkten nicht beliebig miteinander vergleichen. Man kann nun (wie hier) die Einflüsse dieser Faktoren vernachlässigen oder (mit entsprechendem Aufwand) durch Schätzungen die Veränderung von Steuern und Inflationsraten in die Betrachtung miteinbeziehen. Auch hier gilt wieder die Aussage, dass dies umso mehr zu empfehlen ist, je länger das Unternehmen an seine Investitionsentscheidung gebunden ist und je größer das einzusetzende Kapital ist.

15.3.4 Kapitalwertmethode

Bei dieser Methode wird ermittelt, ob die Investition zumindest die übliche erwartete Verzinsung des eingesetzten Kapitals (den vorgegebenen Kalkulationszinsfuß) erreicht. Dazu wird der Kapitalwert einer einzelnen Investition ermittelt: Die zukünftigen Einzahlungsüberschüsse werden jeweils auf den heutigen Tag abgezinst. Man kann also sagen: Der Kapitalwert ist die Summe der abgezinsten Einzahlungsüberschüsse.

Der Kapitalwert gibt an, ob bei einem vorgegebenen Kalkulationszinsfuß die abgezinsten zukünftigen Einzahlungen die heutige Anschaffungsauszahlung für eine Investition decken.

Ein Kapitalwert von null bedeutet, dass die Investition genau die Renditeerwartungen des Investors erfüllt.

Für die Beurteilung einer einzelnen Investition bedeutet dies:

- Ein positiver Kapitalwert zeigt, dass die Rendite der geplanten Investition die Renditeerwartungen (sprich: den Kalkulationszinsfuß) übertrifft.
- Wenn der Kapitalwert einen negativen Wert annimmt, ist daran zu erkennen, dass die Investition die vorgegebenen Renditeerwartungen nicht erfüllt. Diese Investition wäre daher abzulehnen.

Durch die Kapitalwertmethode lassen sich auch Investitionsalternativen vergleichen. Hier gilt diese Entscheidungsregel: Beim Vergleich von zwei Investitionsalternativen ist die Alternative zu wählen, die den höheren Kapitalwert bietet.

BEISPIEL zur Kapitalwertmethode bei einer einzelnen Investition in eine Maschine:

Anschaffungsauszahlung: 1.000.000 €

Rückflüsse: wie in der unten gezeigten Darstellung

Kalkulationszins: 5 % (Opportunitätskostenprinzip)

Weitere Annahme zur Vereinfachung:

Alle unterjährigen Ein- und Auszahlungen werden vereinfachend so behandelt, als würden sie am Ende des jeweiligen Jahres auf einmal anfallen, ansonsten ist eine „unterjährige Abzinsungstabelle" zu verwenden.

Zinsfuß 5 %; Abzinsungsfaktor

A_0	t_1	t_2	t_3	t_4
1.000.000,-	+200T	+300T	+350T	+250T

+ 190.476,20 ← (t_1)
+ 272.108,70 ← (t_2)
+ 302.343,30 ← (t_3)
+ 205.675,50 ← (t_4)

= -29.396,30 = Der Kapitalwert C_0 ist negativ. Die Investition erfüllt die Renditeerwartungen nicht, sie ist daher abzulehnen.

BEISPIEL zur Anwendung der Kapitalwertmethode zum Vergleich von zwei Investitionsalternativen (Fortsetzung des obigen Beispiels):

Wie im obigen Beispiel der beiden Immobilien gezeigt, ergaben sich folgende abgezinsten Einzahlungsüberschüsse (= Barwerte):

Immobilie A: 128.055 €

Immobilie B: 133.673 €

Da im Beispiel beide Anschaffungsauszahlungen gleich sind (100.000 €), ergeben sich folgende Kapitalwerte für die Immobilien:

TAB. 13: Kapitalwerte 1

	Abgezinste Einzahlungsüberschüsse in €	Anschaffungsauszahlung in €	Kapitalwert in €
Immobilie A	128.055,00	100.000,00	28.055,00
Immobilie B	133.673,00	100.000,00	33.673,00

Ergebnis: Es bleibt dabei: Die Investition in Immobilie B ist zu bevorzugen, da sie den höheren Kapitalwert aufweist.

Ihren besonderen Vorteil zeigt die Kapitalwertmethode, wenn sich die Anschaffungsauszahlungen unterscheiden.

Dazu variieren wir unser Beispiel:

TAB. 14: Kapitalwerte 2

	Abgezinste Einzahlungsüberschüsse in €	Anschaffungsauszahlung in €	Kapitalwert in €
Immobilie A	128.055,00	130.000,00	-1.945,00
Immobilie B	133.673,00	128.000,00	+5.673,00

Als Ergebnis für diesen Vergleich sind zwei Dinge festzustellen:

1. Immobilie A weist einen negativen Kapitalwert auf, sie erfüllt also nicht die Renditeerwartungen des Investors (hier wurden 5 % angenommen).
2. Immobilie A weist außerdem den gegenüber Immobilie B schlechteren Kapitalwert auf und käme auch aus diesem Grund nicht für eine Investition infrage.

15.3.5 Interne Zinsfußmethode

Auch dieses weitere Verfahren der dynamischen Verfahren erlaubt es, einzelne Investitionsvorhaben erstens auf ihre Vorteilhaftigkeit im Vergleich zur gewünschten Mindestverzinsung und zweitens im Vergleich mit anderen möglichen Investitionen zu überprüfen.

Die interne Zinsfußmethode baut auf der oben beschriebenen Kapitalwertmethode auf: Errechnet wird hierbei der „interne Zinsfuß". Das ist die von der Investition erreichte Verzinsung über die gesamte Investitionsdauer.

Dazu wird der Zinssatz ermittelt, bei dem der Kapitalwert der Investition den Wert null erreicht. Anders ausgedrückt suchen wir genau den Zinssatz, bei dem die Barwerte der Einzahlungs- und Auszahlungsreihe gleich groß sind. Rechnerisch ermittelt man den internen Zinsfuß (i), indem man die vorhin dargestellte Kapitalwertfunktion gleich null setzt:

n

$(E_t - A_t)\ (1 + i)^{-t} + L_n(1 + i)^{-n} = 0$

t = 0

und dann nach i auflöst.

Ebenso ist die Ermittlung über ein Tabellenkalkulationsprogramm (Excel) oder mit dem Verfahren der linearen Interpolation möglich. Das sieht komplizierter aus, als es in der Praxis ist! Das zeigt das nachstehende Beispiel:

BEISPIEL zur internen Zinsfußmethode:

Um den internen Zinsfuß zu ermitteln, sind bei einer gegebenen Zahlungsreihe zwei Zinssätze zu wählen, von denen einer unterhalb, der andere oberhalb der erwarteten Verzinsung liegen sollte.

Gegeben sind eine Anschaffungsauszahlung[6] von 40.000 € und eine Reihe verschiedener Einzahlungen:

$a_0 = -40.000\ d_1 = 16.000\ d_2 = 12.000\ d_3 = 24.000$

Als ersten Zinssatz wählt man in diesem Beispiel 10 %:

$i_1 = 10\,\%$

$C_{01} = -40.000 + 1{,}1^{-1} \cdot 16.000 + 1{,}1^{-2} \cdot 12.000 + 1{,}1^{-3} \cdot 24.000$

$= +2.494{,}37$

Ergebnis: Da der so ermittelte Kapitalwert der untersuchten Investition größer als null ist, lässt sich als erstes Ergebnis nun schon sagen, dass der interne Zinsfuß mehr als 10 % betragen muss. Denn: Ein höherer Zinssatz führt bei einer Abzinsung zu einem geringeren Wert zukünftiger Zahlungen.

Also wählt man als zweiten Zinssatz zur Durchführung einer Abzinsung 15 %:

$i_2 = 15\,\%$

$C_{02} = -40.000 + 1{,}15^{-1} \cdot 16.000 + 1{,}15^{-2} \cdot 12.000 + 1{,}15^{-3} \cdot 24.000$

$= -1.232{,}84$

Der nun gewählte Zinssatz von 15 % führt zu einem negativen Kapitalwert, ist also zu hoch angesetzt. Überschlagsmäßig ist zu erkennen, dass der interne Zinsfuß näher bei 15 % als bei 10 % liegt. Als groben Richtwert könnte man nun den internen Zinsfuß mit ca. 13,3 % angeben.

Diesen internen Zinsfuß kann man zunächst zum Vergleich mit der vom Unternehmen angestrebten Mindestverzinsung verwenden. Liegt diese Mindestverzinsung bei 7 %, ist die hier un-

6 Bei der Darstellung von Zahlungsströmen innerhalb der Investitionsrechnungen werden Auszahlungen „negativ", also mit einem Minuszeichen, dargestellt.

tersuchte Investition als vorteilhaft zu bezeichnen. Ist der interne Zinsfuß einer zweiten Investitionsmöglichkeit gegeben, lässt sich sagen, welche der beiden Investitionsalternativen vorteilhafter ist: Diejenige Alternative, die den höheren internen Zinsfuß erreicht, ist die zu wählende günstigere Alternative.

15.3.6 Annuitätenmethode

Auch die Annuitätenmethode ist eine Variante der Kapitalwertmethode. Sie rechnet den Kapitalwert in

- **äquivalente** (d. h., der Barwert der kumulierten Zahlungen ist gleich dem Kapitalwert),
- **äquidistante** (d. h., der zeitliche Abstand zwischen den Zahlungen ist gleich groß) und
- **uniforme** (d. h., die Zahlungen sind gleich groß)

jährliche Zahlungen um.

ABB. 26: Schaubild Annuitätenmethode

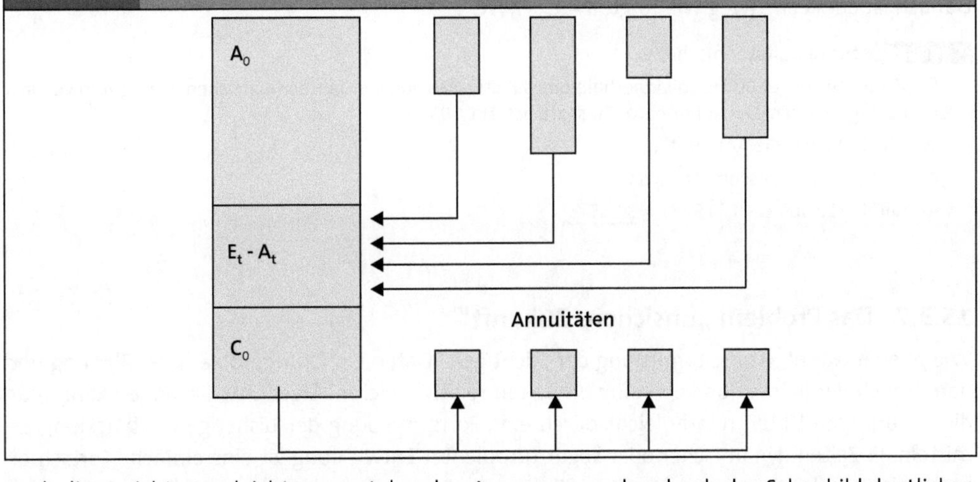

Auch diese nicht ganz leicht zu verstehenden Aussagen werden durch das Schaubild deutlicher. Dieses zeigt nochmals die Vorgehensweise:

1. Die unterschiedlichen jährlichen Einzahlungsüberschüsse der Jahre 1-4 werden durch Abzinsung auf ihren Barwert gebracht.
2. Von diesem Barwert der Einzahlungsüberschüsse wird die Anschaffungsauszahlung A_0 abgezogen, und es ergibt sich der Kapitalwert C_0 der Investition.
3. Der Kapitalwert C_0 wird in vier gleiche Jahresraten (Annuitäten) über die Laufzeit der Investition umgerechnet.

Diese jährlichen Zahlungen heißen Annuität.[7] Man kann die Annuität am besten als die gleichmäßigen theoretischen jährlichen Erträge einer Investition bezeichnen.

7 Von lat. annum = Jahr.

Die Entscheidungsregel lautet hier: **Realisiere die Investition, wenn die Annuität größer null ist!**

Vergleicht man zwei Investitionen, gilt die Regel: Wähle die Investition mit der höchsten Annuität!

- Der **Kapitalwert** zeigt den Gesamterfolg von Investitionen auf.
- Die **Annuität** bezieht sich auf den Periodenerfolg; d. h., der Kapitalwert wird unter Berücksichtigung von Zinsen und Zinseszinsen gleichmäßig auf die Perioden der Nutzungsdauer verteilt.

Ermittelt wird die Annuität „a" durch die Multiplikation des Kapitalwerts einer Investition mit dem „Kapitalwiedergewinnungsfaktor" (KWGF). Der Kapitalwiedergewinnungsfaktor (auch Annuitätenfaktor [AN] genannt) findet sich in den entsprechenden finanzmathematischen Tabellen. Er kann auch in der Excel-Tabellenkalkulation mit der Funktion RMZ oder mit der nachstehenden Formel ermittelt werden:

$$AN = C_0 \cdot \frac{i\,(1+i)^n}{(1+i)^n - 1}$$

Danach ist der Rechenweg wie folgt: $a = C_0 \cdot KWGF$.

BEISPIEL zur Annuitätenmethode:

Ein Darlehen von 10.000 € soll innerhalb eines Zeitraums von vier Jahren in gleichen Annuitäten verzinst und getilgt werden. Der vereinbarte Zinssatz beträgt 10 %.

Welche Höhe hat die Annuität?

Annuität = Darlehenssumme · $KWGF_4$

Annuität = 10.000 € · 0,315471 = <u>3.155 €</u>

15.3.7 Das Problem „unsichere Zukunft"

Wie oben erwähnt, ist die Ermittlung der „richtigen" Daten ein Grundproblem der Planung und damit auch der Investitionsrechnung. In Zeiten relativ gleichmäßiger Entwicklungen kann man die zukünftigen Daten relativ leicht durch eine Fortschreibung der bisherigen Entwicklung ermitteln. In Zeiten dynamischer oder sogar turbulenter Entwicklung ist eine einfache Fortschreibung nicht mehr ausreichend genau. Hier muss man sich Gedanken über die Eintrittswahrscheinlichkeit bestimmter Ereignisse machen, die sich auf den Erfolg der zu betrachtenden Investitionen auswirken:

TAB. 15: Erwarteter Einzahlungsüberschuss

Erwarteter Einzahlungsüberschuss in €	Angenommene Eintrittswahrscheinlichkeit	Anteilige Erwartungswerte in €
15 Mio.	0,6	9 Mio.
12 Mio.	0,3	3,6 Mio.
10 Mio.	0,1	1 Mio.

In diesem Beispiel der Betrachtung zukünftiger Einzahlungsüberschüsse ergibt sich ein summierter Erwartungswert von 13,6 Mio. €, der den Berechnungen zugrunde gelegt wird. Neben der Ermittlung von Erwartungswerten für die Einzahlungsüberschüsse kann dies auch für die

Einschätzung der Entwicklung der anderen relevanten Daten vorgenommen werden. Dabei wird deutlich, dass es für eine Investitionsentscheidung nicht nur einer einzigen Berechnung bedarf, sondern dass eine Vielzahl von Berechnungen (in denen unterschiedliche Annahmen getroffen werden) durchgeführt werden muss.

15.3.8 Fazit

Das vorstehende Kapitel hat einen Überblick über Investitionsziele und die verschiedenen Investitionsrechnungsverfahren gegeben. Jede Investitionsentscheidung sollte mithilfe einer Investitionsrechnung auf ihre Rentabilität geprüft werden. Nur wenn das Vorhaben die vorgegebene Mindestverzinsung erreicht, darf eine Investition vorgenommen werden.

Zu erkennen ist, dass die einfachen, oft aber auch unzureichenden statischen Verfahren nur bei eher kurzfristigen Investitionen brauchbare Ergebnisse liefern.

Wenn es sich um größere und eher langfristige Investitionen handelt, bei denen sich im Zeitablauf auch Annahmen über Auslastung, Umsätze und andere Merkmale ändern können, sollten nur noch dynamische Verfahren zur Anwendung kommen, die eine verlässlichere Information über eine oder mehrere Investitionsalternativen liefern. Ergänzt werden muss das jeweils zum Einsatz kommende Verfahren um die Betrachtung der Erwartungswerte verschiedener Einflussfaktoren.

HINWEIS

Aufgrund des meist hohen Mittelabflusses bei Investitionen sollten immer auch Alternativen betrachtet werden, z. B. Leasing, Verschiebung, Kooperationen, Make-or-Buy.

16. Working-Capital-Management – Hebel zur Verbesserung der Liquidität

16.1 Was ist das Working-Capital?

Working-Capital ist der angelsächsische Ausdruck für Betriebskapital oder Netto-Umlaufvermögen. Es ist der Teil des Umlaufvermögens, der durch langfristiges Kapital, z. B. Eigenkapital oder langfristiges Fremdkapital, gedeckt ist. Mithilfe der Betrachtung des Working-Capitals wird die Liquiditätslage eines Unternehmens u. a. von Banken oder Investoren beurteilt. Das Working-Capital liefert in der Praxis wichtige Hinweise auf eine möglicherweise vorhandene oder sich anbahnende Schieflage eines Unternehmens. Daher sollte sich jedes Unternehmen regelmäßig mit dem Thema Working-Capital und dessen Verbesserung befassen.

Das Working-Capital errechnet sich aus dem Umlaufvermögen abzüglich der (nicht zu verzinsenden) kurzfristigen Verbindlichkeiten; in der Praxis meist die Verbindlichkeiten aus Lieferungen und Leistungen bzw. Kreditoren. Unternehmen, die regelmäßig mit größeren Anzahlungen zu tun haben, sollten diese Positionen auch einbeziehen.

Eine einfache Formel dazu lautet:

Working-Capital = Umlaufvermögen - kurzfristige Verbindlichkeiten

Oder ausführlicher:

	Umlaufvermögen (soweit innerhalb eines Jahres liquidierbar; Hinweis: Die flüssigen Mittel werden oft nicht in das Umlaufvermögen einbezogen)
-	kurzfristige Verbindlichkeiten (mit Laufzeiten von bis zu einem Jahr)
+	Steuerrückstellungen
+	sonstige Rückstellungen
+	passive Rechnungsabgrenzungsposten
=	**Working-Capital**

Ist das Ergebnis negativ, bedeutet dies, dass ein Teil des Anlagevermögens kurzfristig (z. B. durch Verbindlichkeiten aus LuL) finanziert wird, wodurch das Unternehmen schnell in Liquiditätsschwierigkeiten geraten kann.

Ist das Ergebnis positiv, bedeutet dies, dass ein Teil des Umlaufvermögens mit langfristig zur Verfügung stehendem Kapital finanziert wird.

Je höher das Working-Capital ist, desto gesicherter ist einerseits die Liquidität des Unternehmens, andererseits ist es nicht gelungen, Finanzierungskosten auf Kunden (erhaltene Anzahlungen) oder Lieferanten (Verbindlichkeiten aus LuL) abzuwälzen.

16.2 Vernachlässigung des Working-Capital-Managements in der Praxis

In manchen Unternehmen werden Lieferanten, Kunden und Produkte nicht nach Bedeutung, Bestellvolumen, Deckungsbeiträgen, Konditionen, Zuverlässigkeit, Preisen, Zahlungszielen und

-verhalten usw. unterschieden. Damit werden alle Lieferanten, alle Kunden und alle Produkte tendenziell gleich behandelt.

Gründe dafür können sein:

- Es ist nicht bekannt oder transparent, welche betriebswirtschaftlichen Überlegungen und Gründe es gibt, differenziert vorzugehen.
- Es fehlt das Wissen bezüglich des möglichen Optimierungspotenzials.

BEISPIELE zu möglichen Optimierungen in diesem Bereich:

- **Kunden:** Kundenportfolios erstellen (z. B. nach Bestellvolumen und Zahlungszuverlässigkeit), Kunden nach Zahlungszielen differenzieren
- **Lieferanten:** Bündelung der Bestellungen bei wenigen Anbietern, Zusammenschluss mit anderen Unternehmen (Einkaufskooperationen), Ausnutzung von Skontofristen
- **Produkte:** Schnelldreher-Langsamdreher-Listen führen, Auslistung, Sortimentsoptimierung, Just-in-time-Produktion, Bestellmengenoptimierung

Voraussetzung: Einbeziehung aller Unternehmensbereiche sowie Informationsaustausch (Einkauf, Produktion, Lager, Verkauf, Service, Rechnungswesen)

16.3 Was ist das Working-Capital-Ratio?

Das Working-Capital-Ratio (WCR) drückt aus, welcher Anteil der kurzfristigen Verbindlichkeiten durch das Umlaufvermögen finanziert wird. Liegt der Wert über 100 %, wird ein Teil des Umlaufvermögens langfristig finanziert, was positiv zu bewerten ist, da das Unternehmen z. B. bei einem Teil nicht verkaufbarer Vorräte oder bei Forderungsausfällen nicht unmittelbar Liquiditätsprobleme bekommt. Liegt der Wert unter 100 %, ist die finanzielle Stabilität des Unternehmens negativ zu bewerten.

$$\textbf{Working-Capital-Ratio} = \frac{\textbf{(Kurzfristiges) Umlaufvermögen (ohne flüssige Mittel)}}{\textbf{Kurzfristige Verbindlichkeiten}} \cdot \textbf{100}$$

Diese Kennzahl drückt die Abdeckung der kurzfristigen Verbindlichkeiten durch das Umlaufvermögen aus.

16.4 Vorgaben und Ziele – grundlegende Zusammenhänge und Überlegungen

- Die Liquidität steigt, je längerfristig die Zahlungsverpflichtungen sind und je schneller sich die Vermögensgegenstände liquidieren lassen.
- Je höher das Working-Capital, desto besser wird die zukünftige Liquiditätslage sein bzw. sich entwickeln.
- Kurzfristig auftretende Schwankungen im Einkauf, Absatzschwierigkeiten oder Zahlungsausfälle können zu existenzbedrohenden Zahlungsschwierigkeiten führen, wenn kurzfristig keine Mittel vorhanden sind, um einen Engpass auszugleichen.
- Working-Capital zeigt den Umfang des „falsch" finanzierten Umlaufvermögens an.
- Faustregel: Das Working-Capital-Ratio sollte mindestens 130-150 % betragen.

- Amerikanische Banken und Investoren fordern sogar ein Verhältnis von Umlaufvermögen und kurzfristigem Fremdkapital von 200 %.
- Aber: Eine sichere Aussage zur Liquiditätsentwicklung kann mithilfe dieser und anderer Kennzahlen nicht getroffen werden, da immer auch andere Zahlungsströme bzw. liquiditätswirksame Geschäftsfälle entstehen. Eine „Koppelung“ mit der Liquiditäts- und Finanzplanung ist daher zwingend.

Das Working-Capital sollte stets positiv sein. Die Liquiditätslage ist umso besser und sicherer, je höher das Working-Capital-Ratio ist. Ein hohes Working-Capital-Ratio ist ein wichtiger Hinweis auf die finanzielle Stabilität eines Unternehmens.

Andererseits ist ein (zu) hohes absolutes positives Working-Capital auch ein Indikator dafür, dass zu viel Kapital und Vermögen im Betrieb gebunden werden.

Eine Reduzierung des Working-Capitals führt zur Freisetzung gebundener Mittel und erhöht unmittelbar die Liquiditätslage eines Unternehmens.

Zudem entfallen z. B. Bestands- und Bewertungsrisiken bzw. Ausfallrisiken bei Debitoren bzw. sie können reduziert werden.

Ein negatives Working-Capital zeigt auch, dass die goldene Finanzierungsregel nicht eingehalten und ein Teil des langfristigen Vermögens kurzfristig finanziert wird. Dies führt zu einer schlechteren Bonitätsbeurteilung.

Ein negatives Working-Capital zeigt auch, dass das Anlagevermögen nicht oder nur in Teilen durch Eigenkapital und langfristiges Fremdkapital gedeckt ist. Es besteht ein großes Risiko, dass das Unternehmen schnell in Zahlungsschwierigkeiten geraten kann.

Dazu ein kleiner Exkurs zur Fristenkongruenz:

Die Grundaussage der Fristenkongruenz lautet: Kurzfristig gebundenes Vermögen muss durch kurzfristiges Kapital finanziert werden.

Das lässt sich mit nachstehenden Berechnungen überprüfen:

$$\textbf{Deckungsgrad 1} = \frac{\textbf{Eigenkapital}}{\textbf{Anlagevermögen}} \cdot 100$$

Aussage: Der Deckungsgrad 1. Grades gibt darüber Auskunft, inwieweit das Anlagevermögen durch das Eigenkapital gedeckt ist. Er sollte zwischen 80 % und 100 % liegen.

$$\textbf{Deckungsgrad 2} = \frac{\textbf{Eigenkapital + langfristiges Fremdkapital}}{\textbf{Anlagevermögen}} \cdot 100$$

Aussage: Der Deckungsgrad 2 gibt darüber Auskunft, inwieweit das Anlagevermögen durch das Eigenkapital und das langfristige Fremdkapital gedeckt ist. Er sollte zwischen 100 % und 120 % liegen.

$$\textbf{Deckungsgrad 3} = \frac{\textbf{Eigenkapital + langfristiges Fremdkapital}}{\textbf{Anlagevermögen + Vorräte}} \cdot 100$$

Aussage: Der Deckungsgrad 3 gibt darüber Auskunft, inwieweit das Anlagevermögen und die Vorräte durch das Eigenkapital und das langfristige Fremdkapital finanziert werden können. Die Zielvorgabe liegt hier bei 100 %.

16.5 Working-Capital: Indikator für vorhandene oder sich entwickelnde wirtschaftliche Schieflagen

Working-Capital gibt über den aktuellen Stand und die Entwicklung[8] der Forderungslaufzeiten und Bestände Hinweise auf Mängel in der grundsätzlichen Wettbewerbsfähigkeit eines Unternehmens.

BEISPIEL:

TAB. 16: Beispiele und Ursachen für die Erhöhung des Working-Capitals

Beispiele	Auswahl möglicher Ursachen
Lagerbestände und -werte steigen	► Schlechte Lagerverwaltung ► Mit Lieferanten wird nicht intensiv genug verhandelt ► Keine Beschaffungsanalyse und unzureichende Beschaffungsstrategien, z. B. Verzicht auf Just-in-time-Lieferungen ► Veraltete Produktpalette, viele Ladenhüter ► Keine/zu wenig Produktneuentwicklungen ► Falsches Sortiment ► Zunehmender Wettbewerb mit besseren und/oder preiswerteren Produkten ► Vernachlässigung von Kundenpflege und -akquise
Forderungen steigen	► Schlechtes Forderungsmanagement, kein Mahnwesen ► Mängel bei den Zahlungszielen ► Verzicht auf Bonitätsprüfungen ► Verkauf nur noch gegen Gewährung langer Zahlungsziele möglich (keine konkurrenzfähigen Produkte oder Preise)
Kurzfristige Verbindlichkeiten steigen	► Eigentlich günstig, da lange Zahlungsziele der Lieferer zinslose Kredite darstellen ► Gutes Verhandeln erhöht bzw. verbessert diesen Wert, verspätetes Zahlen ebenfalls, geht aber auf Kosten von Image und belastet u. U. Geschäftsbeziehung bis hin zu Umstellung der Zahlungskonditionen (z. B. Vorkasse, Abschläge) ► Aber: Bei Verzicht auf Skontoabzug → Lieferantenkredit ist ein teurer Kredit!

8 Bei der Betrachtung von Kennzahlen ist es meist sinnvoll und notwendig, neben der Momentaufnahme auch die Entwicklung im Zeitablauf zu betrachten.

HINWEIS

Häufig steigt das Working-Capital im Vorfeld einer Krisensituation stark an.[9] Daher sollte die Entwicklung des Working-Capitals möglichst regelmäßig erfolgen und dargestellt werden. Hilfreich ist auch die „Zerlegung" und Beobachtung der Entwicklung der drei Treiber Forderungen, Vorräte, Verbindlichkeiten. Zudem sollten weitere Kennzahlen wie Umschlagshäufigkeiten oder Reichweiten zur Vertiefung der Analyse hinzugezogen werden.

MERKE

Wichtig: Das Working-Capital kann nur Hinweise auf eine mögliche Schieflage eines Unternehmens liefern. Ob diese tatsächlich vorhanden ist, muss durch zusätzliche Analysen untersucht werden.

16.6 Kapitalbindungsdauer messen und kennen – Kennzahlen

Wichtig für Verbesserungen im Bereich Working-Capital-Management ist die Kenntnis der zeitlichen Zusammenhänge und der Überblick über die Entwicklung im Zeitverlauf.

Für die Überwachung und Steuerung der zeitlichen Aspekte und Auswirkungen des Working-Capitals auf die Kapitalbindung und Liquidität werden in der Praxis vor allem folgende Kennzahlen und Messgrößen eingesetzt:

Kapitalbindung (Cash-Conversion-Cycle, CCC):

Der CCC misst die durchschnittliche Kapitalbindungsdauer in Tagen. Oder anders ausgedrückt: Der CCC misst, wie lange ein Unternehmen das zur Produktion eingesetzte Vermögen vorfinanzieren muss.

Die Formel dazu lautet:

CCC = DSO + DIH - DPO[10]

oder:

Kundenziel + Umschlagsdauer der Vorräte - Lieferantenziel,

also die Wartezeit auf Geldeingänge vom Zeitpunkt des Warenzugangs über die Dauer des Produktionsprozesses abzüglich des Lieferantenziels.

9 Schlecht verkäufliches Vorratsvermögen nimmt zu, Lieferantenkredite gehen zurück.

10 Die Erklärungen zu diesen Abkürzungen finden Sie auf der folgenden Seite.

Days-Inventory-Held (DIH):[11]

DIH misst die durchschnittliche Reichweite der Lagerbestände in Tagen.

Messzeitraum: von der Anlieferung bis zur Auslieferung der Bestände

$$\varnothing \text{ Lagerdauer/-reichweite} = \frac{\varnothing \text{ Lagerbestand}}{\text{Herstellkosten der verkauften Güter}} \cdot 365 \text{ Tage}$$

Days-Sales-Outstanding (DSO):

DSO misst die durchschnittliche Laufzeit der Forderungen in Tagen.

Messzeitraum: von der Rechnungsstellung bis zum Zahlungseingang

$$\varnothing \text{ Forderungslaufzeit} = \frac{\text{Forderungen aus LuL}}{\text{Netto-Umsatzerlöse}} \cdot 365 \text{ Tage}$$

Days-Payables-Outstanding (DPO):[12]

DPO misst die durchschnittliche Laufzeit der Verbindlichkeiten in Tagen.

Der Messzeitraum ist der Zeitraum zwischen Rechnungsdatum oder Rechnungseingang bis zur Zahlung an den Lieferanten.

$$\varnothing \text{ Verbindlichkeiten-Laufzeit} = \frac{\text{Verbindlichkeiten aus LuL}}{\text{Herstellkosten der verkauften Güter}} \cdot 365 \text{ Tage}$$

16.7 Working-Capital optimieren – die Stell- und Steuerungsgrößen

Das Hauptziel der Optimierung ist die Verringerung des Working-Capitals durch die Freisetzung der gebundenen Liquidität. Grundsätzlich sind für alle Maßnahmen konkrete Ziele zu formulieren, die erreicht werden sollen. Dazu gehört auch ein Working-Capital-Controlling durch laufende Plan-Ist-Vergleiche der Entwicklung der wesentlichen Working-Capital-Treiber wie Forderungen, Lagerbestände und Verbindlichkeiten.

Das Working-Capital lässt sich vor allem durch Abbau von Forderungen und Vorräten sowie Verlängerung der Fristigkeiten bei den kurzfristigen Verbindlichkeiten verbessern.

Dies ist möglich durch

- Verringerung des in Lagerbeständen gebundenen Kapitals,
- schnelles „Einsammeln" ausstehender Forderungen, Vereinbarung kurzer Zahlungsziele,
- Verzögerung der Auszahlungen für Verbindlichkeiten, Vereinbarung langer Zahlungsziele.

11 Auf Deutsch: Lagerreichweite.

12 Auf Deutsch: Verbindlichkeitenreichweite.

16.7.1 Vorräte und Lagerbestände

Hohe Bestände binden nicht nur Kapital, sondern verursachen weitere laufende Kosten, z. B. für Zinsen, Lager, Versicherung und Personal. Zusätzlich besteht das Risiko, Lagerware später nicht mehr oder nur zu stark reduzierten Preisen absetzen zu können.

Um in diesem Bereich schnell Erfolge erzielen zu können, hier ein Überblick über die wichtigsten Maßnahmen zur Verringerung der Bestände:

- **Bestandsanalyse und Klassifizierung der Produkte nach Wert (ABC-Analyse) und Lagerdauer:**

  Dadurch lassen sich die wichtigsten und wertvollsten Produkte finden.
- **Bestellmengenoptimierung:**
  - Dadurch kann eine Reduzierung der Bestände sowie der Gesamtkosten erfolgen.
  - Dazu ist eine genaue Bestandsführung für alle wichtigen Produkte erforderlich.
  - Der Lagerumschlag für die wesentlichen Stoffe und Fertigprodukte ist zu ermitteln.
  - Eine genaue Produktions- und Absatzplanung ist vorzunehmen.
- **Verkürzung der durchschnittlichen Lagerdauer:**

  Dies kann man durch eine bessere Planungsqualität und Lagerplanung erreichen.
- **Einführung von Just-in-time-Lieferungen bei Produkten mit hohem Wertanteil:**

  Dies dient der Vermeidung der Lagerhaltung im eigenen Unternehmen.
- **Aktives Lieferantenmanagement mit konsequenten Preisverhandlungen:**

  Das ist eine Daueraufgabe des Einkaufsteams.
- **Prüfung, ob Materialien und/oder Lieferanten ersetzt werden können:**

  „There is always room for improvement."
- **Komplexität des Produktionsprogramms prüfen und ggf. reduzieren:**

  Dazu ist das Sortiment laufend zu überprüfen und möglichst zu straffen.[13] Die Sortimentskomplexität ist in der Praxis häufig der wichtigste Working-Capital-Treiber.
- **Wertschöpfungstiefe verringern:**

  Durch eine Make-or-Buy-Analyse kann geprüft werden, ob der Fremdbezug kostengünstiger ist bzw. ob dadurch die eigene Kapitalbindung verringert werden kann.
- **Bestandssenkungsprogramme durchführen:**
  - Ladenhüter verkaufen und Langsamdreher auslisten.
  - Ursachen von Schwund ermitteln und bekämpfen.

HINWEIS

In Zeiten zunehmender Materialknappheit, Preissteigerungen und hoher Lieferterminrisiken ist zu prüfen, ob es günstiger ist, die Lagerbestände zu erhöhen und weniger auf Just-in-time-Produktion zu setzen. Die Nachteile, die dadurch entstehen, dass man nicht produzieren und liefern

13 Eine zu hohe Sortimentskomplexität führt zu hohen Lagerbeständen, besonders dann, wenn in schon gesättigten Märkten neue Produktvarianten Teile des aktuellen Sortiments „kannibalisieren".

kann, sind i. d. R. recht hoch. Man verliert u. U. Kunden, damit gehen die Umsätze und Gewinne zurück und die Liquidität wird stärker belastet. Auch im Umgang mit Lieferanten lassen sich in Zeiten zunehmender Versorgungsunsicherheit nicht alle Verhandlungspositionen durchsetzen, so dass auch hier der Spielraum eingeschränkt ist. Dadurch rückt zum einen das Forderungsmanagement in den Fokus, zum anderen die eigenen Prozesse. Wenn es hier gelingt, Verbesserungen umzusetzen, profitiert ein Unternehmen auch langfristig.

BEISPIEL: Wenn es in einem Unternehmen keine Einkaufsrichtlinien gibt und jeder Mitarbeiter selbst bestellen kann, kann das zur Folge haben, dass zu viel bestellt wird, Doppelbestellungen erfolgen oder Bestellungen vergessen werden. Mit verbindlichen Richtlinien können die Verantwortlichkeiten geregelt und kann ein Teil der Probleme vermieden werden.

In dem Kontext sollte auch bedacht werden, dass das Working-Capital in ein Rating einfließt und damit die Höhe der Kreditzinsen beeinflusst. Gewährte Konditionen sind oft an bestimmte Kennzahlenausprägungen gebunden (sog. Financial Covenants). Werden die Ausprägungen nicht mehr erreicht, kann das z. B. dazu führen, dass eine Bank die Zinsen heraufsetzt, zusätzliche Sicherheiten verlangt oder den Kredit im Extremfall sogar kündigt. Daher sollte mit der Bank Kontakt aufgenommen werden, um den Sachverhalt zu besprechen und eine gemeinsame Lösung zu finden.

16.7.2 Forderungen

Forderungen an Kunden sind Darlehen an Kunden. Sie verringern den eigenen Liquiditätsspielraum und behindern damit die eigenen Chancen auf Wachstum.

Die möglichen Verbesserungsmaßnahmen ähneln sehr stark dem Vorgehen im Bereich Vorräte und Lagerbestände. Daher auch hier ein Überblick über die wichtigsten Maßnahmen zur Verringerung des Forderungsbestandes:

- **ABC-Analyse der Kunden nach Volumen und Zahlungsverhalten:**

  Im Ergebnis sollte man sich überlegen, sich von den „schlechtesten" Kunden zu trennen. Nur Kunden, die (schnell) bezahlen, sind wirklich (gute) Kunden!

- **Forderungsmanagement:**

  Dazu gehören die Bonitätsprüfung,[14] das Mahnwesen und Factoring. Die Faustregel zum Factoring besagt: 90 % der Forderungen sollten factoringfähig sein, unabhängig davon, ob das Unternehmen bereits Factoring einsetzt oder nicht. Auch die Vertragsgestaltung möglichst mit standardisierten Konditionen hilft, den Forderungsbestand niedrig zu halten.

- **Klare Kreditlimits für jeden Kunden einrichten und überwachen:**

  Zusätzlich sind individuelle Zahlungskonditionen festzulegen, wie z. B. höhere Preise, kürzere Zahlungsfristen oder Vorkasse. Es sollte geregelt werden, dass nur Kunden, die immer pünktlich zahlen, unbegrenzt auf Rechnung (ggf. mit Kreditlimit) kaufen dürfen. Säumige Kunden sollten nur bis zu einem bestimmten Betrag oder gar nicht auf Rechnung kaufen dürfen.

14 Die Auftragsbearbeitung beginnt mit der Bonitätsprüfung!

- **Verkürzung des tatsächlichen durchschnittlichen Forderungsbestandes:**

  Ein erster Schritt dazu kann durch eine Verringerung der Rechnungsreklamationen erreicht werden. Dies erfordert die richtige Stellung der eigenen Rechnungen, eine gut organisierte Reklamationsbearbeitung und eine gute Kommunikation mit dem Kunden.

  Weitere mögliche Maßnahmen: Erhöhung des Anteils von Bankeinzügen bei Lieferungen bzw. der Fertigstellung von Leistungen, Vereinbarung von Abschlagszahlungen, eigene Rechnungen zeitnah zur Leistungserbringung stellen.
- **Gewährung von Kundenrabatten:**

  Beispielsweise kann ein Jahresbonus gewährt werden, wenn Zahlungsziele immer eingehalten wurden.

16.7.3 Verbindlichkeiten aus Lieferungen und Leistungen

Wir betrachten nun die Finanzierungsseite des Working-Capitals. Folgende Maßnahmen können hier zu Verbesserungen führen:

- **ABC-Analyse der Verbindlichkeiten aus LuL und der der Lieferanten:**

  Dazu erfolgt die Klassifizierung der Lieferanten, z. B. nach Bedeutung (Stamm-, Gelegenheits-, neue Lieferanten sowie Volumen).
- **Ausnutzung von Skontofristen:**

  Letztmögliche Inanspruchnahme.
- **Nachverhandlungen mit Lieferanten über Zahlungsfristen und Konditionen:**
  - Verlängerung des durchschnittlichen Wareneinkaufs auf Ziel,
  - grundsätzliche Konditionenverbesserung.
- **Alternative Beschaffung prüfen:**

  Andere Stoffe, andere Anbieter, bessere Preise/Konditionen.
- **Verschiebung/Verzicht von Neuanschaffungen im Rahmen der Lagerbestandsoptimierung**
- **Standardisierung der Einkaufsbedingungen:**
  - Feste Regeln erstellen,
  - Verantwortlichkeiten festlegen.
- **Just-in-time-Produktion (bei A-Stoffen) prüfen**

Ziel: „Guten Working-Capital-Unternehmern gelingt es, einen Ausgleich zwischen Forderungen und Verbindlichkeiten herzustellen!“

16.8 Betrachtung der Auswirkungen bei Verringerung der Kapitalbindungsdauer

Neben der Verbesserung der Liquidität hat die Verringerung der Kapitalbindungsdauer folgende positive Effekte:

- Verringerung des Working-Capitals,
- Erhöhung der Eigenkapital-Quote,
- Verringerung der Bilanzsumme,
- Reduzierung des Zinsaufwands,
- Verringerung des Fremdkapitals.

16.8.1 Auswirkungen durch die Verkürzung der Forderungslaufzeiten

Eine Reduzierung des Forderungsbestands und damit der Kapitalbindung um beispielsweise 5.000.000 € führt zu einer Reduzierung der Kapital- oder Zinskosten bei einem Zinssatz von 5 % um 250.000 € pro Jahr. Die so gewonnene freie Liquidität kann an anderer Stelle eingesetzt werden, z. B. für Investitionen oder die Schuldentilgung.

16.8.2 Auswirkung der Verkürzung der Lagerdauer

Eine mögliche Bestandssenkung verringert die Kapitalbindung um beispielsweise 3.000.000 €. Damit ist eine Verringerung der Kapital-/Zinskosten bei einem Zinssatz von 5 % um 150.000 € pro Jahr möglich. Zusätzlich kommt es zu einer Reduzierung der Lagerhaltungskosten, auch in diesem Fall kann die Liquidität an anderer Stelle eingesetzt werden.

16.8.3 Auswirkung von Verbesserungen bei den kurzfristigen Verbindlichkeiten

Beispielsweise gelingt dem Unternehmen eine Erhöhung des Bestands an Verbindlichkeiten aus LuL um 2.000.000 €. Daraus folgt eine Reduzierung der Kapital- oder Zinskosten bei einem Zinssatz von 5 % um 100.000 € jährlich. Wieder kann die nun freie Liquidität an anderer Stelle eingesetzt werden.

16.8.4 Ergebnisübersicht nach Optimierung des Working-Capitals

Im Ergebnis führen die beispielhaft gezeigten Verbesserungen zu einem/einer Liquiditätszufluss/-steigerung von 10.000.000 €. Die Finanzierungskosten wurden um 500.000 € jährlich gesenkt. Wenn man das auf Umsatzzahlen überträgt und eine Umsatzrendite von 10 % annimmt, entspricht dies einem notwendigen Umsatzzuwachs von 5.000.000 €.

16.8.5 Auswirkungen der Verbesserung des Working-Capitals auf Kennzahlen aus Bilanz und GuV

Wie sie an den Beispielen sehen, setzt die Verbesserung des Working-Capitals durch die Verringerung der Bindungsdauer bei Kundenforderungen und Lagerbeständen und durch die Verlängerung der Bindungsdauer bei Lieferantenverbindlichkeiten liquide Mittel frei.

Nachstehend eine Übersicht über die Auswirkungen der Verbesserung des Working-Capitals auf Bilanz und GuV.

- **Verbesserungen bei der Bilanz:**
  - höhere Liquidität,
  - geringere Bilanzsumme,
  - höhere Eigenkapital-Quote,
  - bessere Bilanzrelationen.
- **Verbesserungen bei der GuV:**
  - besseres Zinsergebnis,
  - bessere Ertragslage.

16.8.6 Fazit zum Working-Capital-Management

Ein aktives und konsequentes Working-Capital-Management (WCM) verbessert die Liquidität sowie die Bilanzstruktur und erhöht zudem die Kapitalrentabilität. Nachfolgend finden Sie eine Zusammenfassung der Möglichkeiten des WCM.

Das Working-Capital-Management ist die Steuerung folgender Prozesse bzw. Prozessketten:

- **Verbindlichkeiten-Management (Purchase-to-Pay):**

  Planung, Einkaufsstrategien, Bedarfserkennung, Vertragsverhandlung, Bestellung, Warenannahme, Qualitätskontrolle, Rechnungsverarbeitung, Auszahlung.

  Ziel: Zahlfristen für Verbindlichkeiten (Außenstandstage, Days-Payable-Outstanding, DPO) zu erhöhen.
- **Lagerwesen (Forecast-to-Fulfill):**

  Materialeinsatzplanung, Produktionsplanung, Herstellung, Lagerung, Auftragsbearbeitung, Auslieferung.

  Ziel: Lagerhaltedauer (Days-Inventory-Held, DIH) reduzieren.
- **Forderungsmanagement (Order-to-Cash):**

  Kundenstrategie (z. B. Preis- und Konditionenpolitik), Bonitätsprüfung, Vertriebsmanagement, Vertragsgestaltung, Auftragsbearbeitung, Rechnungsstellung, Mahnwesen, Inkasso.

  Ziel: Forderungslaufzeiten (Days-Sales-Outstanding, DSO) reduzieren.

17. Auswahl wichtiger Liquiditätskennzahlen

17.1 Grundsätzliches zu Finanzkennzahlen

Kennzahlen dienen als Steuerungsinstrument in Form von verdichteten Daten und Messgrößen. Sie eignen sich dazu, eine strategische und operative Zielorientierung vorzunehmen und zu gewährleisten.

Kennzahlen haben eine vereinfachende Funktion, indem sie das gesamte Unternehmensgeschehen auf wenige und verständliche Zahlen reduzieren. Durch Kennzahlen sollen Schwachstellen aufgezeigt und aufgrund dieser Erkenntnisse anschließend Änderungsprozesse eingeleitet werden. Voraussetzung dafür ist eine genaue Analyse der Kennzahlen. Die Analyse kann dabei für das gesamte Unternehmen oder für Teilbereiche erfolgen.

Zusätzlich können auch Werte des eigenen Unternehmens mit denen anderer Unternehmen verglichen werden, wenn die zu vergleichenden Unternehmen aus der gleichen Branche stammen und sich in Größe, Organisation und Betriebsstruktur nicht wesentlich unterscheiden (= Benchmarking).

Dies sind die Voraussetzungen für eine brauchbare Interpretation und Auswertung von Kennzahlen:

- „Weniger ist mehr!“: Zu jedem Themenfeld sollten nicht mehr als fünf bis sieben Kennzahlen gebildet werden.
- Kennzahlen sollten möglichst in regelmäßigen (meist monatlichen) Abständen gebildet werden (können).
- Die Ermittlung von Kennzahlen muss immer gleich und fortlaufend erfolgen.
- Zu jeder Kennzahl sollte versucht werden eine Referenz- oder Vergleichsgröße zu bekommen, z. B. Vorjahreswerte, Branchenkennzahlen oder allgemein anerkannte Vorgabewerte.
- Zu jeder Kennzahl sollte es eine Planzahl, ein Ziel geben. Die Planzahl sollte in monatlichen Abständen dem Ist-Wert gegenübergestellt werden:
  - Die Werte der Kennzahlen sollten selektiv (monatlich) und auch kumuliert (aufgelaufen) dargestellt werden, um eine Entwicklung besser beurteilen zu können.
  - Fehlentwicklungen können so schnell erkannt werden, was ein frühzeitiges Gegensteuern durch das Management ermöglicht.
  - Ziele, Aussagekraft und Zusammensetzung der Kennzahlen sollten klar und für alle Beteiligten verständlich sein. Es bietet sich an, ein entsprechendes Kennzahlenglossar anzulegen.
- Liegen Kennzahlen von Wettbewerbern vor, so können durch den Vergleich mit den eigenen Zahlen (Benchmarking) wertvolle Hinweise gewonnen werden, die auf der strategischen wie auf der operativen Ebene von großem Nutzen für das Unternehmen sein können.

Da die Grunddaten im Regelfall vom Rechnungswesen ermittelt werden, ist die Qualität der Kennzahlen nur so gut wie die Qualität des Rechnungswesens. Um Schwachstellen im Unternehmen rechtzeitig aufzudecken, sollten die Daten so aktuell wie möglich sein. Aber auch wenn die Kennzahlen „zu spät“ verfügbar sind, so ist dann wenigstens ein Lernen aus Fehlern der Vergangenheit mithilfe von Kennzahlen möglich. Vor allem bei saisonabhängigen Betrieben müssen bei der Auswertung auch zyklische Schwankungen berücksichtigt werden. Bei größeren Abweichungen oder sich abzeichnenden Trends sollten Verbesserungsmaßnahmen überlegt und umgesetzt werden.

Allerdings: Nicht jede Abweichung macht ein Eingreifen erforderlich. Daher sollten Bandbreiten oder Eingreifpunkte festgelegt werden. Werden diese über- oder unterschritten, muss das Management aktiv werden.

HINWEIS

Wenn Kennzahlen aus Bilanz und GuV abgeleitet werden, basieren sie auf Vergangenheitsdaten und werden häufig nur einmal pro Jahr erstellt. Dieses Vorgehen ist dann problematisch, wenn nur aufgrund dieser vergangenheitsorientierten Daten des Jahresabschlusses Prognosen erstellt werden sollen.

Die Aussagekraft der Kennzahlen lässt sich verbessern, wenn man mindestens drei Jahresabschlüsse zur Untersuchung heranzieht. Dadurch werden positive oder negative Entwicklungen besser erkennbar.

17.2 Kreditorenziel (auch Lieferantenziel)

$$\textbf{Kreditorenziel} = \frac{\textbf{Verbindlichkeiten aus Lieferungen und Leistungen}}{\textbf{Durchschnittlicher Materialeinsatz im Monat}}$$

Das Kreditorenziel gibt an, in welchem Umfang das Unternehmen Zahlungsziele (Kredit) bei seinen Lieferanten in Anspruch nimmt.

Wie schon oben beim Debitorenziel (auch DSO genannt) dargestellt, gilt auch hier: Ein übliches bzw. normales Zahlungsziel gibt es nicht, Zahlungsziele sind von Branche zu Branche und auch von Land zu Land unterschiedlich. Daher liefert erst ein Branchenvergleich einen Anhaltspunkt zur Interpretation dieser Kennziffer. Da es sich bei Lieferantenkrediten um (meist) zinsfreie Darlehen handelt, kann man auch nicht sagen, dass lange Kreditorenziele von Nachteil sind. Um einen Mittelweg zwischen günstigen Zinsen und optimaler Bilanzstruktur zu finden, könnte man eine Entsprechung der Fristen von Kunden- und Lieferantenziel anstreben.[15] In beiden Fällen gilt, dass die errechneten Werte auch Auskunft über die Marktmacht des betreffenden Unternehmens geben.

17.3 Analyse der Finanzstruktur

Bei der Analyse der Finanzstruktur werden die Bilanzwerte der beiden Bilanzseiten miteinander in Beziehung gesetzt. Daher spricht man auch von einer horizontalen Analyse. Die Finanzstruktur gibt das Verhältnis von Anlagevermögen zu Eigenkapital und Fremdkapital wieder.

15 Siehe dazu auch oben die Erläuterungen zum Thema „Fristenkongruenz“.

17.3.1 Goldene Bilanzregel und Anlagendeckung

Dabei geht es um die Beurteilung folgender Frage: Sind die langfristig gebundenen Vermögensteile fristenkongruent finanziert?

Goldene Bilanzregel:

- Langfristig gebundene Aktiva sollten langfristig finanziert werden, kurzfristiges Vermögen dagegen kurzfristig.
- Die Regel gilt als eingehalten, wenn der Anlagendeckungsgrad 2 über 100 % liegt.

Dahinter steckt die Auffassung, dass Vermögensgegenstände, die lange genutzt werden, auch über denselben langen Zeitraum finanziert sein sollten, da sie über den gesamten Zeitraum ihrer Nutzung das Geld für den Kapitaldienst erwirtschaften.

17.3.2 Anlagendeckung

Wichtigste Kennziffer in diesem Zusammenhang ist die „Anlagendeckung durch Eigenkapital", die auch „Anlagendeckungsgrad 1" genannt wird.

$$\textbf{Anlagendeckung durch Eigenkapital} = \frac{\textbf{Eigenkapital}}{\textbf{Anlagevermögen}}$$

Der Anlagendeckungsgrad 1 gibt an, in welcher Höhe das Anlagevermögen durch das Eigenkapital gedeckt ist.

Aus Sicherheits- und Liquiditätsgründen sollte das Anlagevermögen möglichst hoch durch Eigenkapital finanziert sein. Am besten wäre ein Wert deutlich über 50 %. Ist die Eigenkapitalquote sehr gering, kann auch diese Kennziffer nicht sehr hoch sein.

Das gesamte Anlagevermögen sollte normalerweise langfristig finanziert sein. Sinnvoll ist auf jeden Fall, wenn auch der langfristig gebundene Teil des Umlaufvermögens, z. B. der eiserne Bestand bei den Vorräten, auch noch langfristig finanziert ist. Dies wird durch die nachstehende Kennzahl überprüft, die „Anlagendeckung durch langfristiges Kapital" oder auch den „Anlagendeckungsgrad 2".

$$\textbf{Anlagendeckung durch langfristiges Kapital} = \frac{\textbf{Langfristiges Kapital}}{\textbf{Anlagevermögen}}$$

Die Kennziffer „Anlagendeckung durch langfristiges Kapital" gibt an, inwieweit langfristig gebundene Vermögensteile durch langfristig verfügbare Finanzierungsmittel gedeckt sind.

Unter dem langfristig zur Verfügung stehenden Kapital versteht man:

- das Eigenkapital,
- das langfristige Fremdkapital,
- die langfristigen Rückstellungen.

Die Anlagendeckung durch langfristiges Kapital sollte auf jeden Fall über 100 % liegen. Nimmt im Zeitablauf der Wert der Kennziffer ab, so besteht die Gefahr, dass dem Unternehmen die betriebsnotwendige Liquidität verloren geht, da kurzfristig finanziertes Kapital jederzeit fällig und rückzahlbar ist.

Anzumerken ist hier, dass im Bereich der Lebensmittelketten üblicherweise auch langfristig genutzte Vermögensgegenstände durch kurzfristiges (meist zinsloses) Fremdkapital gedeckt werden. Ursache dafür ist das Ausnutzen der Marktmacht gegenüber den Lieferanten, was oft zu sehr langen Zahlungszielen führt. Damit finanzieren die jeweiligen Lieferanten in großem Umfang das Vermögen und auch das Wachstum dieser Ketten. In dieser Branche ist das so lange unkritisch, wie man von weitgehend konstanten Umsatzentwicklungen ausgehen kann und die Kunden weiterhin direkt beim Einkauf bezahlen.

Grundsätzlich gilt also, dass das Anlagevermögen langfristig finanziert ist. Hat ein Unternehmen sehr viele kurzfristige Bankschulden für die Finanzierung von Anlagevermögen oder langfristig gebundenem Umlaufvermögen, sollten diese auf langfristige Darlehen umgeschuldet werden.

Die Kritik an der Verwendung dieser Kennzahl betrifft die möglicherweise vorhandenen stillen Reserven innerhalb des Anlagevermögens. Dies und das daraus resultierende zu gering ausgewiesene Eigenkapital machen es für den externen Bilanzleser schwierig, die Einhaltung dieser Vorgaben zu überprüfen. Auch hier der Hinweis, dass dies bei einer nach IFRS erstellten Bilanz besser möglich ist, da dort im Regelfall keine stillen Reserven vorhanden sind.

17.4 Analyse von Finanzierung und Erfolg

17.4.1 Total Debt/EBITDA

In der Unternehmensanalyse wird zunehmend die Kennziffer „EBITDA" (auch indirekt und in Kombination mit anderen Größen) als Maßstab zur Beurteilung der Ertragskraft und auch zur Bewertung der finanziellen Situation herangezogen.

Vergleichbar mit dem deutschen „Verschuldungsgrad" ist die Kennzahl Total Debt/EBITDA.

$$\frac{\textbf{Total Debt}}{\textbf{EBITDA}} = \frac{\textbf{(Bankverbindlichkeiten + Semikapital + sonstige zinsauslösende Verbindlichkeiten)}}{\textbf{EBITDA}}$$

Die Kennziffer „Total Debt/EBITDA" gibt an, wie viele Jahre EBITDA allein zur Schuldentilgung eingesetzt werden müsste, um alle zinsauslösenden Verbindlichkeiten zu tilgen.

Bei dieser Kennziffer werden im Rahmen des Total Debt das verzinsliche Semikapital (z. B. Nachrangdarlehen, stille Beteiligung, Genussrechte, Gesellschafterdarlehen), die Bankverbindlichkeiten sowie alle sonstigen zinsauslösenden Verbindlichkeiten berücksichtigt. Außer Betracht bleiben hier z. B. die Rückstellungen.

17.4.2 EBITDA/Zinsaufwand (Interest-Cover-Ratio)

In engem Zusammenhang mit der Kennziffer „Total Debt/EBITDA" ist die Kennziffer „EBITDA/ Zinsaufwand" zu sehen. Sie wird auch Interest-Cover-Ratio genannt.

$$\text{Interest-Cover-Ratio} = \frac{\text{EBITDA}}{\text{Zinsaufwand}}$$

Sie gibt an, wie oft EBITDA ausreicht, um den Zinsaufwand abzudecken, sofern EBITDA nicht zu anderen Zwecken herangezogen wird.

Beide Kennziffern stehen in einer unmittelbaren Wechselwirkung zueinander: Je niedriger der Wert für den Quotienten Total Debt/EBITDA liegt, desto höher wird im Allgemeinen die Zinsdeckung sein.

17.4.3 EBITDA/Kapitaldienst (Debt-Service-Cover-Ratio)

Diese weitere EBITDA-Kennziffer, die insbesondere bei Planungsrechnungen zum Einsatz kommen kann, bezieht neben dem Zinsaufwand auch die Tilgungsraten mit in die Betrachtung ein:

$$\text{Debt-Service-Cover-Ratio} = \frac{(\text{EBITDA - Sachinvestitionen})}{(\text{Zinsaufwand + Tilgung})}$$

Sie gibt an, wie oft EBITDA nach Abzug des Sachinvestitionsvolumens ausreichen würde, um den Kapitaldienst (Zins + Tilgung) zu erbringen.

17.4.4 Varianten der Debt/EBITDA-Kennziffern

Die zuvor behandelten Kennziffern können insbesondere für Planungsrechnungen auch in einer leicht veränderten Form ermittelt werden.

Dies gilt für Fälle, in denen Kapitalgeber auf eine laufende Verzinsung der bereitgestellten Mittel verzichten und erst am Ende der Laufzeit sozusagen eine nachträgliche Gesamtverzinsung beanspruchen. Dem Unternehmen stehen dann die Gegenwerte der thesaurierten (= eingehaltenen oder nicht abgeflossenen) Zinsen als zusätzliche Finanzierungsmittel zur Abdeckung laufender Auszahlungen bzw. zu Investitionszwecken zur Verfügung. Dementsprechend erfolgt ein Abzug der thesaurierten Zinsen bei der Berechnung der verschiedenen Kennziffern. Es wird nur der zahlungswirksame Zinsaufwand berücksichtigt.

Bei der Kennziffer „Net Total Debt/EBITDA" wird zusätzlich zu den thesaurierten Zinsen auch noch die Kassenposition abgezogen. Dies unterstellt allerdings, dass die aktuell ausgewiesene Liquidität langfristig vorhanden ist und ggf. zum Schuldenabbau eingesetzt werden kann.

$$\frac{\text{Cash Total Debt}}{\text{EBITDA}} = \frac{(\text{Bankverbindlichkeiten + Semikapital + sonstige zinsauslösende Verbindlichkeiten - thesaurierte Zinsen})}{\text{EBITDA}}$$

$$\frac{\text{Net Total Debt}}{\text{EBITDA}} = \frac{\text{(Bankverbindlichkeiten + Semikapital + sonstige zinsauslösende Verbindlichkeiten - thesaurierte Zinsen - Kasse)}}{\text{EBITDA}}$$

$$\text{Cash-Interest-Cover-Ratio} = \frac{\text{EBITDA}}{\text{(Zinsaufwand - thesaurierte Zinsen)}}$$

$$\text{Cash-Debt-Service-Cover-Ratio} = \frac{\text{(EBITDA - Sachinvestitionen)}}{\text{(Zinsaufwand + Tilgung - thesaurierte Zinsen)}}$$

17.5 Analyse der Liquiditätsstruktur

Grundsätzlich wird hierbei das Verhältnis von Umlaufvermögen zu Kapital untersucht. Ziel der Untersuchung ist hier die Beantwortung der Frage: Ist das Unternehmen in der Lage, seinen Zahlungsverpflichtungen fristgerecht nachzukommen? Genauer: Ist der Bestand an flüssigen Mitteln hoch genug, um fällige Verbindlichkeiten abzudecken? Hier sind die Liquiditätskennziffern 1. und 2. Grades wichtig.

17.5.1 Liquidität 1. Grades (aktuelle Liquidität)

Sie wird auch Acid-Test-Ratio oder Liquid Ratio genannt. Die Liquidität 1. Grades errechnet sich aus dem Verhältnis Ihrer liquiden Mittel zu den kurzfristigen Verbindlichkeiten. Diese Kennzahl zeigt den Grad der kurzfristigen Zahlungsbereitschaft an.

Aussage:

Die Kennzahl zeigt, wie viel Prozent der kurzfristigen Verbindlichkeiten direkt getilgt werden können. Als Faustregel können aber folgende kritische Untergrenzen angenommen werden:

- ca. 30 % für Einzelhandel und Bau,
- ca. 60 % für Großhandel und verarbeitendes Gewerbe.

Formel:

$$\text{Liquidität 1. Grades} = \frac{\text{Kurzfristige Zahlungsmittel}}{\text{Kurzfristige Verbindlichkeiten}}$$

Erläuterungen:

Die kurzfristigen Verbindlichkeiten sind:

  Verbindlichkeiten gegenüber Kreditinstituten
\+ Verbindlichkeiten aus Lieferungen und Leistungen
\+ sonstige Verbindlichkeiten

Der Begriff „kurzfristig“ ist nicht genauer beschrieben, er hängt von den Gegebenheiten des betrachteten Einzelfalls ab. Er kann daher 30 Tage oder auch ein halbes Jahr bezeichnen.

Wichtig ist, in jedem Fall zu bedenken, dass alle Liquiditätskennziffern nur eine stichtagsbezogene Gültigkeit haben und sich daher die Daten zum Analysezeitpunkt erheblich verändert haben können. Mit der Liquidität 1. Grades sieht es bei den meisten Firmen in aller Regel sehr unbefriedigend aus, da aus Gründen der Rentabilität möglichst wenig liquide Mittel gehalten werden.

Bei dieser statischen Betrachtungsweise sind allerdings Aussagen über die zukünftige Liquiditätsentwicklung nicht möglich. Eine notwendige dynamische Betrachtung ist erst mithilfe eines Finanz- und Liquiditätsplans aussagekräftig.

17.5.2 Liquidität 2. Grades (Quick Ratio)

Die Ermittlung der Liquidität 2. Grades ist für die Bank und auch für das Unternehmen wichtiger. Sie gibt Auskunft über das Verhältnis des Umlaufvermögens zu den kurzfristigen und befristeten Verbindlichkeiten. Man geht hierbei davon aus, dass alle Vorräte und sonstigen Positionen im Umlaufvermögen innerhalb von kurzer Zeit flüssig gemacht werden können.

Aussage:

Die Kennzahl zeigt, wie viel Prozent der kurzfristigen Schulden innerhalb weniger Tage/Wochen getilgt werden können.

Faustregel:

Der Wert sollte mindestens 100 % betragen.

Die Liquidität 2. Grades kann dann als gut beurteilt werden, wenn die absoluten Werte positiv sind und die relativen Werte wesentlich über 100 % liegen.

In diesem Fall sind die kurzfristigen und befristeten Verbindlichkeiten durch das im Allgemeinen leichter zu realisierende Umlaufvermögen gedeckt. Dabei wird davon ausgegangen, dass das Vorratsvermögen und der Debitorenbestand jederzeit liquidierbar sind. Auch ist „kurzfristig" nach den Gegebenheiten des zu betrachtenden Unternehmens zu bestimmen. Zu beachten ist, dass bei der Auswertung der gleiche Zeitraum für Forderungen und Verbindlichkeiten verwendet wird. Nur dann hat die Kennzahl eine belastbare Aussagekraft.

Formel:

$$\frac{\textbf{(Flüssige Mittel + Forderungen)} \cdot \textbf{100}}{\textbf{Kurzfristige Verbindlichkeiten}}$$

Erläuterungen:

Die Liquidität 2. Grades ist eine wichtige Kennziffer für die Bank.

Sie sollte je nach Branchenzugehörigkeit 100-120 % betragen. Liegt sie darunter, könnte das Unternehmen Probleme bei der Wertschöpfung haben oder sich bei verschiedenen Produkten verkalkuliert haben. Es besteht aber auch die Möglichkeit, dass zu viele Produkte im Lager liegen, die noch nicht verkauft werden konnten.

Wird der Mindestwert von 100 % nicht erreicht, ist dies ein Alarmzeichen:

Das Unternehmen ist kurzfristig falsch finanziert und dies könnte zur Zahlungsunfähigkeit führen. Neben der statischen Betrachtung mithilfe der Liquiditätskennziffern hat die Bank natürlich noch eine weitere Möglichkeit, die Zahlungsfähigkeit ihres Kunden zu beurteilen: Die Höhe der ausgenutzten Kreditlinien und die Erfahrungen aus der Kontoführung (z. B. Überziehungen) geben der Bank frühzeitig ein Signal, in welcher Liquiditätssituation sich das Unternehmen befindet. Diese Überziehungen können einerseits aus der Finanzierung von gestiegenen Forderungen bei gestiegenen Umsätzen, andererseits auch aus der Finanzierung von Verlusten bei gesunkenem Umsatz resultieren. Der Kapitalbedarf kann also nicht gedeckt werden und dies führt zur Zahlungsunfähigkeit. Der Unternehmer sollte deshalb im eigenen Interesse dafür sorgen, dass immer eine ausreichende Zahlungsfähigkeit besteht.

17.5.3 Liquidität 3. Grades (Current Ratio)

Die Kennziffer „Liquidität 3. Grades" (auch Current Ratio genannt) soll Hinweise darauf geben, inwieweit das gesamte zu verflüssigende Umlaufvermögen die kurzfristigen Verbindlichkeiten abdecken kann.

In den USA wird hier die Einhaltung eines Verhältnisses von 2 : 1 (two-to-one-rate) gefordert.

Aussage:

Die Kennzahl zeigt, inwieweit die kurzfristigen Verbindlichkeiten durch Mittel mit gleichen Fristen gedeckt sind.

Faustregel:

Der Wert sollte zwischen 130 und 200 % liegen.

Formel:

$$\frac{\textbf{Umlaufvermögen} \cdot \textbf{100}}{\textbf{Kurzfristige Verbindlichkeiten}}$$

Erläuterungen:

Das Umlaufvermögen besteht aus:

Liquiden Mitteln
\+ Forderungen
\+ Vorräte

Bei dieser Betrachtung wird zusätzlich noch das Umlaufvermögen miteinbezogen. Dahinter steckt die Überlegung, dass durch den Verkauf von vorhandenem Umlaufvermögen zunächst Forderungen entstehen, die dann wieder zu Zahlungsmitteln werden.

Folgende Ansatzpunkte zur Verbesserung ungünstiger Werte für alle Liquiditätsgrade gibt es:

- Kapitalfreisetzung im Rahmen von Finanzierungsersatz (Verkauf von Anlagevermögen) und Einsatz der freigesetzten Mittel zur Absenkung der kurzfristigen Verbindlichkeiten oder/und Erhöhung der liquiden Mittel, des monetären Umlaufvermögens bzw. des kurzfristigen Umlaufvermögens,

- Aufnahme langfristigen Kapitals zur Herabsetzung der kurzfristigen Verbindlichkeiten oder zur Erhöhung der liquiden Mittel, des monetären Umlaufvermögens bzw. des kurzfristigen Umlaufvermögens.

Problem aller oben genannten Liquiditätskennzahlen: Sie geben keinerlei Hinweise auf die tatsächliche Liquidität i. S. der tatsächlichen Zahlungsfähigkeit des Unternehmens, denn

- sie sind lediglich auf einen bestimmten (Bilanz-)Stichtag bezogen, der auch einen längeren Zeitraum zurückliegen kann,
- sie geben nur Auskunft über durchschnittliche, nicht aber über tatsächliche Deckungsrelationen,
- künftige Zahlungsverpflichtungen werden durch sie nicht erfasst, andererseits ist das Finanzierungspotenzial (wie ungenutzte Kreditlinien) nicht einbezogen.

17.6 Cashflow-Analyse (auch Kapitalflussanalyse)

Über die reine Analyse der Bilanz- und GuV-Strukturen hinaus sollte die Liquiditätslage eines Unternehmens genauer beleuchtet werden. Hier setzt die Cashflow-Analyse an. Sie gibt eine Antwort auf die Kernfragen:

- Wie beeinflussen Ertragslage sowie Investitions- und Finanzierungsaktivitäten die Liquidität des Unternehmens?
- In welchen Bilanzpositionen schlägt sich die geänderte Liquiditätslage nieder?

Wie funktioniert die Cashflow-Analyse? Die Cashflow-Analyse zeigt auf, woher dem Unternehmen Zahlungsmittel zufließen, wohin Zahlungsmittel geleitet und wie Zahlungsmittelreserven gehalten und gesteuert werden. Sie gliedert sich formal in zwei Bereiche:

- Stand des Cashflows (Zahlungsmittelfonds),
- Veränderung des Cashflows.

17.6.1 Stand des Zahlungsmittelfonds

Der Stand des Zahlungsmittelfonds ist der Saldo aller i. d. R. kurzfristig liquidierbaren Vermögenspositionen abzüglich aller (potenziell) kurzfristig fällig werdenden Verbindlichkeiten.

Im Einzelnen umfasst der Zahlungsmittelfonds als Aktivposten:

- Kassenbestand,
- Kontenguthaben,
- Wertpapiere,
- Forderungen aus Lieferungen und Leistungen,
- sonstige Vermögensgegenstände.

Abgezogen werden:

- kurz- und mittelfristige Bankverbindlichkeiten,
- erhaltene Anzahlungen,
- sonstige kurzfristige Verbindlichkeiten.

In die Betrachtung miteinbezogen wird dabei der Laufzeitenbereich von bis zu fünf Jahren

Neben den aufgeführten Positionen wird die Zahlungsfähigkeit auch durch offene Kreditlinien und durch liquidierbares oder beleihbares Vermögen außerhalb der Bilanz beeinflusst. Beides wird in der Cashflow-Analyse naturgemäß nicht erfasst, da sich dies gerade in angespannten Lagen nicht mehr einsetzen lässt.

17.6.2 Veränderungen des Cashflows

Die Zahlungsmittelzuflüsse und -abflüsse einer Periode werden hervorgerufen durch die „drei Quellen von Geld“:

- **Markt:**

  Dies wird als Cashflow aus laufender Geschäftstätigkeit oder operativer Cashflow bezeichnet.

- **Investitionen:**

  Das ist der Cashflow aus Investitionstätigkeit.

- **Finanzierungen:**

  Das ist der Cashflow aus Finanzierungstätigkeit.

17.6.2.1 Cashflow-Veränderungen durch den Markt – der operative Cashflow

Ausgangspunkt ist der Mittelzufluss aus der laufenden Geschäftstätigkeit, der im operativen Cashflow seinen Niederschlag findet. Es erfolgt dann eine Bereinigung, im Rahmen derer u. a. Vorratsveränderungen und Steuerzahlungen berücksichtigt werden. Als erstes Zwischenergebnis wird der bereinigte Cashflow angegeben.

17.6.2.2 Cashflow-Veränderungen durch die Investitionen

In einem nächsten Schritt wird ermittelt, in welchem Ausmaß die in der Periode vorgenommenen Investitionen finanzielle Mittel gebunden haben. Dabei wird unterschieden zwischen Investitionen in das Sachanlage- und das immaterielle Vermögen sowie in das Finanzanlagevermögen. Gegenzurechnen ist ggf. ein Mittelzufluss aufgrund des Abgangs von Gegenständen des Sachanlagevermögens oder des immateriellen Anlagevermögens.

17.6.2.3 Cashflow-Veränderungen durch die Finanzierungstätigkeit

Die Frage, ob durch eine Veränderung der langfristigen Verbindlichkeiten, durch Kapitalzuführungen oder Kapitalentzug seitens der Gesellschafter oder durch konzerninterne Transaktionen die Liquidität reduziert oder vergrößert wurde, wird als Nächstes beantwortet und dargestellt. Betrachtet wird hier nur der langfristige Teil der Finanzierung. Thesaurierte Gewinne bleiben unberücksichtigt, da sie bereits Cashflow-erhöhend in die Rechnung eingegangen sind.

17.6.2.4 Cashflow-Veränderungen durch sonstige Faktoren

Bei den außerordentlichen Faktoren werden das außerordentliche und periodenfremde Ergebnis, die Sonder-AfA des Umlaufvermögens, die Auflösung langfristiger Rückstellungen und sonstige Veränderungen der Eigenmittel des Sonderpostens mit Rücklageanteil erfasst. Als Summe aller Zahlungsmittelzuflüsse und -abflüsse im Laufe des betrachteten Geschäftsjahres wird die Veränderung des Cashflows ausgewiesen. Diese Veränderung ist identisch mit dem Betrag, der sich aus der Addition der Veränderungen bei den einzelnen Fondspositionen ergibt.

17.6.2.5 Aussagekraft der Cashflow-Analyse

Der Cashflow beschreibt den Liquiditätsspielraum eines Unternehmens. Ein hoher Cashflow deutet auf eine entspannte Finanzlage hin. Allerdings ist bei der Interpretation der Fondsposition eine differenzierte Betrachtungsweise angebracht. Selbst das Vorzeichen des Zahlungsmittelfonds ist u.U. nur bedingt von Relevanz, was anhand von zwei Beispielen erläutert werden kann:

- Das **Vorzeichen des Fonds ist positiv** durch hohe Forderungen aus Lieferungen und Leistungen. Deren Liquidierung kann jedoch durch lange Zahlungsziele behindert sein. Es besteht nur ein begrenzter Finanzierungsspielraum.
- Das **Vorzeichen des Fonds ist negativ.** Dennoch bieten freie Kreditlinien hinreichend Finanzierungsspielraum. Entscheidend ist letztlich das Vorzeichen der Fondsänderung im betrachteten Zeitraum. So signalisieren nachhaltig negative Fondsänderungen Liquiditätsengpässe und sind ggf. sogar ein Indiz für eine Insolvenzgefährdung.

Die Zahlungsstromanalyse lässt also erkennen, welche Einflussgrößen (Markt, Investitionen, Finanzierungsstruktur) die Liquiditätssituation verändert haben und in welchen Positionen sich diese Änderungen niederschlagen. Wichtig für den externen Analytiker ist, ob u.U. das Ausnutzen bilanzieller Bewertungsspielräume Liquiditätsengpässe überdeckt wie z.B. Rückstellungsentwicklung.

Fazit: Die Cashflow-Analyse lässt erkennen, ob und, wenn ja, in welcher Weise ein Handlungsbedarf für die Finanzierung besteht.

17.7 Weitere Liquiditätskennzahlen im Überblick

17.7.1 Forderungsquote

Aussage:

Die Forderungsquote zeigt, welchen Anteil die Forderungen am Gesamtvermögen haben. Grundsätzlich sollte der Anteil niedrig sein bzw. fallen, da Forderungen (unnötig) Kapital binden und die Liquidität verschlechtern.

Formel:

$$\frac{\text{Forderungen}}{\text{Gesamtvermögen}^{16}} \cdot 100$$

HINWEIS

Die Forderungsquote lässt sich in kurzen Abständen besser ermitteln, wenn die Forderungen aus Lieferungen und Leistungen ins Verhältnis zum Umsatz gesetzt werden. Auch hier erhält man eine verlässliche Aussage zum Forderungsanteil. Grundsätzlich gilt: je niedriger der Forderungsanteil, desto günstiger für die Liquidität.

Formel:

$$\frac{\text{Forderungen}}{\text{Umsatz (netto)}} \cdot 100$$

17.7.2 Vorratsquote

Aussage:

Die Vorratsquote zeigt, welchen Anteil die Vorräte (Material, Rohstoffe, Komponenten) am Gesamtvermögen haben. Grundsätzlich sollte der Anteil niedrig sein bzw. fallen, da Vorräte (unnötig) Kapital binden und die Liquidität verschlechtern.

Formel:

$$\frac{\text{Vorräte}}{\text{Gesamtvermögen}} \cdot 100$$

17.7.3 Eigenkapitalquote

Aussage:

Je höher das Eigenkapital eines Unternehmens, desto unabhängiger ist es von Dritten bzw. von externen Kapitalgebern.

Ein hoher Eigenkapitalanteil ist günstig für die Liquidität, da im Notfall nicht oder nur in geringem Maße auf Kredite oder andere teure Finanzierungen zurückgegriffen werden muss.

Das Eigenkapital wird verbessert, wenn das Unternehmen Gewinne erwirtschaftet und diese im Unternehmen behält. Umgekehrt wird das Eigenkapital durch Verluste verringert.

Die Quote kann auch zurückgehen, wenn mehr Kredite aufgenommen werden, ohne dass sich der absolute Wert des Eigenkapitals ändert.

16 Gesamtvermögen bzw. Gesamtkapital entsprechen jeweils der Bilanzsumme.

Eine Eigenkapitalquote von 10 % oder weniger kann als Hinweis auf eine drohende Insolvenz angesehen werden. Zwar schwankt die Eigenkapitalquote von Branche zu Branche, jedoch sollten 25-30 % nicht unterschritten werden.

Formel:

$$\frac{\text{Eigenkapital}}{\text{Gesamtkapital}} \cdot 100$$

An dieser Stelle sei noch einmal der Hinweis erlaubt, dass das bilanzielle Eigenkapital einer HGB-Bilanz durch folgende Faktoren verfälscht sein kann: vorhandene, aber aufgrund der HGB-Vorschriften nicht ausgewiesene stille Reserven durch Steigerung des Zeitwertes bestimmter Vermögensgegenstände oder durch steuerrechtlich motivierte zu hoch vorgenommene Abschreibungen.

Diese beiden Fälle würden zunächst die Aktivseite verkürzt darstellen und dann zur Ermittlung eines geringeren Eigenkapitals führen, was dann im Regelfall den Ausweis einer zu geringen Eigenkapitalquote nach sich zieht.

Ein weiterer Faktor, der das ausgewiesene Anlagevermögen verringert, kann die Überführung von bisher im Eigentum des Unternehmens befindlichen Vermögensgegenständen in Leasingverhältnisse sein. Abhängig davon, für welche Darstellung sich das Unternehmen entscheidet, werden Leasingvermögen und Leasingverbindlichkeiten in der Bilanz dargestellt oder nicht.

17.7.4 Verschuldungsgrad

Aussage:

Der Verschuldungsgrad zeigt an, in welchem Umfang ein Unternehmen fremdfinanziert ist.

Je höher der Verschuldungsgrad, desto ungünstiger ist dies für ein Unternehmen. Kosten und Abhängigkeit von Dritten steigen. Das Insolvenzrisiko steigt, denn wenn das Eigenkapital aufgebraucht ist, muss ein Unternehmen im Regelfall Insolvenz anmelden.

Je höher zudem der Fremdkapitalanteil ist, desto schwieriger ist es, neue Kredite zu bekommen und desto schlechter fällt die Bonitätseinstufung aus.

Formel:

$$\frac{\text{Fremdkapital}}{\text{Gesamtkapital}} \cdot 100$$

17.7.5 Langfristiger Kapitalanteil

Aussage:

Je höher der Anteil langfristigen Kapitals, desto günstiger ist dies für ein Unternehmen. Die Kennzahl ist eine „Erweiterung" der Eigenkapitalquote.

Formel:

$$\frac{\text{Langfristiges Kapital}}{\text{Gesamtkapital}} \cdot 100$$

Erläuterungen:

	Langfristiges Kapital
=	Eigenkapital
+	langfristige Schulden (Laufzeiten > 1 Jahr)

17.7.6 Anlagendeckung (Deckungsgrade)

Aussage:

Bei der Anlagendeckung werden Vermögen und Kapital gegenübergestellt. Damit werden Mittelherkunft (Kapital) und Mittelverwendung (Vermögen) in Relation gesetzt.

Dabei gilt: Langfristiges Vermögen muss durch langfristiges Kapital finanziert werden (goldene Bilanzregel, siehe oben). Die langfristige Finanzierung stellt sicher, dass es kurzfristig nicht zu Liquiditätsschwierigkeiten kommen kann.

Dabei werden in der Praxis zwei Deckungsgrade unterschieden:

- Die Anlagendeckung I sollte mindestens 60 % betragen,
- die Anlagendeckung II sollte mindestens 100 % betragen. Werte von 120 % und mehr werden als gut bzw. sehr gut angesehen.

Formel Anlagendeckung I:

$$\frac{\text{Eigenkapital} \cdot 100}{\text{Anlagevermögen}}$$

Formel Anlagendeckung II:

$$\frac{\text{Langfristiges Kapital} \cdot 100}{\text{Anlagevermögen}}$$

17.7.7 Schuldentilgungsdauer

Aussage:

Die Kennzahl wird aus dem Cashflow abgeleitet. Es wird untersucht, in wie vielen Jahren der Betrieb schuldenfrei sein kann. Gute Werte liegen bei fünf Jahren und weniger. Kritisch wird es ab acht bis zehn Jahren.

Formel:

$$\frac{\text{(Fremdkapital - flüssige Mittel)}}{\text{Cashflow}} \cdot 100$$

17.7.8 Umschlagskennzahlen

Umschlagskennzahlen werden für Forderungen, Bestände und für das Kapital gebildet. Es werden immer Positionen aus der Bilanz in Relation zu GuV-Positionen gesetzt. Grundsätzlich gilt: Je höher bzw. schneller die Kennzahlen, desto günstiger ist dies für das Unternehmen.

17.7.9 Umschlagshäufigkeit der Forderungen und durchschnittliche Kreditdauer

Aussage:

Diese Kennzahl ist wichtig für die Beurteilung der Liquidität eines Unternehmens. Je schneller der Forderungsschlag, desto besser die Liquidität. Aus der Umschlagshäufigkeit der Forderungen lässt sich die Laufzeit, also die von den Kunden in Anspruch genommene Kreditdauer, errechnen.

Formel:

$$\text{Umschlagshäufigkeit der Forderungen} = \frac{\text{Umsatzerlöse (netto)}}{\text{Durchschnittlicher Forderungsbestand aus Lieferungen u. Leistungen}}$$

Es gilt: Je schneller die Forderungen „umgeschlagen“ werden, desto

- kürzer ist die durchschnittliche Kreditdauer,
- günstiger ist die eigene Liquidität,
- geringer sind die Kosten für Zinsen und Wagnis.

BEISPIEL Forderungsumschlagsdauer:

TAB. 17: Forderungsumschlagsdauer

	Angaben in T€	
	2022	2021
Forderungen aus LuL (Bilanz)	400	500
Durchschnittlicher Forderungsbestand	450	550
Umsatzerlöse (GuV)	7.800	6.900
Umschlagshäufigkeit	17,33	12,55
Durchschnittliche Kreditdauer in Tagen	20,77	28,69

HINWEIS

Beide Kennzahlen können auch zur Kennzahl durchschnittliche Forderungseinzugsdauer (Days-Sales-Outstanding, DSO) zusammengefasst werden.

Formel:

$$DSO = \frac{\text{Durchschnittlicher Forderungsbestand}}{(\text{Jahresumsatz}/360)}$$

17.7.10 Lagerumschlagshäufigkeit und durchschnittliche Lagerdauer

Aussage:

Die Lagerumschlagshäufigkeit wird ermittelt, indem man die Materialaufwendungen ins Verhältnis zu den durchschnittlichen Lagerbeständen setzt. Der Lagerumschlag gibt an, wie oft der durchschnittliche Lagerbestand pro Jahr umgesetzt (verbraucht) worden ist. Die Lagerdauer zeigt an, wie lange die Materialien im Schnitt im Lager bleiben. Auch hier gilt: Je höher der Umschlag, desto günstiger ist dies für die Liquidität und Wirtschaftlichkeit des Unternehmens.

Formel:

$$\text{Lagerumschlagshäufigkeit} = \frac{\text{Materialaufwendungen (Materialeinsatz)}}{\text{Durchschnittlicher Lagerbestand (Roh-, Hilfs-, Betriebsstoffe)}}$$

$$\text{Durchschnittliche Lagerdauer} = \frac{360}{\text{Lagerumschlagshäufigkeit}}$$

Es gilt: Je schneller die Lagerbestände „umgeschlagen" werden, desto

- kürzer ist die Lagerdauer,
- günstiger ist die eigene Liquidität,
- geringer sind der Kapitaleinsatz und das Lagerrisiko,
- geringer sind die Kosten für die Lagerhaltung.

BEISPIEL Lagerumschlagshäufigkeit:

TAB. 18: Lagerumschlagshäufigkeit

	Angaben in T€	
	2022	**2021**
Roh-, Hilfs- und Betriebsstoffe (Bilanz)	290	350
Materialeinsatz (GuV)	5.210	5.720
Durchschnittlicher Lagerbestand	320	370
Lagerumschlagshäufigkeit	16,28	15,46
Durchschnittliche Lagerdauer in Tagen	22,11	23,29

17.7.11 Kapitalumschlagshäufigkeit

Aussage:

Die Kapitalumschlagshäufigkeit zeigt, wie oft das vom Unternehmen eingesetzte Kapital (Eigen- und Gesamtkapital) über die Umsatzerlöse zurückfließt. Je schneller der Kapitalumschlag, desto geringer ist grundsätzlich der erforderliche Kapitaleinsatz, da es gelingt, in kurzen Abständen das Geld vom Markt „zurückzuholen“.

Formel:

$$\text{Eigenkapital-Umschlagshäufigkeit} = \frac{\text{Umsatzerlöse}}{\text{Eigenkapital}}$$

$$\text{Gesamtkapital-Umschlagshäufigkeit} = \frac{\text{Umsatzerlöse}}{\text{Gesamtkapital (Eigen- und Fremdkapital)}}$$

$$\text{Durchschnittliche Kapitalumschlagsdauer} = \frac{360}{\text{Kapitalumschlagshäufigkeiten (Eigen- und Fremdkapital)}}$$

Es gilt: Je schneller das Kapital „umgeschlagen“ wird, desto

- schneller fließt das eingesetzte Kapital über die Umsätze zurück,
- geringer ist der erforderliche Kapitaleinsatz,
- günstiger ist dies für die Liquidität.

BEISPIEL Kapitalumschlagshäufigkeit:

TAB. 19: Kapitalumschlagshäufigkeit

	Angaben in T€	
	2022	**2021**
Eigenkapital Jahresanfang	1.500	1.420
Eigenkapital Jahresende	1.760	1.500
Durchschnittliches Eigenkapital	1.630	1.460
Gesamtkapital Jahresanfang	5.100	4.800
Gesamtkapital Jahresende	5.400	5.100
Durchschnittliches Gesamtkapital	5.250	4.950
Umsatzerlöse	10.840	10.120
Eigenkapital-Umschlagshäufigkeit (Mal)	6,65	6,93
Eigenkapital-Umschlagsdauer in Tagen	54,14	51,95
Gesamtkapital-Umschlagshäufigkeit (Mal)	2,06	2,04
Gesamtkapital-Umschlagsdauer in Tagen	174,76	176,47

17.8 Ausgewählte Maßnahmen zur Liquiditätsverbesserung

Die Verbesserung der Liquidität sollte kontinuierlich und konsequent betrieben werden, auch wenn es aktuell keinen oder nur geringen Handlungsbedarf gibt. Die nachstehend aufgeführten Maßnahmen sollen dazu Anregung und Hilfestellung geben.

Bei allen in Betracht kommenden Maßnahmen sind mindestens folgende Punkte zu beachten:

1. Formulierung konkreter Ziele (was soll mit dieser Maßnahme erreicht werden?)
2. Bestimmung eines verbindlichen Termins (bis wann soll ein Ergebnis spätestens vorliegen?)

3. Festlegung eines für die Umsetzung Verantwortlichen (wer soll sich um die Realisierung kümmern?)
4. Bestimmung und Freigabe evtl. notwendiger (zusätzlicher) Ressourcen und Budgets
5. Abgleich auf Widerspruchsfreiheit mit anderen Zielen (z. B. Ausgabenstopp vs. neue Investitionen)

17.9 Organisatorische Maßnahmen zur Verbesserung der Liquidität

Finanzmanagement und Liquiditätsplanung und -steuerung sind immer Chefsache, auch wenn die eigentliche operative Umsetzung dann delegiert wird.

Wenn die Zahlungsmoral der Kunden nach und nach schlechter wird oder die Bank plötzlich die Kreditlinie verringert, können selbst bisher erfolgreiche Unternehmen mit gefüllten Auftragsbüchern in Zahlungsschwierigkeiten geraten, denn „verkauft ist noch nicht bezahlt".

Ein Unternehmen neu aufzubauen, ist erheblich schwieriger und teurer, als ein bestehendes Unternehmen zu erhalten. Daher nachstehend einige Tipps zum Erhalt Ihrer Zahlungsfähigkeit.

17.9.1 Bonitätsprüfung

Jede Auftragsbearbeitung beginnt mit der Bonitätsprüfung. Überprüfen Sie vor allem Neukunden; hier liegen naturgemäß noch keine Erfahrungen vor. Informationen über deren Bonität können Sie auch über Ihre Hausbank einholen. Darüber hinaus gibt es Auskunfteien wie Bürgel, Creditreform und Schufa, die diesen Service anbieten. Sollte der mögliche Kunde in Schwierigkeiten sein, verlangen Sie eine Bankbürgschaft oder verzichten Sie besser auf den Auftrag. Es kann hier möglicherweise lange dauern, bis Sie an Ihr Geld kommen. Schlimmstenfalls müssen Sie es ganz abschreiben, wenn der Kunde endgültig zahlungsunfähig wird.

17.9.2 Schnelle Rechnungsstellung

Achten Sie darauf, dass bei der Rechnungsstellung keine unnötigen Verzögerungen entstehen. Schreiben Sie sofort die Rechnung, wenn Sie einen Auftrag erledigt haben. In der Zahlungsaufforderung sollten Sie den eingeräumten Skonto nicht nur prozentual, sondern auch absolut in Eurobeträgen ausweisen. Ihr Kunde sieht so auf einen Blick, was er sparen kann. Ist die Zahlungsfrist ohne einen Zahlungseingang abgelaufen, sollten Sie direkt (am besten telefonisch) Kontakt mit dem säumigen Zahler aufnehmen. Vielleicht ist die Rechnung ja tatsächlich nur „untergegangen" oder entspricht nicht den formalen Anforderungen des Rechnungsempfängers. Wenn Sie bei Ihrem Gespräch erfahren, dass Ihr Kunde Liquiditätsschwierigkeiten hat, können Sie mit ihm Raten- und Teilzahlungen vereinbaren. So kommen Sie möglicherweise schneller an Ihr Geld und können einen treuen Kunden gewinnen.

17.9.3 Factoring

Es besteht auch die Möglichkeit, Forderungen mit einem Abschlag zu verkaufen. Dieses Verfahren wird Factoring genannt und hat den Vorteil, schnell Liquidität zu bringen.

17.9.4 Lieferantenkredite

Fragen Sie auch bei Ihren Lieferanten nach, ob sie höhere Rabatte oder Skonti einräumen, wenn sie ihre Außenstände per Lastschrift bei Ihnen einziehen dürfen.

17.9.5 Verbesserungen des Kundenportfolios

Vermeiden Sie die Abhängigkeit von Großkunden. Je höher der Umsatzanteil eines einzelnen Kunden ist, desto größer ist Ihr Risiko, wenn der Kunde nicht zahlt oder sich dessen Zahlungen wegen Reklamationen oder aus anderen Gründen verzögern. Sie sollten für einen einzelnen Kunden oder einen Großauftrag höchstens 50 % Ihrer Kapazitäten einsetzen. Suchen Sie sich in diesen Fällen besser einen Kooperationspartner, mit dem Sie den Auftrag dann gemeinsam ausführen – auch wenn Ihr Gewinnanteil dadurch sinkt (getreu dem Motto „Liquidität vor Rentabilität“)!

17.9.6 Verringerung der Kapitalbindung

Achten Sie auf die Kapitalbindung im Lager. Waren oder Rohstoffe binden Kapital. Dies verringert Ihre Liquidität und über die anfallenden Kapitalkosten auch Ihre Rentabilität. Halten Sie daher nur die Waren oder Betriebsmittel vorrätig, die Sie in absehbarer Zeit einsetzen werden. Prüfen Sie bei angebotenen Mengenrabatten immer, ob es sich wirklich für Sie lohnt. Vielleicht ist es sinnvoller, eine kleinere Stückzahl etwas teurer einzukaufen, statt Überbestände monatelang zu lagern und damit Ihre Liquiditätslage zu verschlechtern bzw. Finanzierungskosten zu erhöhen. Aufgrund der Erfahrungen der letzten Jahre wollen wir darauf hinweisen, dass ein Gleichgewicht zwischen Lieferfähigkeit und Liquidität gefunden werden kann. Möglicherweise lassen sich bei einer nachweisbar guten eigenen Lieferfähigkeit Abgabepreise erhöhen oder Zahlungsziele verkürzen. Damit könnte man Rentabilität und Liquidität wieder in den Zielbereich bringen.

17.9.7 Verfügbarkeit von Geldanlagen

Legen Sie Ihre vorhandenen liquiden Mittel so an, dass Sie diese im Falle eines Liquiditätsbedarfs ohne Verluste schnell wieder flüssig machen können. Geeignete Anlagemöglichkeiten sind beispielsweise Tages- oder Termingelder.

17.0.8 Einleitung von Sofortmaßnahmen bei Liquiditätsengpässen

Sollte trotz der oben genannten Tipps ein Liquiditätsengpass entstehen, helfen Ihnen die nachstehenden Empfehlungen für die Einleitung von Sofortmaßnahmen:

- Bringen Sie eine Bareinlage ein,
- verkaufen Sie nicht betriebsnotwendige Vermögensteile,
- treiben Sie ausstehende Forderungen ein, u. U. mithilfe eines Inkassounternehmens,
- versuchen Sie, Auszahlungen so lange wie möglich hinauszuschieben,
- versuchen Sie, neues Beteiligungskapital zu bekommen,
- überdenken Sie Ihr Unternehmenskonzept und definieren Sie Ihre Ziele neu.

1. **Kurzfristiges Ziel: Liquidität verbessern**

- Verzicht auf oder Verschiebung von Investitionen (ggf. andere Finanzierung, z. B. Leasing),
- Verkauf mit anschließendem Leasing von Objekten (sale and lease back),
- Aussetzung oder Kürzung von Entnahmen oder Inhabergehältern,
- Verzicht auf Erhöhung von Umlaufvermögen (ggf. Überprüfung auf Nachteile, z. B. höhere Preise bei Teillieferungen oder kleineren Mengen),
- Stundungsvereinbarungen mit Lieferanten treffen,
- Vereinbarung von Ratenzahlungen mit Lieferanten,
- Erhöhung des Kreditumfangs,
- Verhandeln mit Banken, um Konditionen zu verbessern, z. B. Umwandlung von Kontokorrentkrediten in langfristige Darlehen, Zinsverhandlungen,
- Beantragung eines Liquiditätssicherungsdarlehens (KfW, DtA),
- Überprüfung außergerichtlicher Vergleichsmöglichkeiten, z. B. Verzicht, Teilverzicht,
- Rangrücktrittserklärungen bezüglich Gesellschafterforderungen,
- Rangrücktrittserklärungen von sonstigen Gläubigern,
- Prüfung weiterer öffentlicher Hilfen (Subventionen).

2. **Mittelfristiges Ziel: Konsolidierung und Stabilisierung durch Straffen der Organisation**

- Vermindern Sie Kosten (z. B. Werkskantine, Dienstwagen, Zulagen),
- führen Sie leistungsbezogene Entlohnung ein,
- sorgen Sie für den Aufbau eines effizienten Mahnwesens.

3. **Langfristiges Ziel: Veränderung der Unternehmensstruktur**

- Neue Gesellschafter bzw. neue Geldgeber,
- andere Rechtsform zur Aufnahme neuer Gesellschafter bzw. neuer Geldgeber,
- Standortverlegung (Kostenvorteile, besserer Marktzugang),
- Zusammenlegung einzelner Betriebsbereiche,
- neue Produktionsverfahren,
- neue Produkte, Sortimente, Märkte und Strategien und damit neue Kunden.

Warten Sie nicht ab, bis Sie sich in einer Krise befinden, sondern sorgen Sie für eine frühzeitige Kurskorrektur:

- Überprüfen Sie regelmäßig alle Geschäftsfelder und stellen Sie sie zur Disposition,
- überprüfen Sie regelmäßig Produkte und Dienstleistungen, die den Erfolg des Unternehmens gefährden, und geben Sie schlecht laufende Leistungsbereiche auf,
- überprüfen Sie die Kosten für die verbleibenden Bereiche,
- verbessern Sie die Qualität Ihre Angebote in verbleibenden Bereichen,
- suchen Sie neue Geschäftsfelder,
- überprüfen Sie Ihren Personalbestand,
- nehmen Sie die besten Leute Ihres Unternehmens, bilden Sie ein Sanierungsteam und sorgen Sie für externe Hilfe (Unternehmensberater, Sanierungsexperten). Außenstehende können Ihre Probleme oft besser analysieren als Sie selbst.

17.9.9 Die Hauptfehler im Umgang mit der Liquidität vermeiden

Wenn man untersucht, was die Hauptgründe für das Scheitern eines Unternehmens sind, fallen einige oder sehr viele der nachstehenden Punkte auf:

- Keine oder nur sporadische Liquiditätsplanung und -steuerung, Vernachlässigung des Themas im Tagesgeschäft, Organisationsmängel,
- die Finanzentwicklung und Besonderheiten aus der Vergangenheit werden nicht analysiert, zahlungsrelevante Positionen werden bei der Planung (mehrfach) vergessen, schlechtes oder fehlendes Finanzcontrolling,
- Auswahl einer Bank, die in zentralen Punkten nicht zum Unternehmen passt, z. B. Beratungsbedarf, kurzfristige Reaktionsmöglichkeiten, Bereitstellung größerer Kreditbeträge,
- es wird sich nur auf eine einzige Bank verlassen,
- Abschluss von Verträgen/Vereinbarungen mit Auswirkungen auf die Finanzen, die man nicht vollständig verstanden hat,
- zu schnelles bzw. zu umfangreiches Stellen von (privaten) Sicherheiten für betriebliche Kredite (Sie sollten möglichst noch Sicherheiten „in der Hinterhand halten"),
- Finanzierung von Anlagegütern mit kurzfristigen Mitteln oder Krediten,
- unkontrollierte Vornahme von Investitionen (keine Investitionsplanung, keine operative Planung),
- Unkenntnis darüber, mit welchen Produkten (wie viel) Geld verdient (oder verloren) wird;
- unkontrolliertes Anwachsen von Kosten (keine Kostenplanung, keine operative Planung, kein Kostenmanagement),
- Handeln ohne Planung und ohne Ziele,
- zu optimistische bzw. unrealistische Planung,
- es wird davon ausgegangen, dass die Bank die Lage ähnlich beurteilt wie man selbst,
- Problemverdrängung oder Suchen der Schuld bei anderen,

- zu spätes Handeln, d. h., erst nachdem Dritte (Banken, Finanzamt, Lieferanten, Sozialversicherungsträger) aktiv geworden sind,
- Nichtbeachten von Entwicklungen oder Hinweisen von Mitarbeitern, Banken oder Beratern (Beratungsresistenz),
- (Unternehmens-)Berater, die nicht rechtzeitig hinweisen und ermahnen.

18. Das erfolgreiche Bankgespräch

Die Entscheidungskriterien bei der Vergabe von Krediten und Darlehen an Gründer und Unternehmen haben sich in den letzten Jahren erheblich geändert. Reichte einem etablierten Unternehmen für die Beantragung eines neuen Darlehens früher meist die Vorlage „guter" Jahresabschlüsse und privater Steuererklärungen, stehen heute (mitverursacht durch Basel II und III) auch Branchenzugehörigkeit, Mitarbeiterqualifikation, Nachfolgeregelung, Geschäftsmodelle und Business-Pläne mit auf dem Prüfstand. Es ist daher nicht erstaunlich, dass Unternehmer und Gründer immer wieder von „größeren Schwierigkeiten" bei der Darlehensaufnahme berichten.

Oft ist es jedoch so, dass diese Schwierigkeiten zu einem ganz erheblichen Teil durch den Antragsteller entstehen. Es sind Fehler, die bei der Vorbereitung eines Darlehensantrages und des Gesprächs mit den Banken und Sparkassen vom Antragsteller gemacht werden.

Ob Sie einen Kredit von einer Bank bekommen, hängt nicht nur von den tatsächlichen Erfolgsaussichten des Vorhabens ab. Um einen Geldgeber für das Projekt zu gewinnen, sind auch die richtige Vorbereitung und ein überzeugendes Auftreten für den Erfolg des Bankgesprächs entscheidend.

Die nachstehenden Tipps hierzu gelten gleichermaßen für Existenzgründer wie für bestehende Unternehmen.

18.1 Welche Unterlagen und Zahlen sind wichtig?

Kreditverhandlungen erfordern ein aktuelles und detailliertes Zahlenmaterial. Die Bank ist gesetzlich durch das KWG (Kreditwesengesetz) dazu verpflichtet, sich ein aktuelles Bild über die Situation des Unternehmens zu verschaffen. Wenn wichtige Unterlagen fehlen, kann von der Bank keine Entscheidung getroffen werden und somit vergeht für das Unternehmen oft wertvolle Zeit.

Klären Sie daher frühzeitig ab, welche Unterlagen die Bank von Ihnen haben möchte. Sorgen Sie dafür, dass sich Ihr Gesprächspartner gut informiert und damit auch sicher fühlt. Ein Kreditberater, der sich unsicher bzw. schlecht informiert fühlt, geht verständlicherweise kritischer und vorsichtiger an die Prüfung eines Vorhabens heran.

Für ein Bank- und Kreditgespräch werden mehr als nur die „üblichen" Jahresabschlussunterlagen wie Bilanz, GuV und aktuelle betriebswirtschaftliche Auswertungen gefordert. Es sind weitere Unterlagen erforderlich.

An erster Stelle ist hier die Liquiditätsplanung zu nennen. Dazu kommen weitere Unterlagen, wie:

- Unterlagen, die die zukünftige Entwicklung des Unternehmens beschreiben (also eine vollständige operative und strategische Planung),
- Organisations-, Unternehmens- und Marktbeschreibungen,
- Nachfolgeregelungen oder Notfallregeln für den Fall, dass der Unternehmer ausfällt.

Je nach Ausgangslage sind weitere ausführliche schriftliche Konzepte und Ertragsvorschauen für die Entscheidungsfindung der Bank unerlässlich.

Die Erstellung und Ausarbeitung dieser Unterlagen muss sorgfältig erfolgen, denn das Unternehmen wird auch daran gemessen, wie genau später die vorgestellten Planzahlen eintreffen.

Natürlich kann man die Zukunft nicht genau vorhersagen, aber bestimmte Daten, wie z. B. die monatlichen Personalkosten, sollten auch in der Planrechnung hinreichend genau enthalten sein.

Bei der Erstellung von Prognosen sollte man optimistische, aber realistische Werte ansetzen.

18.1.1 Jahresabschlussunterlagen

Die Jahresabschlussunterlagen werden in jedem Fall benötigt, wenn ein Kreditgespräch ansteht.

Bei Kreditgesprächen für bestehende Unternehmen sollten diese Unterlagen der Bank aktuell vorliegen:

- Jahresabschlüsse der letzten meist drei bis fünf Jahre,
- Erläuterungen zu den Jahresabschlüssen,
- aktuelle (letztes Geschäftsjahr und letzter Monat) betriebswirtschaftliche Auswertungen mit Summen- und Saldenliste,
- aktuelle Forderungsaufstellung,
- aktuelle Verbindlichkeiten,
- Vermögensübersicht,
- Investitionsplan,
- Ertragsprognose und Liquiditätsplan,
- Vergleich der bisherigen Planung mit den Ist-Werten,
- private Steuererklärungen der letzten meist drei bis fünf Jahre.

HINWEIS

Die Jahresabschlussunterlagen sollten einen Zeitraum von drei bis fünf Jahren aus der Vergangenheit abdecken, weil die Bank wissen möchte, wie sich die wirtschaftliche Lage in den letzten Jahren entwickelt hat. Sie sollten im Vorfeld klären, welche Dokumente für welchen Zeitraum und in welchem Detaillierungsgrad benötigt werden.

18.1.2 Planungsunterlagen

Dieser Bereich bereitet gerade in Kleinunternehmen die größten Schwierigkeiten. Zur Liquiditätsplanung kommen hier unbedingt eine vollständige operative Planung sowie ein Investitionsplan und eine Wirtschaftlichkeitsrechnung hinzu. Sinnvoll ist es, auch eine langfristige Planung sowie Unternehmensbeschreibungen vorlegen zu können.

Die Planungsunterlagen sollten im operativen Bereich einen Zeitraum von zwei Jahren in die Zukunft, im strategischen Bereich etwa drei bis fünf Jahre in die Zukunft abdecken. Hintergrund ist hier, dass die Bank wissen möchte, wie sich die wirtschaftliche Lage des Unternehmens mittelfristig voraussichtlich entwickeln wird. Sie will verständlicherweise wissen, ob das Unternehmen auch in schwierigen Zeiten in der Lage ist, den Kapitaldienst zu leisten. Auch hier sollte im Vorfeld geklärt werden, welche Dokumente für welchen Zeitraum benötigt werden.

18.1.3 Weitere Dokumente und Informationen

Zusätzlich zu den genannten überwiegend quantitativen Unterlagen müssen häufig weitere Informationen bereitgestellt werden, etwa Angaben zu wichtigen Mitarbeitern, zu Produkten, zu Versicherungen oder zur Nachfolge- bzw. Notfallregelung.

Die Tabelle 20 „Checkliste Bankunterlagen" auf Seite 162 ff. zeigt die wichtigsten Unterlagen.

HINWEIS

In der Praxis kommen auch Betriebsbesichtigungen vor, bei denen sich der Bankberater ein besseres Bild vom Unternehmen machen will. Das Unternehmen selbst kann die Stärken des Betriebs heraus- und die Abläufe und Besonderheiten gezielt darstellen.

18.2 Auswahl der richtigen Bank

Die erste Adresse wird immer Ihre Hausbank sein, denn dort sind Sie bereits bekannt und dort kennt man sich mit den örtlichen Verhältnissen aus. Prüfen Sie aber immer auch die Leistungen und Konditionen von einem bis zwei anderen Instituten. Überlegen Sie bei der Auswahl, welches Kreditinstitut am besten zu Ihrem Vorhaben passt. Es gibt Banken, die in Ihrer Branche und bei Ihren zukünftigen Geschäftspartnern üblicherweise als Bankverbindungen genutzt werden.

Nicht immer ist der kürzeste Weg der beste: Manche Banken übernehmen überhaupt keine Finanzierung von Existenzgründungen oder von Unternehmen. Hierzu gehören beispielsweise viele Online-Banken. Die Sparkassen und die Volks- und Raiffeisenbanken sind dagegen die beiden großen Gruppen im Bankenbereich, die bei kleineren und mittleren Unternehmen einen Marktanteil von rund 80 % haben und damit auch die weitaus meisten Anträge bei öffentlichen Förderprogrammen begleiten. Neben den Instituten dieser beiden Gruppen kommen für ein Kreditgespräch zur Antragstellung noch die beiden großen Privatbanken in Betracht: Deutsche Bank und Commerzbank.

Achten Sie darauf, dass Sie mit dem Spezialisten für gewerbliche Finanzierungen bzw. Förderprogramme („Firmenkundenbetreuer") sprechen.

Für die Inhaber bestehender Unternehmen ist es grundsätzlich sinnvoll, eine zweite Bankverbindung zu haben. Am besten kümmert man sich schon darum, wenn noch kein konkreter neuer Kreditbedarf vorhanden ist. Es ist meist schwierig, die Hausbank zu wechseln, wenn es schon erste Probleme im Unternehmen gibt oder wenn die Hausbank schon einen Kreditantrag abgelehnt hat. Es ist dann schwer, eine gute Antwort auf die Standardfrage „Warum gehen Sie nicht zu Ihrer Hausbank?" zu finden.

18.3 Frühzeitige Terminvereinbarung und Informationen an die Bank

Vereinbaren Sie den Termin für ein Kreditgespräch mit einem Vorlauf von mindestens zwei bis vier Wochen beim zuständigen Mitarbeiter für Firmenkundenbetreuung, für Existenzgründungen oder öffentliche Förderprogramme. Bieten Sie schon bei der telefonischen Terminabstimmung an, dass Sie Ihr Konzept vorher zur Verfügung stellen. Dies wird im Regelfall von den Banken auch verlangt werden, damit sich auch der Bankberater auf das Gespräch vorbereiten kann.

18.4 Die Vorbereitung des eigentlichen Gesprächs

Wie oben gesagt, gehört zu einer guten Vorbereitung ein schlüssiges Konzept mit einem entsprechenden Investitions-, Rentabilitäts- und Absatzplan.

Bereiten Sie sich gut auf den Termin mit dem Bankberater vor. Alle Informationen, die Sie über Ihr Projekt, die Marktchancen und mögliche Wettbewerber zusammenstellen, sind wichtig für das Gespräch, und Sie selbst lernen so die Stärken und Schwächen der geplanten Investition kennen.

Stellen Sie in einem Business-Plan alle Details über Umsatzplanung, Kostenkalkulation, Investitionsplan, Personalbedarf schriftlich zusammen. Dieser Business-Plan dient dem Bankberater als Entscheidungsgrundlage und sollte deshalb so genau und ausführlich wie möglich sein.

Es werden auch Entscheidungsträger der Bank anwesend sein, die in der Hierarchie über „Ihrem" Sachbearbeiter in der Kreditabteilung, der das Unternehmen aus der täglichen Arbeit kennt, stehen. Auch auf dieser Hierarchieebene wollen sich die Personen vom Unternehmen und vom Unternehmer bzw. von der Unternehmerfamilie ein eigenes Bild machen. Auch davon hängen Entscheidungen in erheblichem Maß ab.

Falls das Gespräch im Unternehmen stattfindet, muss für eine ungestörte Gesprächsatmosphäre gesorgt werden. Währenddessen müssen Unterbrechungen durch Telefonate oder Nachfragen von Arbeitnehmern auf jeden Fall vermieden werden.

Vor dem Gespräch mit der Bank sollte klar sein, welche Ziele in der Kreditverhandlung erreicht werden sollen.

Über die wichtigsten betriebswirtschaftlichen Kennzahlen sollte der Unternehmer selbst Auskunft geben können und sich hier nicht ausschließlich auf den Berater (Steuer- oder Unternehmensberater) verlassen müssen. Wichtige Termine sollten zusammen mit Steuer- und/oder Unternehmensberatern vorbereitet werden. Bei Unternehmenskrisen ist die Unterstützung durch externe Berater nahezu unerlässlich und wird auch von der Bank positiv gesehen.

18.4.1 Kreditgespräch vorbereiten

Eine sorgfältige Vorbereitung stellt sicher, dass man mit der Bank auf gleicher Höhe verhandelt und den gleichen Wissenstand wie der Bankberater besitzt. Man vermeidet unangenehme Situationen und Nacharbeiten, wenn mögliche kritische Fragen sofort beantwortet werden können.

Hier einige Punkte, die Sie für Ihre Vorbereitung beachten sollten:

- Ausreichende eigene Vorbereitungszeit vor der Vereinbarung eines Termins mit der Bank einplanen. Das können je nach Fall vier bis zwölf Wochen sein, wenn man zudem Vorleistungen, z. B. vom eigenen Steuerberater, benötigt.
- Beschreibung des Vorhabens, für das ein Kredit gewünscht wird, z. B. Beschreibung der Investition bzw. eine Begründung für die Aufstockung eines bestehenden Kredits.
- Überprüfung der Einträge bei Wirtschaftsauskunfteien und der Schufa, ggf. Korrektur falscher oder fehlerhafter Einträge.
- Einholung von Informationen zu den Wachstumsaussichten der eigenen Branche, z. B. beim eigenen Verband.
- Darstellung von Gründen, warum man von den Branchenzahlen abweicht.
- Zusammenstellung vorhandener Sicherheiten. Grundlage dazu sind Überlegungen, welche Sicherheiten gestellt und welche zurückgehalten werden sollen.
- Kritische Überprüfung des eigenen Unternehmens:
  - Welche Punkte könnten von der Bank kritisch gesehen werden?
  - Welche Antworten oder Erklärungen können dazu gegeben werden?

18.4.2 Den eigenen Berater mitnehmen

Es ist oft sinnvoll, den eigenen Berater mitzunehmen. Jedoch sollte man auch selbst das eigene Konzept vorstellen und vertreten können. Das gilt auch für evtl. vom Berater erstellte Umsatz- und Rentabilitätsberechnungen, die Sie selbst erläutern können sollten. Ein Bankberater wird kaum darauf vertrauen, dass Sie Ihre Planungen umsetzen werden, wenn Sie diese nicht einmal erklären können. Eine Präsentation der Berechnungen und Planungen sollten Sie vorher zuhause üben.

Ein erfahrener Berater kann bei Nachfragen und Diskussionen als Kommunikationspuffer dienen. Da er keine eigenen direkten Interessen hat, kann er in schwierigen Gesprächssituationen vergleichsweise emotionslos einen möglicherweise vorhandenen Druck aus dem Gespräch nehmen. Natürlich sollte Ihr Berater das Unternehmen, Sie und das vorgestellte Projekt bestens kennen.

18.4.3 Rollenverteilung klären

Wenn Sie Ihren Geschäftspartner oder Ihren Berater mit zum Bankgespräch nehmen, klären Sie vorher die Rollenverteilung. Dem Bankberater muss klar werden, dass der Unternehmer die Hauptperson ist. Er muss das Gespräch führen und später alles dafür tun, dass die der Bank gemachten Zusagen auch eingehalten werden.

18.4.4 Der äußere Eindruck

Der äußere Eindruck zählt! Nicht nur eine bestmögliche inhaltliche, auch eine bestmögliche optische Präsentation ist notwendig. Die Erwartungen an einen professionellen Eindruck betreffen die eingereichten Unterlagen und Ihr eigenes Auftreten. Passend zum Unternehmensstil kann auch Ihr Kleidungsstil sein: seriös und gediegen oder modisch und leger. Ein Bankberater wird Ihnen normalerweise in Anzug und Krawatte bzw. in einem Kostüm oder Hosenanzug gegenübersitzen.

18.4.5 Sicher auftreten

Sie sollten zeigen, dass Sie vollkommen hinter der geplanten Investition stehen. Nur so werden Sie die Bank überzeugen. Treten Sie deshalb selbstsicher und überzeugend auf.

Vermitteln Sie Ihrem Bankberater, dass Sie das präsentierte Projekt in die Tat umsetzen können und so das geliehene Geld zurückzahlen werden. Zeigen Sie, dass Sie mit Ihrer ganzen Kraft und voller Begeisterung hinter Ihrer Geschäftsidee stehen. Vermitteln Sie ihm auch den Eindruck, dass Sie künftig ein zuverlässiger Geschäftspartner der Bank sein werden. Machen Sie Ihrem Verhandlungspartner klar, dass Sie ihn auch künftig gut informieren werden und an einer dauerhaften und vertrauensvollen Zusammenarbeit interessiert sind.

18.4.6 Bankverhandlungen sachlich führen

Bankverhandlungen sollten stets sachlich geführt werden. Gerade in Krisensituationen helfen unsachliche Äußerungen nicht weiter, sondern führen zur Verhärtung der Fronten. Gut durchdachte Vorschläge, wie ein Unternehmen aus der Krise geführt werden soll, sind hilfreicher, als die Schuld auf der Bankseite zu suchen, auch wenn dies im Einzelfall berechtigt sein sollte.

Eine gute Geschäftsbeziehung (auch die zwischen der Bank und einem Unternehmen) erfordert, dass beide Seiten ihre berechtigten Interessen durchsetzen können und Vorteile daraus ziehen. Dies kann nur dann gelingen, wenn man die Interessen der jeweils anderen Seite versteht und auch zu Kompromissen bereit ist.

18.4.7 Gesprächsinhalte schriftlich festhalten

Bankgespräche laufen üblicherweise in einer geschäftsmäßigen, freundlichen Atmosphäre ab. Nicht selten kommt es jedoch im Nachhinein zu unterschiedlichen Ansichten über die gemachten Zusagen in solchen Gesprächen. Daher sollten schon während des Gesprächs die wichtigsten Punkte laufend kurz notiert werden. Evtl. sollte am Ende des Gesprächs kurz eine Zusammenfassung vorgetragen werden, um Missverständnisse zu vermeiden.

Es kann auch sinnvoll sein, die Gesprächsergebnisse, entweder durch den Unternehmer selbst oder einen Berater des Unternehmens, in einem Brief an die Bank zusammenzufassen. Falls die Bank dieser Zusammenfassung nicht widerspricht, erkennt sie diese damit an.

18.4.8 Auf kritische Bankfragen vorbereiten

Die nachstehende Übersicht zeigt eine Auswahl möglicher Bankfragen, auf die man sich in der Vorbereitung auf das Kreditgespräch einstellen sollte. Je nach wirtschaftlicher Lage und den Verhältnissen im Unternehmen oder den Prüfschwerpunkten der Bank können natürlich noch weitere Fragen in Betracht kommen. Die Beispiele dienen daher vor allem Ihrer Vorbereitung und als Anregung. Fragen Sie sich auch selbst, welche Probleme die Bank sehen könnte. Werden Sie auf diese angesprochen, zeigen Sie mögliche Lösungsansätze auf.

Bereiten Sie sich auf Fragen nach Wettbewerbern, Marktaussichten und Branchenumsätzen vor. Überlegen Sie, welche Stärken Ihr Unternehmen aufzuweisen hat, z. B. Produktmerkmale oder einen besonderen Service für die Kunden.

Im Kreditgespräch will der Bankberater sicher mehr zu Ihren Unterlagen wissen und mögliche Probleme oder Schwachstellen aus seiner Sicht klären.

Bereiten Sie Antworten auf folgende häufige Fragen vor:

- Wie ist die Entwicklung von Markt und Branche?
- Wie stark ist die Konkurrenz und wie ist die Wettbewerbssituation?
- Was sind Risiken bei erkennbaren Kundenabhängigkeiten, wenn Sie z. B. mehr als 20 % Ihres Umsatzes mit einem Kunden erwirtschaften?
- Warum sollte ein Kunde gerade Ihre Produkte oder Dienstleistungen kaufen?
- Wie ist Ihre Qualifikation: Können Sie alle unternehmerischen Aufgaben leisten?
- Wie ist Ihre Personalstruktur: Qualifizierung, Fluktuation, Alter?
- Wie sieht Ihre Notfallplanung aus: Wie haben Sie vorgesorgt, falls Ihnen etwas passieren sollte?
- Wie erklären Sie Ihre Ertragslage?
  - Was sind die Ursachen für Umsatzeinbrüche?
  - Was sind die Ursachen für auffällig hohe Kosten, z. B. für Miete oder Fahrzeuge?
  - Was sind die Ursachen für Gewinneinbrüche bzw. Verluste?
- Wie ist Ihre Vermögenslage: Welche Sicherheiten können Sie bieten?
- Wie steht es um Ihre Finanzlage?
  - Was sind Ursachen für lange Zahlungsfristen von Kunden?
  - Wie kam es zu Auffälligkeiten in der Kontoführung, z. B. permanente Inanspruchnahme von Kontokorrentkrediten, Aufnahme von zusätzlichen Krediten bei anderen Banken?
- Fragen zum Investitionsvorhaben und zur geplanten Finanzierung: Art, Höhe, Nutzen, Wirtschaftlichkeit, Sicherheiten.

Fragen Sie sich schon während der Vorbereitung, welche Probleme die Bank sehen könnte, und bereiten Sie Lösungsansätze vor.

TAB. 20:	Checkliste Bankunterlagen
1	Unternehmenszweck
1.1	Branchenzugehörigkeit
►	Produktionsprogramm oder Handelssortiment
►	Tätigkeitsschwerpunkt und Nebentätigkeiten
►	Spartengliederung mit Umsatzanteil und Ergebnisbeiträgen
1.2	Marktstellung
►	Eigener Marktanteil
►	Stärkste Wettbewerber und ihre Marktanteile
►	Ansatzwege über eigenen Vertrieb, Großhandel oder Handelsvertreter
1.3	Auslandsgeschäft
►	Exportanteil am Umsatz
►	Wichtigste Abnehmerländer
►	Fertigung im Ausland
2	Rechtliche Grundlagen des Unternehmens
2.1	Rechtsform
►	Gründungsjahr
►	Letzte Änderung der Rechtsform
2.2	Gesellschaftsvertrag
►	Kapitalanteil und Stimmrecht der Gesellschafter
►	Geschäftsführungsbefugnis
►	Gewinnverteilung und Privatentnahmen
2.3	Verflechtung mit anderen Unternehmen
►	Verbundene und assoziierte Unternehmen
►	Unternehmen, zu denen ein Beteiligungsverhältnis besteht
2.4	Grundstücksverhältnisse
►	Eigentümer der Betriebsgrundstücke
►	Miet- und Pachtverträge sowie Immobilien-Leasing-Verträge
2.5	Versicherungen
►	Betriebsunterbrechungsversicherung (auch Beeinträchtigungen durch Cybercrime sollten eingeschlossen sein)
►	Lebensversicherung des Unternehmers
►	Sonstige Versicherungen, wie Debitorenversicherung (Kreditversicherung), Versicherung des Warenlagers, Gebäudeversicherung, Produkthaftpflichtversicherung
2.6	Schutzrechte
►	Patente und Lizenzen

3	Unternehmensführung
3.1	Management
►	Zusammensetzung, Alter und Vorbildung, Branchenkenntnis und Betriebszugehörigkeit
►	Mittelmanagement
3.2	Unternehmenspolitik
►	Strategische Ausrichtung des Unternehmens
►	Marketingpolitik
►	Personalpolitik und Führungsstil
3.3	Beratung des Unternehmens
►	Aufsichtsrat oder Beirat
►	Steuerliche Beratung
►	Sonstige Berater
3.4	Nachfolge und Stellvertretung
►	Ausreichende Regelungen
4	Kaufmännische Organisation
4.1	Aufbauorganisation
►	Gliederung und Zuständigkeiten
4.2	Rechnungswesen
►	Abwicklung mit eigener EDV-Anlage oder über ein fremdes Rechenzentrum
►	Betriebsabrechnung (Kalkulation)
►	Aufstellen von unterjährigen Abschlüssen (Monats-, Quartals- oder Halbjahresbilanzen)
4.3	Controlling
5	Betrieb
5.1	Betriebsstätten
►	Anzahl, Betriebszweck, Standorte sowie Verkaufsfläche bei Einzelhandelsunternehmen
5.2	Technische Ausstattung (Produktionsunternehmen)
►	Technischer Stand des Betriebs
►	Produktionskapazität und deren Auslastung
5.3	Darstellung des IT-Bereichs
►	Aufbau und Funktion der IT
►	Interne und externe Dienstleister
►	Sicherheitsmaßnahmen im IT-Bereich
5.4	Beschäftigte
►	Zahl und Zusammensetzung der Beschäftigten

6	Abhängigkeit
6.1	Kundenabhängigkeit
►	Verträge mit Großabnehmern
►	Anteile der fünf größten Kunden am Gesamtumsatz
6.2	Lieferantenabhängigkeit
►	Großverträge mit Lieferanten einschließlich Subunternehmern
►	Abnahmeverpflichtungen
►	Anteile der fünf größten Lieferanten am Wareneinkauf
7	Unternehmensplanung
7.1	Kurzfristige Planung und Entwicklung
►	Erwartete Entwicklung im laufenden und im kommenden Geschäftsjahr (Umsatz, Ein- und Verkaufspreis, Kosten sowie Gewinn und Cashflow)
►	Auftragseingang und -bestand (Reichweite der Aufträge)
7.2	Investitionsplanung
►	Umfang geplanter Investitionen, vorgesehene Finanzierung
►	Umsatz- und Ertragserwartungen aufgrund des Investitionsvorhabens
►	Vorhandenes Vorratsgelände
7.3	Mittel- und langfristige Unternehmensplanung
►	Strategische Ziele
►	Kooperations-, Beteiligungs- und Fusionsabsichten
8	Sonstige Fragen
8.1	Umweltprobleme und Altlasten steuerliche Situation
►	Erwartete Steuernachforderungen oder Steuererstattungen
►	Letzte Außenprüfung (Betriebsprüfung) des Finanzamts
8.2	Andere Bankverbindungen
►	Eingeräumte Kredite und dafür gestellte Sicherheiten
8.3	Private Vermögensverhältnisse des Firmeninhabers oder der persönlich haftenden Gesellschafter

18.5 Aufstellung eines Business-Plans

Vor allem dann, wenn auch andere Kapitalgeber als die bisherige Hausbank infrage kommen (z. B. Beteiligungsgesellschaften), wird auch von einem bestehenden Unternehmen ein Business-Plan erwartet. Es ist also nicht nur eine Unterlage, die bei der Finanzierung von Existenzgründern verlangt wird.

Die Aufstellung eines Business-Plans ist auch für die Überprüfung der eigenen Position, der Tätigkeitsfelder, der Strategie und vieler weiterer Aspekte eine sehr gute und notwendige Unterlage.

Als wesentliche Bausteine gelten:

- **Das Executive-Summary:**

  Dies ist eine zusammenfassende Kurzdarstellung auf einer Seite, maximal auf zwei Seiten.
- **Die Darstellung der Geschäftsidee:**

  Mit der Beschreibung der Zielgruppen, die eine Erläuterung des Nutzen- und Lösungsangebots beinhalten sollte.
- **Die Beschreibung des Produkts bzw. der Dienstleistung**
- **Die Beschreibung des Unternehmers/Unternehmerteams**
- **Die Marktanalyse:**

  Auch mit einer Konkurrenzanalyse.
- **Das Zukunftskonzept:**

  Das ist eine Kurzdarstellung der Vision des Unternehmers.
- **Der Finanzplan:**

  Dies ist, aus Sicht der Bank, der Schwerpunkt bei der Beurteilung der Tragfähigkeit einer Idee.
- **Das Marketingkonzept:**

  Es enthält die Beschreibung der Produkt-, Service-, Preis-, Distributions- und Kommunikationspolitik.
- **Die Organisation des Unternehmens**
- **Der zeitliche Ablauf der Umsetzung**
- **Die Bewertung der Chancen und Risiken**

Als Ergänzung zum Business-Plan können folgende Unterlagen bei Existenzgründern von Bedeutung sein:

- Lebenslauf mit beruflichem Werdegang,
- Arbeits- und Prüfungszeugnisse,
- Verträge (Miet-/Pacht-, Gebiets-, Leasing-, Franchise-Verträge u. a.),
- Nachweis über vorhandenes Eigenkapital,
- Kapitaldienstberechnung: Liste der voraussichtlichen Zins- und Tilgungskosten über die zu beantragende Kreditsumme,
- Liste über Sicherheiten (z. B. Bürgschaften, Grundbuchauszüge, Kundenforderungen mit Zahlungsterminen),
- Liste der Kunden bzw. Auftraggeber, ggf. Auftrags- oder Forecast-Liste,
- selbst eingeholte, aktuelle Schufa-Auskunft,
- Selbstauskunft (eigenes Vermögen/eigene Verbindlichkeiten).

Zur Vorstellung Ihres Vorhabens sind die wichtigsten Unterlagen die Vorhabensbeschreibung, der Investitionsplan, die Rentabilitäts- und Liquiditätsvorschau. Dementsprechend müssen diese Unterlagen sorgfältig zusammengestellt und in einer ansprechenden Form präsentiert werden.

Während bei der Vorhabensbeschreibung eine ausführliche und vollständige Darstellung Ihrer Gründungsidee erwartet wird, liegt beim Investitionsplan der Schwerpunkt auf der Darstellung der betrieblichen Anschaffungen im Anlage- und Umlaufvermögen, der Anlaufkosten und der Bildung von Reserven für Betriebsmittel.

Mithilfe der Ertrags- oder Rentabilitätsvorschau kann die Bank die zukünftige Ertragslage einschätzen. Eine möglichst realistische Planung und ein kaufmännisch vorsichtiger Ansatz bei den Berechnungen sind gerade bei dieser Darstellung ein Ausdruck für unternehmerische Kompetenz. Durch die Liquiditätsvorschau werden Finanzierungsengpässe und Überschüsse frühzeitig erkannt. Dem Unternehmen wird so rechtzeitig die Möglichkeit gegeben, Fehlentwicklungen gegenzusteuern. Die Unterlagen werden schließlich durch die Darstellung der persönlichen Erfahrungen mittels Lebenslauf sowie Ausbildungs- und Berufszeugnisse ergänzt.

18.5.1 Entwickeln Sie eine realistische Zukunftsperspektive

Lassen Sie sich bei allen Darstellungen nicht zu überzogenen Prognosen verleiten. Bleiben Sie realistisch, Ihre Angaben und Zielzahlen müssen plausibel und in sich schlüssig sein. Wenn Ihre Finanzplanung schon einfachen Plausibilitätskontrollen des Bankberaters nicht standhält, wird das Bankgespräch erfolglos bleiben.

Prüfen Sie sich und Ihre Darstellung mit folgenden einfachen Fragen:

- Wie viel Umsatz müssen Sie pro Tag erwirtschaften?
- Ist dies von Ihnen und Ihren Mitarbeitern erreichbar?
- Wie viele Kunden brauchen Sie für diesen Mindestumsatz?

Beschreiben Sie Ihre Idee, die Sie mit der Investition verwirklichen wollen, so anschaulich wie möglich. Denken Sie daran, dass Ihr Bankberater nicht mit allen Details von jedem Unternehmen gleichermaßen vertraut sein kann. Vielleicht können Sie Ihre Präsentation vor Freunden oder Kollegen proben. Deren Fragen und Einwände können Hinweise auf mögliche Schwachstellen in Ihrem Konzept sein.

18.5.2 Rentabilität darlegen

Damit Sie die Bank für Ihr Vorhaben gewinnen können, müssen Sie dem Bankberater auch die Rentabilität Ihres Unternehmensplans darstellen.

Beschreiben Sie, warum die geplanten Investitionen notwendig sind. Begründen Sie, welches Umsatz- und Ertragspotenzial die Investition schafft und wie Sie sich damit von der Konkurrenz abheben können. Wenn Sie Ihre Unterlagen entsprechend aufbereiten, verstärken Sie bei Ihrem Gesprächspartner das sichere Gefühl, ein durchdachtes und aussichtsreiches Vorhaben mitzutragen. Falls nötig, lassen Sie Ihr Projekt von der zuständigen Kammer oder einer Unternehmensberatung (auch Steuerberater oder Wirtschaftsprüfer sind hier möglich) bewerten und legen Sie das Gutachten vor.

18.5.3 Reserven einbauen

Bei der Geldbeschaffung sollte der Rahmen nicht zu eng gesetzt werden. Es ist nachteilig und oft auch zeitraubend für das Unternehmen, wenn ein vereinbarter Kredit schon nach kurzer Zeit nicht mehr ausreicht und dann mit der Bank Nachverhandlungen geführt werden müssen. Deshalb sollten bei jedem Finanzplan entsprechende Reserven berücksichtigt werden.

18.5.4 Kreditsicherheiten

Die Bank verleiht zu einem überwiegenden Teil von dritter Seite beschafftes Geld. Daher ist das Institut verpflichtet, zum einen über das Unternehmen und den Unternehmer sowie sein Umfeld gut informiert zu sein und zum anderen entsprechende Sicherheiten gestellt zu bekommen.

Die Bestellung von Sicherheiten stellt für die Bank eine Garantiefunktion dar, falls beim Kreditnehmer unvorhergesehene Umstände eintreten, die die vereinbarte Rückzahlung des Kredits verhindern.

Grundpfandrechte[17] nehmen wegen ihrer Wertbeständigkeit eine hohe Rangstelle ein. Auch Bürgschaften in Form von selbstschuldnerischen Bürgschaften sind ein weitverbreitetes Sicherungselement. In diesen Fällen verpflichtet sich ein Bürge gegenüber der Bank, für die Erfüllung der Verbindlichkeiten des Kreditnehmers einzustehen. Weitere Sicherungsformen sind die Sicherungsübereignung von Maschinen und Fahrzeugen des Unternehmens oder die Sicherungsabtretung einer Forderung an die Bank.

Eine Bank hat grundsätzlich das Ziel, mögliche Risiken zu 100 % abzusichern. Inwieweit das Unternehmen bereit ist, Sicherheiten zu stellen, muss im Einzelfall geprüft werden.

Bei Existenzgründungen mit sehr wenig Eigenkapital und ohne ausreichende Sicherheiten steht dabei Hilfe durch mehrere Kreditprogramme zur Verfügung. Auch die Inhaber von bestehenden Unternehmen können von Förderinstituten eine Unterstützung bei der Absicherung bekommen, wenn bankübliche Sicherheiten fehlen („Haftungsentlastung" bzw. „Haftungsfreistellung").

Denken Sie aber dann besonders gründlich über die Stellung von Sicherheiten nach, wenn Sie im Ernstfall die Existenz Ihrer Familie berührt. Überprüfen Sie auch die Bewertung der möglichen Sicherheiten durch die Bank. Es kann sinnvoll sein, vorhandene Immobilien neu bewerten[18] zu lassen, wenn der Wert nicht angemessen berücksichtigt wird.

18.5.5 Kreditkonditionen verhandeln und vergleichen

Über mögliche Zinssätze sollte erst verhandelt werden, wenn Ihr Unternehmenskonzept (Business-Plan) grundsätzlich diskutiert und angenommen wurde.

Und: Es gibt für kein Darlehen „den" Zinssatz. Jede Kreditkondition wird in Abhängigkeit vom individuellen Risiko vergeben und daher bestehen auch dort Verhandlungsspielräume. Erkundi-

17 Dies sind Hypotheken oder Grundschulden.
18 Sie brauchen dafür ein Verkehrswertgutachten.

gen Sie sich auch immer danach, ob Ihnen die Bank keine günstigeren Finanzierungsalternativen anbieten kann. Die Zinskonditionen sind bei verschiedenen Kreditinstituten aufgrund der jeweiligen Risikoeinschätzung unterschiedlich und hängen neben der Laufzeit des Darlehens auch von der Dauer der Zinsbindung ab.

Entscheidend für die Auswahl eines Kredits sollte auf keinen Fall die letzte Stelle nach dem Komma des Zinssatzes sein, sondern die von der Bank angebotene Gesamtkonzeption. Daher ist es nicht zu empfehlen, eine langjährige gute Zusammenarbeit mit einer Hausbank wegen geringfügig besserer Zinskonditionen bei einem anderen Institut infrage zu stellen.

Dauerhaftigkeit und Verlässlichkeit einer Bankverbindung sind wichtiger als geringfügig niedrigere Zinssätze.

18.5.6 Öffentliche Fördermittel einbinden

Bei einer Finanzierung sollten auch immer alle in Betracht kommenden vergünstigten Darlehen (KfW und weitere Förderinstitute auf Länderebene) beantragt werden. Nicht in allen Fällen wird das Kreditinstitut dieser Forderung gerecht.

Bewährt hat es sich, wenn Sie bereits die infrage kommenden Programme nennen können. Informieren Sie sich also vor dem Bankgespräch darüber und nehmen Sie dies in Ihren Business-Plan auf.

Meist sind in allen Programmen noch ausreichend Mittel verfügbar und der Antragsaufwand hält sich durch eine mögliche Online-Antragstellung oft in Grenzen. Die Vorteile wie niedrige Zinsen, tilgungsfreie Zeit, Unterstützung bei der Absicherung eines Bankdarlehens sollten Sie möglichst nutzen.

Auf der Webseite https://www.foerderdatenbank.de des Bundesministeriums für Wirtschaft und Klimaschutz (BMWK) finden Sie einen Überblick über Förderprogramme des Bundes, der Länder und der Europäischen Union.

18.5.7 Fristen bei Bezug von Fördermitteln einhalten

Wer Fördermittel nutzen will, muss meist bestimmte Fristen einhalten. Die Anträge sind vor der Investition zu stellen, und zwischen dem Antrag und der Auszahlung der Mittel können mehrere Wochen vergehen. Beziehen Sie auch die Bearbeitungszeit bei der Hausbank in Ihre Zeitplanung mit ein. Größere und riskantere Vorhaben werden im internen Kreditausschuss der Bank diskutiert und brauchen daher eine etwas längere Zeit zur Bearbeitung und Prüfung.

18.5.8 Geschäftspartner suchen

Sprechen Sie auch mit möglichen Geschäftspartnern. Es bringt Vorteile, wenn Sie Ihre Erfolgsaussichten mit einer Referenzliste dokumentieren bzw. künftige Kunden ihr Interesse an Ihren Leistungen und Produkten bestätigen.

18.5.9 Nach der Kreditzusage: Kontakt halten und informieren

Wenn das Finanzierungsgespräch erfolgreich verlaufen ist, lassen Sie den Kontakt zu Ihrem Bankberater nicht abbrechen. Halten Sie „Ihren" Bankberater auf dem Laufenden über die weitere Geschäftsentwicklung. Ihn interessieren durchaus auch gute Nachrichten zwischendurch und nicht erst beim nächsten Kreditgespräch.

Abhängig von der Lage bzw. der Dynamik einer Entwicklung sind hier monatliche bis vierteljährliche Gespräche sinnvoll.

Auch negative Entwicklungen im Unternehmen sollten der Bank offen dargestellt werden. Wenn ein Kreditnehmer versucht, seine finanzielle Situation zu verschleiern, wird der Kreditgeber früher oder später misstrauisch. Mit Sicherheit wird die Wahrheit über die wirtschaftliche Situation des Unternehmens früher oder später aufgedeckt.

Zu diesem Zeitpunkt ist vielleicht das letzte Vertrauen der Bank in das Unternehmen und den Unternehmer verloren gegangen, und mögliche Sanierungsmaßnahmen, die zu einem früheren Zeitpunkt noch erfolgreich gewesen wären, werden von der Bank nicht mehr mitgetragen.

Allerdings sollten die Ursachen für Negativentwicklungen bekannt und Gegenmaßnahmen geplant sein, bevor Sie die Bank informieren. Ein entsprechendes neues Konzept sollte der Bank schriftlich vorgelegt und dann mündlich erläutert werden.

Die rechtzeitige Information der Bank über die geschäftliche Entwicklung ist eine wichtige vertrauensbildende Maßnahme im Verhältnis zwischen Kreditgeber und Kreditnehmer. Daher sollte das Gespräch mit der Bank regelmäßig stattfinden. Beispielsweise sollten Kontoüberziehungen mit der Bank abgestimmt oder geplante Investitionsmaßnahmen immer frühzeitig bei der Bank vorgestellt werden.

Es ist ein häufiger Fehler, zuerst zu handeln, dann die Bank zu informieren und sie damit zu einer Kreditentscheidung zwingen zu wollen.

18.6 Bedeutung von Sicherheiten

Sicherheiten sind bei der Kreditvergabe von zentralem Interesse für die Banken. Denn nicht nur die Bonitätseinstufung spielt bei der Kreditentscheidung eine Rolle, sondern auch, ob und, wenn ja, welche Sicherheiten man dem Institut anbieten kann. Zwar wird man alleine wegen guter Sicherheiten i. d. R. keinen Kredit bekommen, aber ohne Sicherheiten ist es fast unmöglich, überhaupt einen Kredit zu erhalten.

Für Unternehmer ist es daher wichtig, sich mit dem Thema intensiv zu befassen und z. B. folgende Fragen zu beantworten:

- Welche Sicherheiten sind insgesamt vorhanden (Übersicht erstellen)?
- Welche Sicherheiten sind in welchem Umfang schon belegt, dienen also schon zur Absicherung von Krediten?
- Welche Sicherheiten werden bis zum nächsten gewünschten Kredit wieder frei?
- Welchen Wert haben welche Sicherheiten aus Ihrer Sicht?
- Wurden Wertpapiere oder Lebensversicherungen bereits abgetreten und, wenn ja, in welchem Umfang?
- Wie sollen vorhandene Sicherheiten ggf. auf zwei oder mehr Institute verteilt werden?

- Welche Freiräume bestehen noch?
- Gibt es Eigentumsvorbehalte, z. B. bei Waren und Gütern?
- Bestehen alle Forderungen zu Recht und haben die Kunden eine gute Bonität?

Das Problem beim Umgang mit Sicherheiten aus Sicht der Bank ist, dass oft nicht genau gesagt werden kann, wie viel Geld man für eine Sicherheit bei einer drohenden Verwertung in dem Fall erhält, wenn ein Kredit vom Kreditnehmer in der Zukunft nicht mehr bedient werden kann. Um das Problem zu lösen, werden sog. Beleihungsgrenzen vereinbart, die fast immer deutlich unter dem eigentlichen bzw. aktuellen Marktwert, dem Beleihungswert, liegen. Die Beleihungsgrenze wird je nach Sicherheit z. B. von Nenn-, Markt- oder Verkehrswerten berechnet.

BEISPIEL: Ein Grundstück hat einen Marktwert bzw. Beleihungswert von 2 Mio. €. Dieser Betrag entspricht dem Beleihungswert. Die Bank legt 60 % des Beleihungswerts als Obergrenze für die Sicherheit fest. Damit beläuft sich die Beleihungsgrenze auf 1,2 Mio. €. Mit dem Grundstück kann also ein Kredit in dieser Höhe abgesichert werden.

Die Beleihungsgrenzen unterscheiden sich von Institut zu Institut und sind oft verhandelbar, da es meist weder gesetzliche Vorgaben noch einheitliche Richtlinien für die Bewertung der Sicherheiten gibt. Die Übersicht in der folgenden Tabelle 21 kann daher nur eine grobe Orientierung zur überschlägigen Berechnung von Sicherheiten darstellen.

TAB. 21: Auswahl banküblicher Sicherheiten mit Beleihungsgrenzen

Sicherheit	Orientierungsgrößen für Beleihungsgrenzen
Bankguthaben	100 % des Nennwerts
Grundstücke	60-80 % des Verkehrswerts
Lebensversicherungen	100 % des Rückkaufswerts abzgl. Kapitalertragsteuer
Schuldverschreibungen öffentlicher Stellen	80 % des Kurswerts
Andere Schuldverschreibungen	60-80 % des Kurswerts
Aktien/Aktienfonds	50-60 % des Kurswerts
Rentenfonds	70 % des Rücknahmepreises
Zertifikate offener Immobilienfonds	Bis 80 % des Kurswerts
Edelmetalle	70 % des Metallwerts
Bürgschaft einer Bürgschaftsbank	100 % des Bürgschaftsbetrags
Bürgschaft von Ehepartnern und fremden Dritten	Abhängig von der Bonität
Maschinen und Geschäftsausstattung	30-50 % des Zeitwerts
Autos/Fahrzeuge	60 % des Zeitwerts
Forderungen	90 % bei Forderungen gegenüber der öffentlichen Hand, bei sonstigen Forderungen von Kunden 20-80 % des Forderungsbetrages, bei Steuererstattungen 100 % des Erstattungsanspruchs
Warenlager und Lagereinrichtung (Not-Sicherheiten)	10-50 % des Einstandspreises bzw. 10-40 % des Zeitwerts

Banken wünschen sich vor allem Immobilien, Bankguthaben, Lebensversicherungen zu definierten Rückkaufswerten, börsennotierte Wertpapiere und Bürgschaften öffentlicher Träger als Sicherheiten, da hier das Risiko für sie am geringsten ist, einen Verlust zu erleiden. Andere Sicherheiten sind weniger lukrativ und werden daher in der Praxis oft mit noch höheren Abschlägen gehandelt als in der Tabelle dargestellt. Um hier selbst Planungssicherheit zu bekommen, sollte man sich im Vorfeld mit dem Bankberater besprechen und die Werte für die Beleihungsgrenzen genau festlegen.

Nachforderungen der Banken vermeiden

Nachforderungen von Banken entstehen beispielsweise, wenn der Wert einer Sicherheit während der Kreditlaufzeit sinkt. Hat man z. B. Aktien als Sicherheit für einen Kredit hinterlegt und es kommt zu einem Börsencrash, reduziert sich nicht nur der Wert des Depots, sondern auch der Wert der Sicherheit, da parallel auch die Beleihungsgrenze sinkt.

BEISPIEL: Ein Unternehmen hat einen Kredit von 1 Mio. € aufgenommen und dafür Wertpapiere mit einem Kurswert von 2 Mio. € als Sicherheit hinterlegt. Die Beleihungsgrenze beläuft sich auf 50 % des Kurswerts, also auf 1 Mio. €. Nach einem halben Jahr kommt es an den Börsen zu einem Kursrückgang von 20 %, der Wert der Aktien beträgt nur noch 1,6 Mio. €, die Beleihungsgrenze sinkt damit auf nur noch 800.000 € und die Bank fordert von dem Unternehmen zusätzliche Sicherheiten von 200.000 €, um den Kredit wieder vollständig abzusichern.

In solchen Fällen fordern Banken Unternehmen regelmäßig auf, mehr und/oder höherwertige Sicherheiten kurzfristig bereitzustellen. Daher ist es wichtig, möglichst nur solche Sicherheiten zu stellen, bei denen die Wahrscheinlichkeit, dass es zu Wertreduzierungen kommt, gering ist. Das ist z. B. bei Immobilien oder Lebensversicherungen der Fall. Und man sollte sicherstellen, dass vorhandene Sicherheiten auf mehrere Institute verteilt werden, damit man bei Problemen mit einer Bank noch mit einem anderen Institut verhandeln kann.

18.7 Ablehnung des Kreditantrags – was ist, wenn die Bank „nein“ sagt?

Im Fall der Ablehnung Ihres Kreditantrags sollten Sie unbedingt nach den Gründen fragen. Nutzen Sie diese Informationen, um Ihr Konzept zu überprüfen und zu verbessern. Gibt die Bank mangelnde Sicherheiten als Ablehnungsgrund an, erkundigen Sie sich nach den Unterstützungen der Bürgschaftsbanken, die es in jedem Bundesland gibt. Eine Bürgschaftsbank stellt „Ausfall-Bürgschaften“ der jeweiligen Landesregierung zur Verfügung. Damit sind meist bis zu 80 % der Kredite abgesichert.

Sprechen Sie auch mit den Wirtschaftsförderern Ihrer Region bzw. des Landes oder mit einem entsprechend qualifizierten Berater. Klären Sie, ob es öffentliche Zuschüsse gibt, die die Eigenkapitalquote erhöhen, oder ob Sie von anderer Seite (Familie, Freunde und andere private Kapitalgeber) neues Eigenkapital bzw. „eigenkapitalähnliche“ Mittel bekommen.

Möglicherweise haben Sie Investitionen geplant, bei denen das vorhandene Eigenkapital nicht mehr zum gesamten gestiegenen Kapitalbedarf passt. In diesen Fällen lohnt es sich, über alternative Finanzierungsmöglichkeiten nachzudenken: Leasing statt Kauf oder neue Eigenkapitalgeber.

Und: Die Beurteilungen eines Investitions- oder Existenzgründungsvorhabens können sich zwischen verschiedenen Kreditinstituten durchaus unterscheiden. Was die eine Bank nicht finanzieren möchte, sieht eine andere Bank möglicherweise völlig anders.

LITERATUR

Ausführlich mit dem Thema „Bankgespräch" befasst sich folgendes Buch: *Sander,* Mit Kreditgebern auf Augenhöhe verhandeln, 3. Aufl. 2021.

19. Exkurs Basel III

19.1 Grundlegendes zu Basel III

Der Baseler Ausschuss für Bankenaufsicht hat Ende 2010 die neuen Kapital- und Liquiditätsvorschriften für Banken bekannt gegeben. Demnach müssen Kreditinstitute künftig mehr Eigenkapital vorhalten und Reserven anlegen, um mögliche finanzielle Schwierigkeiten aus eigener Kraft überbrücken zu können, etwa wenn in größerem Umfang Kredite ausfallen.

Der notwendige durchschnittliche Eigenkapitalanteil von derzeit noch 8 % soll schrittweise auf 13 % steigen. Die Regelungen bauen auf den Beschlüssen von Basel II auf und werden entsprechend als Basel III bezeichnet. Auf den ersten Blick betreffen die Änderungen nur Banken. Auf den zweiten Blick zeigt sich, dass auch Unternehmen in erheblichem Umfang betroffen sein werden, vor allem aus dem Mittelstand. Denn es ist damit zu rechnen, dass die Banken versuchen werden, die Kosten für die höheren Eigenkapitalanforderungen in Form steigender Kreditzinsen an ihre Kunden weiterzugeben.

19.2 Anforderungen an den Eigenkapitalanteil von Banken nach Basel III

Da der Begriff „Eigenkapital" bei Banken eine andere und auch besondere Bedeutung hat, hier eine kurze Darstellung dazu.

Das Eigenkapital der Kreditinstitute setzt sich aus dem Kernkapital und dem Ergänzungskapital zusammen. Betrachtet werden nach Basel III jeweils die Relationen der verschiedenen Eigenkapitalbestandteile (ausgedrückt in %) in Bezug auf die von der Bank im Rahmen ihrer Geschäftstätigkeit eingegangenen Risiken, vor allem durch Kreditgewährungen.

Das **Kernkapital** steht einer Bank dauerhaft zur Verfügung und untergliedert sich in **hartes** und **weiches** Kernkapital.

Das **harte Kernkapital** setzt sich zusammen aus dem Eigenkapital (i. d. R. Aktien) und den Gewinnrücklagen einer Bank.

Zum **weichen Kernkapital,** auch Zwitterkapital genannt, zählen hybride Finanzierungsinstrumente. Diese stehen in der bilanziellen Einordnung zwischen Eigen- und Fremdkapital, z. B. stille Einlagen oder Wandelanleihen, soweit die Instrumente die aufsichtsrechtlich vorgegebenen Kriterien für weiches Kernkapital erfüllen.

Das **Ergänzungskapital** zählt zu den erweiterten Eigenmitteln einer Bank, etwa Genussrechte oder langfristige nachrangige Verbindlichkeiten. Auch hier gilt, dass diese den vorgegebenen rechtlichen Bedingungen entsprechen müssen.

Dividiert man das Kernkapital einer Bank durch die Risikoposten (vor allem Kredite oder risikobehaftete Wertpapiere), erhält man die **Kernkapitalquote.** Sie zeigt an, wie groß der Anteil der durch Eigenmittel einer Bank gedeckten Kredite ist.

Bislang mussten die Banken lediglich eine Kernkapitalquote von 4 % einhalten (je 2 % hartes und weiches Kernkapital) – eindeutig zu wenig, wie die Finanzkrise gezeigt hat.

Die Institute müssen nun über 4,5 % hartes Kernkapital und 1,5 % weiches Kernkapital verfügen.

Im Jahr 2016 kam ein **Kapitalerhaltungspuffer** hinzu, der das harte Kernkapital ergänzt. Bis 2019 sollte dieser Puffer schrittweise auf 2,5 % anwachsen. Der Kapitalerhaltungspuffer muss ebenfalls aus hartem Kernkapital bestehen. Er darf in Krisenzeiten unterschritten werden. Allerdings hat eine Annäherung an die Mindest-Eigenkapitalquote von 8 % zur Folge, dass die Gewinnausschüttungsmöglichkeiten begrenzt werden. So soll verhindert werden, dass Banken trotz sich anbahnender oder bereits vorhandener Schwierigkeiten hohe Ausschüttungen vornehmen.

Darüber hinaus können einzelne Länder einen weiteren, antizyklischen Puffer von bis zu 2,5 % einfordern, um eine zusätzliche Möglichkeit zu haben, ein übermäßiges Kreditwachstum zu verhindern. Der antizyklische Puffer kann aus hartem oder weichem Kernkapital bestehen. Insgesamt kann das von den Banken vorzuhaltende Eigenkapital nach den Regelungen von Basel III also bis zu 13 % betragen (vgl. Tabelle 22 und 23).

TAB. 22: Aktuelle und künftige Eigenkapitalanforderungen – Teil 1[19]

Eigenkapitalbestandteile	Basel III	Basel II
Hartes Kernkapital	4,5 %	2,0 %
Weiches (zusätzliches) Kernkapital	1,5 %	2,0 %
Ergänzungskapital	2,0 %	4,0 %
Kapitalerhaltungspuffer	2,5 %	–
Antizyklischer Puffer	0-2,5 %	–
Gesamtes Eigenkapital	13,0 %	8,0 %

Banken müssen also künftig Eigenmittel i. H. von mindestens 8 % (Kern- und Ergänzungskapital) für die Vergabe von Krediten hinterlegen. Verstoßen sie gegen diese Regelung, wird von der Bankenaufsicht ein Insolvenzverfahren bei der betroffenen Bank eingeleitet!

19.3 Lange Übergangsfristen

Die neuen Regeln mussten bis 2018 schrittweise umgesetzt werden. Die vergleichsweise langen Übergangsfristen sollten zum einen verhindern, dass die Banken zu stark belastet werden. Zum anderen sollte verhindert werden, dass es durch zu kurzfristige Änderungen zu einer Kreditklemme für die Unternehmen kommt.

19 In Anlehnung an das Bundesfinanzministerium 2010.

TAB. 23: Aktuelle und künftige Eigenkapitalanforderungen – Teil 2		
Einführungszeitpunkt	Hartes Kernkapital	Gesamtes Kernkapital
2013	3,50 %	4,50 %
2014	4,00 %	5,50 %
2015	4,50 %	6,00 %
		Kapitalerhaltungspuffer
2016		0,625 %
2017		1,250 %
2018		1,875 %
2019 ff.		2,500 %

19.4 Kritik an Basel III

Die Banken befürchten, dass sie durch die neuen Regeln insgesamt bis zu 100 Mrd. € an zusätzlichem Eigenkapital benötigen. Zudem kritisieren deren Vertreter, dass das Regelwerk nicht auf die unterschiedlichen Geschäftsmodelle der Institute eingeht. Demnach seien z. B. Genossenschaftsbanken weniger Risiken ausgesetzt als Privatbanken. Nicht zuletzt wird angeführt, dass die fehlende Harmonisierung der internationalen Bilanzierungsregeln es z. B. amerikanischen Banken erlaubt, einen deutlich besseren Jahresabschluss auszuweisen, als dies bei europäischen Banken der Fall ist (Abschluss USA: US-GAAP, Abschluss Europa: IFRS).

19.5 Erwartete Auswirkungen auf Unternehmen und Gegensteuerungsmaßnahmen

Sicher ist, dass den Banken durch die Aufstockung des Eigenkapitalanteils höhere Kosten entstehen. Ebenso sicher ist, dass die Institute versuchen werden, diese höheren Kosten an die Unternehmen weiterzugeben. Betroffen sind vor allem mittelständische Unternehmen, die sich i. d. R. zu großen Teilen über Kredite finanzieren und oft nicht auf den Kapitalmarkt ausweichen können oder wollen.

19.5.1 Rating wird weiter an Bedeutung zunehmen

Die höheren Anforderungen an die Kreditinstitute durch Basel III werden u. a. dazu führen, dass sich die Banken künftig noch besser überlegen werden, wem sie zu welchen Konditionen Kredite geben wollen oder können.

Wichtigstes Kriterium bei der Entscheidung über die Vergabe und die Höhe der Zinsen wird die Risikoeinstufung eines kreditsuchenden Unternehmens sein. Je geringer das Ausfallrisiko bzw. je besser das Rating, desto eher werden Unternehmen neue Kredite erhalten oder ihre bestehenden Kreditlinien halten oder ausbauen können.

Damit rückt das Thema Rating für viele mittelständische Unternehmen wieder stärker in den Fokus. Bisher haben mittelständische Betriebe auch bei eher mittelmäßiger Einstufung Kredite zu durchaus noch akzeptablen Konditionen bekommen.

Ein Grund waren bzw. sind sicher die ausgeprägte Wettbewerbslage im Bankgewerbe und die seit Jahren andauernde Niedrigzinsphase. Der Handlungsdruck, vor allem bei kleineren Unternehmen, war daher bisher oft wenig ausgeprägt. Das wird sich ändern, denn einerseits werden die Banken bestrebt sein, ihr Ausfallrisiko so gering wie möglich zu halten, andererseits sind erste Zinsanstiege festzustellen (Sommer 2022).

Kredite werden bevorzugt und zu guten Konditionen an Unternehmen vergeben, bei denen das Ausfallrisiko gering ist. Der Nachweis ist nur mit einem Rating zu führen.

Bei einem Rating werden vor allem folgende Punkte analysiert und bewertet, wobei es je nach Institut geringfügige Unterschiede oder anders gesetzte Schwerpunkte geben kann:

1. **Jahresabschlüsse** der vergangenen drei bis fünf Jahre, inkl. Kennzahlen, z. B. Eigenkapitalanteil, Fremdkapitalanteil, Cashflow oder Schuldentilgungsdauer, Ertragskraft, Liquidität, Kapitalausstattung
2. **Bankinterne Informationen,** z. B. Zahlungsverhalten, Überziehungen, Vergleich wichtiger Zahlen mit der Branche (z. B. Wachstum, Kapitalrelationen), Wachstumsaussichten
3. **Unternehmensplanung** (operativ u. a. mit Absatzzahlen, Preisen, Kosten, **Investitionen,** Liquidität und strategisch u. a. mit Zahlen für bis zu fünf Jahre, Unternehmens- und Produktbeschreibungen, Marktanalysen, Marktstellung, Wachstumsraten, strategischer Ausrichtung, etwa Marktführerschaft, Risikoanalyse)
4. **Qualität** der **Planungsrechnung** und **Qualität** des **Rechnungswesens** (z. B. Rechnungsstellung, Forderungsmanagement, Mahnwesen)
5. **Qualität** der **Organisation,** inkl. Bewertung der eingesetzten IT-Lösungen
6. **Weiche Faktoren,** z. B. Managementqualifikation, Produkte, Kunden, Notfallregelungen, Personalpolitik
7. **Sonstiges,** z. B. Sicherheiten, Garantien, Beteiligungsübersicht, Verträge, Zusammenarbeit mit der Bank/Verhalten gegenüber der Bank

Aus den genannten und weiteren Faktoren ermittelt jede Bank eine (individuelle) Rating-Note. Unternehmen mit guten oder sehr guten Noten werden auch künftig wenig Probleme haben, einen Kredit zu erhalten, Unternehmen mit mittelmäßigen oder schlechten Noten müssen höhere Zinsen zahlen oder bekommen überhaupt keine Kredite mehr. Denn auch nach den Regelungen von Basel III müssen Banken Kredite, die sie an sehr gut eingestufte Kunden vergeben, nicht mit 100 % (hier gleichzusetzen mit maximal 13 %) Eigenmitteln hinterlegen, sondern nur mit einem geringeren Teil. Anders ausgedrückt: Wenn eine Bank Kredite nur an Kunden mit gutem Rating vergibt, kann sie deutlich mehr Kredite gewähren und die Verdienstmöglichkeiten sind größer.

19.5.2 Handlungsdruck wird vor allem im Mittelstand zunehmen

Für Unternehmer und Mandanten bedeutet das, dass sie sich möglichst zeitnah (wieder) stärker mit dem Thema Rating und Ratingverbesserung befassen müssen, wollen sie auch künftig zu guten Konditionen Kredite von ihrer Bank erhalten.

Dabei gilt nach wie vor: Unternehmer, die sich um ein gutes Rating bemühen, erledigen nicht nur eine Pflichtaufgabe, sondern arbeiten aktiv daran, das Unternehmen besser aufzustellen. Sie müssen quasi den gesamten Betrieb „durchleuchten" und analysieren. Dabei auftretende Schwachstellen können oft direkt behoben werden. Damit verbessert sich nicht nur das Rating, sondern auch die wirtschaftliche Lage eines Unternehmens.

PRAXISTIPP

Setzen Sie sich mit der Hausbank in Verbindung, um in Erfahrung zu bringen, was Sie konkret tun können, um das Rating zu verbessern. Gleichzeitig sollten Sie darauf achten, dass Sie die Kommunikation mit der Bank kontinuierlich ausbauen und verbessern. Das beginnt bei der (freiwilligen) Einreichung wichtiger Unterlagen. Darüber hinaus sollten Sie regelmäßig mit Ihrem Banksachbearbeiter ein persönliches Gespräch suchen, um sich auszutauschen. Dabei erfährt nicht nur die Bank Dinge über Ihr Unternehmen, auch umgekehrt besteht die Möglichkeit, sich nach den aktuellen Anforderungen der Bank zu erkundigen oder Tipps für Verbesserungen zu bekommen. Vor allem wenn größere Ereignisse anstehen, z. B. neue Aufträge oder Investitionen oder durch Krisen bedingte Maßnahmen, sollte die Bank hiervon frühzeitig in Kenntnis gesetzt werden.

19.5.3 Finanzierungsalternativen erschließen

Um die Abhängigkeit von der Bank zu verringern, sollte zudem jedes Unternehmen prüfen, ob und ggf. welche Möglichkeiten bestehen, andere Finanzierungsquellen zu erschließen. Nachfolgend werden ausgewählte Alternativen genannt, die man bei Interesse oder Notwendigkeit einer genaueren Bewertung unterziehen sollte:

TAB. 24: Verschiedene Finanzierungsquellen

Finanzierungsquelle	Weiter gehende Informationen
Factoring	Bundesverband Factoring, Informationen zum Thema und seriöse Partnerfirmen unter *www.factoring.de*
Leasing	Informationen und seriöse Anbieter z. B. über den Bundesverband Deutscher Leasing-Unternehmen unter *www.bdl-leasing-verband.de*
Mittelständische Beteiligungsgesellschaften	*www.mbg.de*, als Einstieg. Jedes Bundesland hat seine eigene Gesellschaft; ggf. mit einer Suchmaschine und dem Begriff „Mittelständische Beteiligungsgesellschaften" sowie Bundesland suchen

Finanzierungsquelle	Weiter gehende Informationen
Fördermittel und Zuschüsse	Für mittelständische Unternehmen vor allem die KfW Bankengruppe (wichtig: Antrag muss über Hausbank gestellt werden): *www.kfw.de*, dann z. B. Programmübersicht oder Förderberater wählen, oder *www.subventionen.de*
Mikrokredite (nur für Kleinunternehmer oder Gründer mit geringem Kapitalbedarf)	Informationen und Angebote z. B. unter Deutsches Mikrofinanz Institut (*www.mikrofinanz.net)* oder *https://www.bmas.de/DE/Arbeit/Arbeitsfoerderung/Foerderung-der-Erwerbstaetigkeit/Mikrokredit/mikrokredit.html*
Eigenkapital zuführen	Beispielsweise über die Altgesellschafter oder Aufnahme neuer (stiller) Gesellschafter

19.6 Weitere Maßnahmen zur Ratingverbesserung

Zusätzlich kann über folgende Möglichkeiten nachgedacht werden, das Rating eines Unternehmens zu verbessern:

- Umschichtung von Verbindlichkeiten, z. B. Umwandlung kurzfristiger in langfristige Kredite oder Verhandlung mit Lieferanten über Verlängerung von Zahlungszielen,
- (vorzeitige) Schuldentilgung,
- Veräußerung von nicht mehr notwendigem Vermögen,
- Sortimentsbereinigung, Verringerung der Lagerbestände, Ladenhüter und Langsamdreher möglichst auslisten,
- Einführung eines Materialwirtschaftssystems zur besseren Bestandsplanung und -steuerung,
- regelmäßige Verhandlung mit Lieferanten über Preise und Konditionen; ggf. Austausch von Anbietern,
- Verringerung der Wertschöpfungstiefe, d. h. Auslagerung bestimmter Funktionen an Dritte und somit auch Verlagerung des unternehmerischen Risikos,
- Produktneuentwicklung, Kundenakquise und Kundenpflege (Erhöhung von Umsatz, Ergebnis und Cashflow, Verbesserung der Bilanzkennzahlen),
- Aufbau eines (einfachen) Risikomanagement- und Frühwarnsystems,
- ...

Grundsätzlich kann gesagt werden, dass zahlreiche Maßnahmen, die dazu beitragen, das Betriebsergebnis und die Leistungsfähigkeit eines Unternehmens zu verbessern, auch zu einem besseren Rating führen. Insofern haben Unternehmen, die sich aktiv um eine Verbesserung des Ratings kümmern, Vorteile in verschiedenen Bereichen.

20. Überschuldung und Fortführungsprognose

20.1 Überschuldung

Am 17.12.2020 hat der Deutsche Bundestag das Gesetz zur Fortentwicklung des Sanierungs- und Insolvenzrechts („SanInsFoG") verabschiedet, das schon mit Wirkung vom 1.1.2021 zahlreiche Neuerungen im Restrukturierungs- und Insolvenzrecht brachte. Ein Element des Gesetzes sind Anpassungen bei den Insolvenzgründen und den Insolvenzantragspflichten.

Im Grundsatz bleibt es bei der bisherigen Regelung, wonach bei juristischen Personen und Gesellschaften, bei denen keine natürliche Person unbeschränkt persönlich haftet, eine Insolvenzantragspflicht bei Zahlungsunfähigkeit und bei Überschuldung besteht.

Zahlungsunfähigkeit liegt danach vor, wenn eine Gesellschaft nicht in der Lage ist, ihre fälligen Zahlungspflichten zu erfüllen. Gegenüberzustellen sind dafür stichtagsbezogen die fälligen Verpflichtungen und die zu deren Erfüllung zur Verfügung stehenden liquiden Mittel. Unschädlich ist lediglich eine geringfügige Deckungslücke bis etwa 10 % der fälligen Verbindlichkeiten, sofern mit deren Beseitigung kurzfristig gerechnet werden kann.

Überschuldung liegt vor, wenn das Vermögen der Gesellschaft die bestehenden Verbindlichkeiten nicht mehr deckt, es sei denn, die Fortführung des Unternehmens in den nächsten zwölf Monaten ist nach den Umständen überwiegend wahrscheinlich.

Die **Fortführungsprognose steht damit am Anfang** der zweistufigen insolvenzrechtlichen Überschuldungsprüfung:

Zu untersuchen ist dabei die voraussichtliche Erfüllbarkeit der im **Prognosezeitraum von zwölf Monaten** fällig werdenden Verbindlichkeiten. Liegt eine positive Prognose dokumentierbar vor, ist eine rechnerische Überschuldungsprüfung nicht mehr erforderlich. Ergibt sich keine positive Fortführungsprognose, ist die Gegenüberstellung der bestehenden Verbindlichkeiten und des Gesellschaftsvermögens stichtagsbezogen im Rahmen eines Überschuldungsstatus vorzunehmen. Anzusetzen sind dabei die Liquidationswerte. Ergibt sich auf dieser Grundlage eine rechnerische Unterdeckung, liegt Überschuldung als Insolvenzgrund vor.

Es gilt weiterhin der Grundsatz, dass nach Eintritt des Insolvenzgrundes der **Insolvenzantrag „ohne schuldhaftes Zögern"** gestellt werden muss. Eine Differenzierung gibt es zukünftig allerdings bei der absoluten Höchstfrist. Diese beträgt:

- bei Zahlungsunfähigkeit (wie bisher) **drei Wochen,**
- bei Überschuldung **sechs Wochen.**

An diesen recht kurzen Fristen wird noch einmal deutlich, dass der Geschäftsführer dafür Sorge zu tragen hat, dass in seinem Unternehmen ein professionelles Liquiditätsmanagement vorhanden ist, um spätere Haftungsansprüche gegen ihn persönlich abwehren zu können.

20.2 Wesentliche Inhalte einer qualifizierten Fortführungsprognose

Für eine positive Fortführungsprognose müssen zwei Voraussetzungen gegeben sein:

1. Es muss zunächst ein subjektiver Fortführungswille des Unternehmers (Schuldners) vorliegen.
2. Darüber hinaus muss die objektive Fortführungsfähigkeit belegt werden.

Hierzu ist zunächst eine sorgfältige Analyse der Ausgangslage (Krisenursachen und Schwachstellen) erforderlich. Darauf aufbauend sind mindestens folgende Planungen bzw. Prognosen erforderlich:

- Darstellung und genaue Beschreibung der geplanten Sanierungsmaßnahmen, z. B. Trennung von Geschäftsfeldern, Fokussierung auf bestimmte Sparten, Möglichkeiten der Kundengewinnung, Veränderungen in der Führungsmannschaft,
- finanzwirtschaftliche Verhältnisse: operative und strategische Planungen über den Zeitraum von 12 bzw. 24 Monaten,
- leistungswirtschaftliche Verhältnisse, z. B. Produktprogramm, Kunden, Markt und Marktentwicklung, Wettbewerb, Beschaffung, Forschung und Entwicklung,
- besondere Risiken, z. B. Wirtschaftsentwicklung, Wettbewerber, schnelle Innovationszyklen mit hohem Kapitalbedarf für Entwicklungen, und Nennung geeigneter Maßnahmen,
- Management und Personal, z. B. Qualifikationsnachweise, Lebensläufe, Weiterbildungen,
- Beteiligungen, verbundene Unternehmen,
- Organisation, Rechnungswesen, Controlling, EDV/IT,
- ggf. Darstellung von Maßnahmen zur Verbesserung der Finanzierung, z. B. Gesellschaftereinlagen, Sanierungshilfen/-zusagen der Gläubiger (aus Gläubigerschutzgründen nur ansetzbar bei Vorliegen einer rechtsverbindlichen Zusicherung),
- als Ergebnis der Teilplanungen: voraussichtliche künftige unternehmerische Zahlungsfähigkeit (Liquidität, Zahlungsfähigkeitsprognose).

In jedem Fall sollten Sie als Unternehmer hier die Unterstützung von Steuerberatern, Wirtschaftsprüfern oder entsprechend spezialisierten Unternehmensberatern in Anspruch nehmen.

20.3 Prognosezeitraum und Sorgfaltspflicht

Beim Prognosezeitraum sollte auf eine „mittelfristige Perspektive" abgestellt werden, mindestens aber auf einen 18- bis 24-monatigen Zeitraum. In der Praxis sollten wenigstens drei, besser bis fünf Jahre betrachtet werden. Einen Orientierungsrahmen können hier auch die Forderungen der Banken an die Dauer der Planungen geben.

Zudem muss für die Prognose eine klare Eintrittswahrscheinlichkeit bestimmt werden. Die Angaben müssen plausibel und durch sachverständige Dritte nachprüfbar sein. Prognose und tatsächliche Ergebnisse sind regelmäßig zu überprüfen und zu dokumentieren. Dies ist insofern von besonderer Bedeutung, als dem Unternehmer im Falle einer zu optimistischen oder geschönten Planung eine Haftung wegen Insolvenzverschleppung droht.

Anmerkung: Immer mehr Wirtschaftsprüfungsunternehmen bestehen inzwischen auf einer Fortführungsprognose, wenn ein Unternehmen einen positiven Prüfungsvermerk bekommen möchte.

20.4 Weitere Erfolgsfaktoren neben der eigentlichen Neuausrichtung

- Verhalten der Inhaber und Bereitschaft, selbst weitere Risiken einzugehen, z. B. Stellung weiterer Sicherheiten, zusätzliche Einlagen, Entnahmeverhalten, Bereitschaft zu persönlicher Einschränkung
- Beziehung zur Bank, z. B. freiwillige Informationsbereitstellung, regelmäßige Kontaktpflege und damit verbunden deren grundsätzliche Bereitschaft, zugesagte Kreditlinien zumindest aufrechtzuerhalten
- Bereitschaft von Geschäftspartnern, eine Neuausrichtung mitzutragen (z. B. Banken, Kunden, Lieferanten, Gewerkschaften, Versicherungen)
- Bewertung bzw. realistische Einschätzung der Führungskräfte (z. B. grundsätzliche Eignung und Leistungsfähigkeit, Bereitschaft zur Veränderung, Veränderung von Führungsstrukturen, ggf. Austausch des Managements)

HINWEIS

Der zusätzliche Arbeitsaufwand, der entsteht, wenn man eine belastbare Fortführungsprognose erstellt, ist in der Praxis oft erheblich, da es notwendig ist, eine komplette Unternehmensbeschreibung anzufertigen, und es nicht genügt, sich „nur“ auf die Erstellung der Zahlungsströme und die grundsätzliche Ertragsfähigkeit zu konzentrieren.

Betroffene Unternehmen müssen damit rechnen, dass es mehrere Wochen dauert, das Konzept zu erstellen. Wie oben beschrieben, liegen die absoluten Höchstgrenzen für die Stellung eines Insolvenzantrags bei drei bzw. sechs Wochen. Hinzu kommen noch zahlreiche Gespräche, die mit wichtigen Geschäftspartnern geführt werden müssen, um diese davon zu überzeugen, dass das Unternehmen künftig wieder Gewinne und Einzahlungsüberschüsse erwirtschaften wird.

21. Alternative Finanzierungsmöglichkeiten – welche Form für welchen Fall?

21.1 Beteiligungs-/Risikokapital/Private Equity

Beteiligungskapital wird auch als Risikokapital (oder Venture-Capital) bezeichnet. Dabei ist das Risiko für den Kapitalgeber, das eingesetzte Geld zu verlieren, höher als bei anderen Finanzierungen. Aus dem Englischen kommend wird das Beteiligungskapital auch als Private-Equity-Kapital bezeichnet.

Risiko- bzw. Wagniskapital gibt es sowohl für die Finanzierung in der frühen Unternehmensphase als auch in der Wachstumsphase. Dabei wird Eigenkapital – zeitlich begrenzt – zugeführt. Die Kapitalgeber tätigen das Investment unter Renditegesichtspunkten. Nach etwa drei bis acht Jahren trennen sich die Kapitalgeber i. d. R. durch den Verkauf der Unternehmensbeteiligung von ihrem Investment.

Es wird zur (Mit-)Finanzierung folgender Themen vergeben:

- Anlagen,
- Geräte,
- Maschinen,
- Immobilien,
- Auszahlung von Gesellschaftern,
- Ausgleichszahlung bei Erbauseinandersetzungen,
- Wachstumsfinanzierung,
- Entwicklung und Markteinführung eines innovativen Produkts.

Das Beteiligungskapital ermöglicht einen höheren Liquiditätsspielraum, ist jedoch die falsche Finanzierungsform für eine kurzfristige Betriebsmittelfinanzierung. Dies liegt u. a. daran, dass das Anfangsvolumen für das Beteiligungskapital im Minimum bei einer viertel bis halben Mio. € liegt.

Eine Übersicht der etwa 200 Kapitalbeteiligungsgesellschaften in Deutschland ist auf den Seiten des Bundesverbandes Deutscher Kapitalbeteiligungsgesellschaften (www.bvkap.de) zu finden. Die Zuordnung, welche Kapitalgesellschaft welche Projekte finanziert, ist den Internetseiten zu entnehmen.

Kapitalgesellschaften können sein:

- private Finanziers (z. B. Business Angels, auch aus dem Ausland),
- Industrieunternehmen,
- Banken,
- öffentlich geförderte mittelständische Beteiligungsgesellschaften des BVK,
- Unternehmens-Beteiligungs-Agentur,
- KfW Bankengruppe.

Innovative, technologieorientierte Unternehmen, speziell aus risikoreichen und finanzierungsintensiven Branchen, sollten sich bei ihrer Wahl der anzusprechenden Kapitalgesellschaft auf

Industrie und Banken konzentrieren. Private Kapitalgesellschaften scheuen häufig das Risiko einer Investition in diese Themengebiete.

Die öffentlich geförderten mittelständischen Beteiligungsgesellschaften des BVK sind speziell auf kleine und mittelständische Unternehmen (KMU) abgestimmt.

Ihr Kapital kommt aus dem European Recovery Program (ERP) der Bundesregierung. Ursprünglich wurde dieses Programm innerhalb des Marshallplans definiert, der nach dem Zweiten Weltkrieg den Wiederaufbau Europas garantieren sollte.

Die Gesellschaften des BVK beteiligen sich am Unternehmen, ohne Einfluss auf die Geschäftsführung zu nehmen. Diese Beteiligungsart ist eher für die Finanzierung bestehender Unternehmen in Form einer Zweit- oder Weiterfinanzierung zu sehen.

Die Unternehmens-Beteiligungs-Agentur stellt im Auftrag des Bundesministeriums für Wirtschaft und Technologie Gelder für kleinere Technologieunternehmen zur Verfügung. Hierfür ist ein spezielles Programm „Beteiligungsprogramm für kleine Technologieunternehmen“ (BTU) aufgesetzt worden.

Speziell Unternehmen aus risikoreichen und finanzierungsintensiven Branchen müssen prüfen, ob Gelder aus diesem Programm in Kombination mit anderen Finanzierungsformen ihren Kapitalbedarf abdecken können.

Die Beteiligungsgesellschaften haben unterschiedliche Ziele bei der Kreditvergabe. Nachfolgend ist ein kurzer Überblick darüber gegeben:

- **Anlage-, Vermögensgesellschaften:**
  - langfristige Rendite,
  - Beteiligung an der Unternehmensführung.
- **Privatfinanziers (Business Angels):**
  - langfristige Rendite,
  - Erfahrungsweitergabe.
- **Öffentlich geförderte mittelständische Beteiligungsgesellschaften des BVK:**
  - Wirtschaftsstrukturpolitik,
  - Kapital-/Arbeitsplatzerhalt.
- **Corporate-Venture-Capital:**
  - mittelfristige Rendite,
  - Synergien mit anderen eigenen Firmen.
- **Venture-Capital-Gesellschaften:**
  - kurzfristige Rendite durch Veräußerungsgewinn.
- **Venture-Capital-Gesellschaften von Landesbanken/Sparkassen:**
  - mittelfristige Rendite,
  - Wirtschaftsstrukturpolitik.

Bei dieser Fülle von Auswahlmöglichkeiten sollte man die nachfolgenden Kriterien für die Auswahl der Beteiligungsgesellschaft beachten:

- Unternehmensphase,

- gewünschte Beteiligungsform,
- Einschätzung der Aufwendungen für die Kontrollaufgaben der Beteiligungsgesellschaft,
- Größenordnung des benötigten Investments,
- Branchenrisikobetrachtung,
- Auswahl des Standorts.

Nachfolgend werden die gängigsten alternativen Finanzierungsformen erläutert.

21.2 Venture-Capital

Venture-Capital (VC) ist ein langfristiges, mit Managementunterstützung verbundenes Investment in ein innovatives Wachstumsunternehmen in Form von (haftendem) Eigenkapital, zu dessen Rückzahlung oder Verzinsung der Beteiligungsnehmer nicht verpflichtet ist. VC-Geber werden Miteigentümer und tragen unternehmerisches Risiko.

VC-Geber können sein:

- **Gebundene Investoren:**

  Das sind VC-Gesellschaften, die sich über institutionelle Anleger (Banken, Versicherungen, Pensionskassen) refinanzieren. Sie bieten Beteiligungen i. d. R. in der Wachstumsphase, weniger häufig in der Start-up-Phase.
- **Institutionelle Investoren:**

  Das sind VC-Geber im eigentlichen Sinn, privatwirtschaftliche Risikofinanzierer.

  Das Beteiligungskapital wird hier in Fonds gesammelt, aus denen die einzelnen (offenen) Beteiligungen finanziert werden.

Das Venture-Capital ist Eigenkapital, das dem Unternehmen ohne Sicherheiten von Beteiligungsgesellschaften (siehe oben) für einen definierten Zeitraum zur Verfügung gestellt wird. Der Kredit wird kleinen und mittleren Unternehmen (KMU) u. a. bei Gründungen mit Schwerpunkt „Forschung und Entwicklung" gewährt. Die Beteiligungsgesellschaften übernehmen mit dem Kredit Minderheitsbeteiligungen an dem Unternehmen. Diese Form wird als formelles Venture-Capital bezeichnet.

Damit geht die Verpflichtung des Unternehmers zu regelmäßiger Managementberatung und betreuung einher. Die Beratung und Betreuung soll verhindern, dass der Unternehmer aus der Sicht der Finanziers falsche Entscheidungen im Unternehmen trifft. Der Geldgeber will selbst keinen unternehmensstrategischen Einfluss im Unternehmen ausüben.

Damit diese Strategie der Beteiligung zu einem positiven Ergebnis führt, wird ein Aufsichtsrat gebildet, durch den die Geldgeber den Überblick über die Entwicklung des Unternehmens behalten. Die Zielsetzung der Geldgeber ist, ihr Kapital innerhalb des eingesetzten Zeitraums mit einem hohen Gewinn zurückzuerhalten.

Die Form der Minderheitsbeteiligungen kann über stille Gesellschaften oder direkt erfolgen. Bei stillen Gesellschaften ist im Allgemeinen ein Betrag in Form eines Zinssatzes pro Jahr zu zahlen und die Laufzeit kann bis zu zehn Jahre betragen. Dieser Betrag enthält einen fixen und einen variablen Anteil. Nach diesen zehn Jahren muss der Beteiligungsanteil auf jeden Fall zurückgezahlt werden.

Der Vertreter der Venture-Capital-Gesellschaft muss aufgrund der Einflussnahme auf die Unternehmensgeschäfte über ein intensives Branchen- und (technologisches) Fachwissen verfügen. Daraus ergibt sich die benötigte Marktkenntnis über das Marktpotenzial.

21.3 Business Angels

Die Business Angels haben langjährige Erfahrungen in der aktiven Führung und Leitung von Unternehmen. Sie sind wirtschaftlich unabhängig und besitzen aufgrund ihrer früheren Tätigkeit intensive Branchenerfahrung. Business Angels sind bereit, ihr „Know-how" bei einer Beteiligung an einem Unternehmen einzubringen. Es sind vermögende Privatpersonen, die sich meist frühzeitig an Unternehmen beteiligen (Seedphase). Hier handelt es sich meist nur um eine vergleichsweise geringe Beteiligungshöhe (100-500 T€). Es besteht oft eine regionale Beteiligungsabsicht.

Diese Form der Finanzierung ist immer mit einer Beteiligung am Unternehmen verbunden. Sie wird informelles Venture-Capital genannt.

Die Business Angels können in drei Kategorien aufgeteilt werden:

- Active Angels,
- Silent Angels,
- Perfect Angels.

Die **Active Angels** investieren eher geringes Kapital und setzen dafür ihr Wissen und ihre Kontakte für das Unternehmen ein. **Silent Angels** investieren vorrangig höhere Kapitalbeträge und unterstützen das Unternehmen gerne in Kombination mit Active oder Perfect Angels. Für sie steht der Zinsertrag der Beteiligung im Vordergrund. **Perfect Angels** variieren die Höhe ihrer Beteiligung am Unternehmen und sind aktiv an der Gestaltung des Unternehmens beteiligt. Sie werden u. a. Geschäftsführer im Unternehmen und bringen zusätzlich zu ihrem Know-how auch ihre Kontakte ein.

Business Angels sind in regionalen Netzwerken und in einem Dachverband organisiert. Der Dachverband heißt Business Angels Netzwerk Deutschland (BAND) e.V. und ist unter www.business-angels-forum.de oder www.business-angels.de erreichbar. Auf diesen Internetseiten sind alle Netzwerke in Deutschland aufgelistet.

21.4 Mezzanine-Finanzierung

Das Wort „Mezzanin" stammt aus dem Italienischen und bedeutet Zwischengeschoss. Der Begriff „Mezzanine-Finanzierung" ist für eine Finanzierungsform gewählt worden, die zwischen dem Fremd- und Eigenkapital steht. Es gibt zwei Ausprägungen der Finanzierung:

- **Eigenkapitalähnlich (Equity-Mezzanine):**
  - typische stille Beteiligung,
  - atypische stille Beteiligung,

- Unterbeteiligung,
- Genussrechte,
- wertpapierverbriefte Genussscheine,
- Wandel- und Optionsanleihen,
- Null-Kupon-Anleihe (Zerobonds),
- Going-public-Optionsanleihe.

► **Fremdkapitalähnlich (Debt-Mezzanine):**

- Nachrangdarlehen,
- partiarisches Darlehen,
- Gesellschafter-Darlehen,
- Mezzanine-Fonds.

Alle oben aufgeführten Beteiligungsgesellschaften können Geldgeber dieser Finanzierungsformen sein. Hinzu kommen Privatpersonen wie auch die eigenen Mitarbeiter in Form eines Mitarbeiterbeteiligungsprogramms. Die Bandbreite der Finanziers und die Vielzahl der Kapitalformen sind somit sehr groß.

Unternehmen, die Interesse an Mezzanine-Finanzierung haben, sind kleine und mittlere Unternehmen (KMU), die weiterhin frei bei ihren strategischen Unternehmensentscheidungen bleiben wollen und auch keine Veränderung der Eigenkapitalstruktur anstreben.

Diese Voraussetzungen werden zusätzlich durch Möglichkeiten einer flexiblen Rückzahlung aus Sicht des Unternehmers positiv ergänzt. Die nachfolgenden Punkte geben einen Überblick über die flexiblen Parameter einer Mezzanine-Finanzierung:

► Gewinn,

► Verzinsung,

► Tilgung,

► Ausschüttung,

► Rückzahlung,

► Laufzeiten,

► Kündigungsmodus,

► Nachrangigkeit gegenüber anderen Finanzverpflichtungen,

► unabhängig von Kapitalmarktschwankungen.

Die Mezzanine-Finanzierung bringt dem Unternehmen weitere Vorteile bei der Betrachtung der Themen Steuer und weitere Finanzierungen. Einige sind nachfolgend aufgeführt:

► Ratingverbesserung bei Banken (siehe Absatz zu Basel II),

► Steigerung der Bonität (Auskunfteien),

► Ausweitung der Basis für weitere Fremd- und/oder Eigenkapitalfinanzierungen,

► Verringerung der Rückzahlungskosten bei anderen Finanzierungen,

► **öffentliche Investoren:**

staatliche Beteiligungsgesellschaften mit öffentlichem Förderauftrag: Sie Fungieren meist als (stille) Co-Investoren, wenn sich vorher ein „Lead-Investor" (meist institutioneller Investor) beteiligt hat;

► **industrielle Investoren:**

Corporate-VC-Geber sind oft Tochterunternehmen von Industrieunternehmen, die sich als strategische Partner an Hightech-Unternehmen (offen) beteiligen. Dies geschieht oft zusammen mit anderen institutionellen Investoren.

ABB. 27: Beteiligungskriterien Venture-Capital[20]

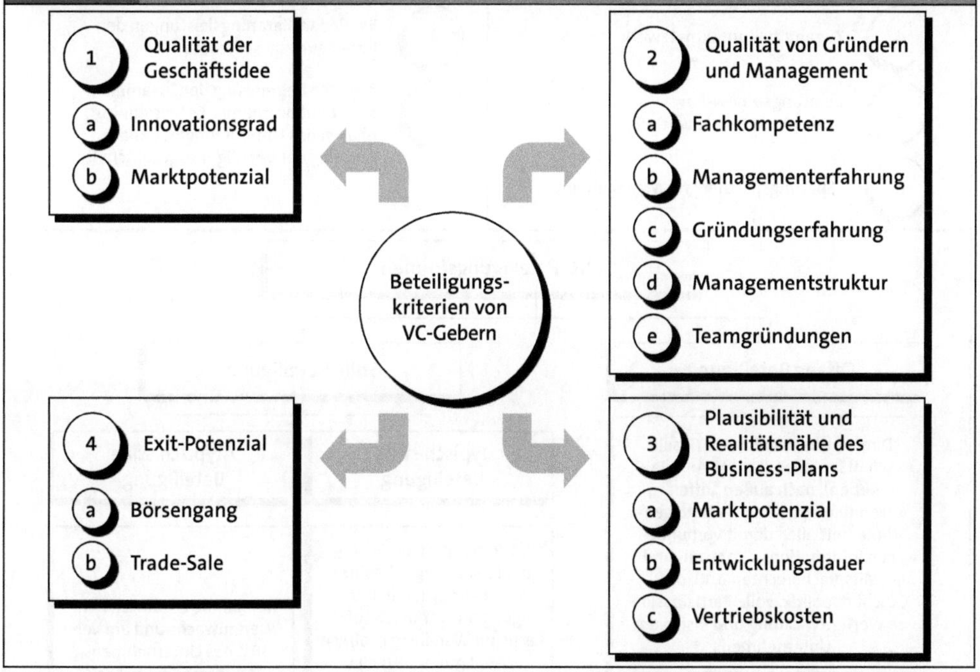

Der Lead-Investor übernimmt neben den Gründern die zentrale Rolle bei der Entwicklung eines Gründungsunternehmens, wenn öffentliche Beteiligungsprogramme in Betracht gezogen werden. Die Auswahl sollte daher sorgfältig und bedürfnisorientiert erfolgen.

20 Quelle: *Weitnauer*, Handbuch Venture Capital, 2000 (mit geringfügigen formalen Anpassungen).

ABB. 28: Leistungen des Lead-Investors, Zusammenarbeit und VC-Beteiligungsformen[21]

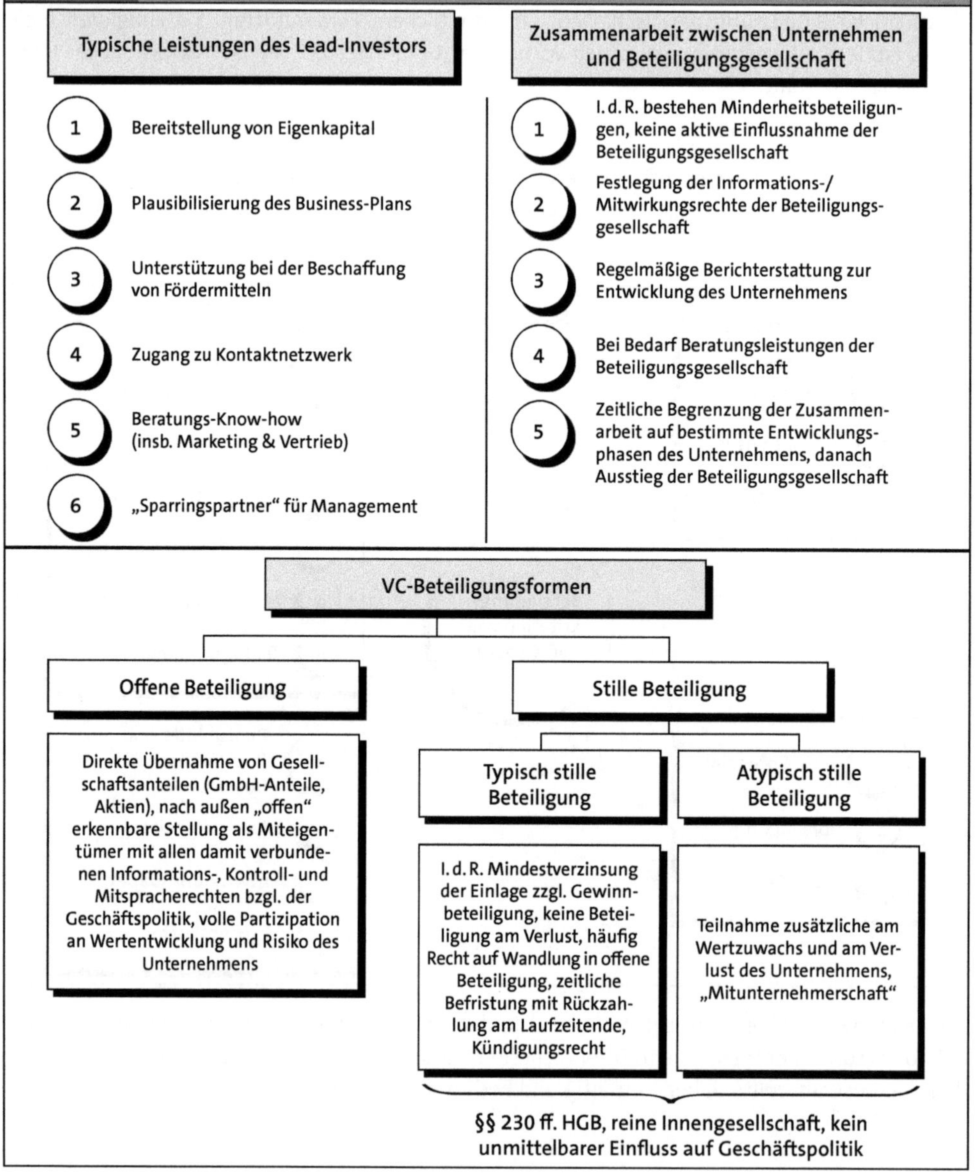

21 Quelle: *Weitnauer*, Handbuch Venture Capital, 2000 (mit geringfügigen formalen Anpassungen).

21.5 Private-Equity-Fonds

Equity bedeutet Eigenkapital und steht im Gegensatz zu Fremdkapital. Im Allgemeinen wird der Begriff Private Equity für zweierlei Investitionsformen verwendet:

- Einerseits steht Privat Equity als Oberbegriff für Venture-Capital und Private-Equity-Investitionen und
- andererseits steht der Begriff für Investitionen in späten Phasen der Unternehmensentwicklung.

Im letzteren Fall sind es große Unternehmen, die sich um Privat-Equity-Geber bemühen.

Der Private-Equity-Fonds beteiligt sich an unterschiedlichen Unternehmen mittels Kapital von überwiegend institutionellen Investoren. Der Fonds kann nach besonderen Branchen wie z. B. Umwelttechnologien, Neuen Medien, Leasing oder nach der Größe des Unternehmens bzw. dessen Umsatz ausgerichtet sein. Ein Private-Equity-Fonds kann sich auch an anderen Private-Equity-Fonds beteiligen.

Es gibt Venture-Capital-Firmen, die sich auf Fonds spezialisiert haben und ggf. selber Fonds auflegen. Die Anfragen nach einer Finanzierung müssen hier nach den gleichen Maßstäben erfolgen wie bei einer Gründung und anderen Finanzierungsformen. Die Ansprüche liegen hier bezüglich der ausführlichen Darstellung des Vorhabens und der Strukturierung der geforderten Angaben eher höher.

21.6 Unternehmenskooperationen

Auch eine Unternehmenskooperation mit Wettbewerbern, Lieferanten oder Kunden kann eine indirekte Finanzierungsform sein. Gute Kooperationen verbessern:

- Kostenstrukturen,
- Marktchancen,
- Marktpotenziale,
- Wettbewerbssituation,
- Investitionen in feste Güter wie z. B. Anlagen und Immobilien.

21.7 Public-private-Partnership(PPP)-Darlehen

Bei einem PPP-Darlehen beteiligen sich öffentliche Beteiligungsgesellschaften in Form von stillen Beteiligungen an Unternehmen. Daher der Name Public-private-Partnership.

Die öffentlichen Beteiligungsgesellschaften sind Wirtschaftsverbände, öffentliche Banken und Kammern der Wirtschaft. Die Wirtschaftsverbände und Kammern haben ihre Schwerpunkte in den Branchen, die sie repräsentieren. Sie sind bundesweit vertreten.

Es gibt drei gängige Modelle:

- Konzessionsmodell,
- Betreibermodell,
- Kooperationsmodell.

Je nach Tätigkeit des Unternehmens ist das entsprechende Modell auszuwählen.

Das Konzessionsmodell ist häufig im Bereich der Bauwirtschaft zu finden. Das Betreibermodell wird überall dort angewandt, wo die Beteiligungsgesellschaft keine privatwirtschaftliche Aufgabe übernehmen will, z. B. beim Mautsystem in Deutschland. Das Kooperationsmodell ist für eine Maut-Bewirtschaftung das geeignetste Modell.

Die Laufzeit der Beteiligung liegt durchschnittlich bei zehn Jahren. Der Rückkaufswert ist der Nominalwert. Ein weiterer Vorteil für den Unternehmer ist, dass die öffentlichen Beteiligungsgesellschaften keinen Einfluss auf die Unternehmensführung ausüben, auch wenn sie die Mehrheit haben sollten.

Das Darlehen kann für die Gründung, Erst- und Zweitfinanzierung eingesetzt werden.

22. Kompaktanwendung Liquiditätskennzahlen

In der Praxis werden zur Liquiditätsplanung und -steuerung vor allem die Liquiditätsgrade I-III, die Umschlaghäufigkeiten und der Cashflow genutzt. Zweifellos wichtige Kennzahlen, die i. d. R. eine zuverlässige grundlegende Einstufung der Liquiditätslage ermöglichen. Dennoch kann mit den genannten Kenngrößen meist keine umfassende Analyse und Bewertung der Liquiditätslage vorgenommen werden. Auch das Aufdecken evtl. Schwachstellen oder eines allgemeinen Verbesserungsbedarfs ist nur bedingt möglich. Wenn man für sein Unternehmen oder für Mandanten eine umfassende Liquiditätsanalyse und -bewertung vornehmen möchte, sollten man sich auch mit dem Working-Capital und dem Return-on-Investment befassen. Beides sind Kennzahlensysteme, die nicht nur einzelne Sachverhalte darstellen, sondern mehrere Größen miteinander verbinden. Dadurch erhält man einen besseren Überblick, welche Faktoren in welcher Form Einfluss auf die Liquidität haben. Nicht zuletzt kann so schneller festgestellt werden, ob und, wenn ja, in welchem Umfang man ggf. Maßnahmen zur Liquiditätsverbesserung einleiten muss. Auch die Debitoren- und Kreditorenlaufzeit sollte möglichst in eine Analyse einfließen.

22.1 Fünf ausgewählte Kennzahlen und Kennzahlensysteme in einer Excel-Anwendung

Um eine umfassende Liquiditätsplanung und -steuerung vornehmen zu können, sollte man vor allem folgenden Kennzahlen und Kennzahlensysteme nutzen:

- Working-Capital,
- Return-on-Investment (ROI),
- Umschlagshäufigkeiten (Forderungen, Lager, Eigen- und Gesamtkapital),
- Cashflows (für kleine Unternehmen bietet sich vor allem die Version für Praktiker an),
- Rentabilitäten und Liquiditätsgrade.

HINWEIS

Auch wenn es sich bei den genannten Kennzahlen um zentrale, wichtige Größen handelt, die in jedem Unternehmen bekannt sein und mindestens jährlich – oder besser pro Quartal – gebildet werden sollten: Eine wirklich umfassende und fundierte Liquiditätsplanung und -steuerung *alleine* mit Kennzahlen ist kaum möglich. Jeder Unternehmer sollte immer auch eine jährliche Liquiditätsplanung auf Monatsebene erstellen, um erkennen zu können, ob man in der nächsten Zukunft möglicherweise in einen Liquiditätsengpass geraten kann und ggf. wie hoch dieser dann voraussichtlich ausfallen wird. Hier stoßen Kennzahlen in der Praxis meist an ihre Grenzen. Denn sie stellen oft „nur" eine vergangene Entwicklung dar und geben keinen qualifizierten Ausblick auf die Zukunft. Zudem lässt sich mit Kennzahlen keine kontinuierliche Entwicklung der Gesamtlage erkennen.

DOWNLOAD

In der NWB Datenbank steht ein umfangreicher „Kennzahlenrechner zur Liquiditätssteuerung" auf Excel-Basis zum Download zur Verfügung.

22.2 Nutzen des Tools zur Liquiditätssteuerung

Die Excel-Anwendung besteht aus 17 Arbeitsblättern, die größtenteils miteinander verknüpft sind. Trotz der großen Anzahl von Arbeitsblättern ist das Tool vergleichsweise gut handhabbar und der Aufwand für die Eingaben hält sich in Grenzen.

22.2.1 Arbeitsblätter zur Orientierung und Vorbereitung

Das erste Blatt „Erläuterungen" dient dazu, die Inhalte und die Funktionsweise des Tools und der folgenden Arbeitsblätter zu erklären. Das zweite Blatt „Checkliste" soll den Nutzern helfen, sich vorzubereiten. Hier kann z. B. geprüft werden, ob man bereits beschrieben hat, welche Ziele man erreichen will, ob Klarheit darüber herrscht, mit welchen Kennzahlen man vor allem arbeiten will, ob man wirklich weiß, wie sich die Kennzahlen zusammensetzen, und ob klar ist, mit welchen zentralen Stellgrößen man den Wert einer Kennzahl beeinflussen kann. Das dritte Arbeitsblatt ist eine Übersicht, die zeigt, welche Positionen in welche Kennzahl bzw. in welches Kennzahlensystem eingehen.

PRAXISTIPP

Natürlich müssen nicht alle vorgeschlagenen Kennzahlen erstellt werden, auch wenn das grundsätzlich sinnvoll ist. Wenn man z. B. nur das Working-Capital und den Cashflow für Praktiker benötigt, sieht man im Arbeitsblatt „Übersicht" nach, welche Werte eingegeben werden müssen, und füllt dann das Blatt „Eingaben" entsprechend aus. Gleiches gilt, wenn man nur für ein, zwei oder drei Jahre Kennzahlen wünscht. Im Anschluss füllt man lediglich die Spalten unter der Bezeichnung „Gegenwart" und z. B. zwei Vorjahre aus.

22.2.2 Kennzahlen-Profiling

Am Ende der Datei finden sich noch zwei Arbeitsblätter mit den Bezeichnungen „Profil 1" und „Profil 2". Hier kann für jede Kennzahl u. a. festgehalten werden, wie sie sich zusammensetzt, welche Aussagekraft sie hat und wie man sie in welcher Richtung beeinflussen kann. Das sog. „Kennzahlen-Profiling" ist vor allem dann sinnvoll, wenn nicht nur Fachleute oder unmittelbar Betroffene die Kennzahlen erhalten und interpretieren sollen, sondern auch andere Beschäftigte, die mit dem Thema nicht besonders vertraut sind. Die Kennzahlenprofile helfen, einen gleichen Wissens- und Arbeitsstand herzustellen, und tragen so dazu bei, mögliche Missverständnisse zu vermeiden.

22.2.3 Zahleneingabe und Kennzahlenberechnung

Die eigentlichen Eingaben aller notwendigen Zahlen und Werte erfolgen im gleichnamigen Arbeitsblatt „Eingaben". Hier können für bis zu drei Jahre in der Vergangenheit, das aktuelle Jahr und bis zu fünf Folgejahre zu den in der Spalte A zu findenden Positionen Ist- oder Plan-Werte eingegeben werden. Im laufenden Jahr besteht die Möglichkeit, jeweils sowohl einen aktuellen als auch einen Prognosewert, z. B. den voraussichtlichen Jahresendwert, einzutragen. Die Positionen in Spalte A sollten in der vorgegebenen Reihenfolge beibehalten werden, weil das Arbeitsblatt mit den folgenden Dateien verknüpft ist und die Daten automatisch in die folgenden Arbeitsblätter übernommen werden:

- Working-Capital,
- ROI,
- U-Häufigkeiten,
- Cashflow für Praktiker,
- CF-Kennzahlen P (Cashflow-Kennzahlen für Praktiker),
- Cashflow-Statement,
- CF-Kennzahlen S (Cashflow-Kennzahlen für Cashflow-Statement),
- Rentabilität_Liquidität.

Veränderungen in der Reihenfolge der Positionen führen damit zu Fehlern und machen die Datei ggf. unbrauchbar. In Spalte L hat man die Möglichkeit, Bemerkungen oder Besonderheiten einzugeben, etwa wenn man schon im Vorfeld Kenntnis davon hat, warum es zu größeren Veränderungen bei einer Position gekommen ist oder kommen wird. In den genannten Arbeitsmappen werden jetzt für die Jahre, in denen man Eingaben vorgenommen hat, automatisch die Kennzahlen berechnet. Eingaben seitens des Anwenders sind nicht zwingend. Man kann jedoch in jedem Arbeitsblatt in den dafür vorgesehenen Feldern individuelle Bemerkungen und Kommentierungen eintragen, etwa Ursachen für sich schlechter oder besser entwickelnde Zahlen, Möglichkeiten für Verbesserungen oder auch anstehende Ereignisse, die dafür sorgen können, dass die Kennzahlen sich in nächster Zukunft deutlich verändern werden (z. B. neue Aufträge von Großkunden mit langen Zahlungszielen = Erhöhung der Forderungen).

22.2.4 Besonderheiten beim Cashflow-Statement

Im Arbeitsblatt „Cashflow-Statement" wird ein umfassenderer Cashflow berechnet als im Arbeitsblatt „Cashflow für Praktiker". Es sind daher Eingaben notwendig, die in der Mappe „Eingaben" alleine aus Platzgründen nicht erfolgen können. Man muss daher im Arbeitsblatt selbst in allen Zeilen, die am Anfang nicht mit grünen Zellen markiert sind, ggf. manuelle Eingaben vornehmen. Beispielsweise müssen Rücklagen, Bestandsänderungen, Veränderungen des Anlagevermögens oder Zinserlöse eingetragen werden, soweit diese Positionen für das Unternehmen relevant sind.

PRAXISTIPP

Der Eingabe- und Interpretationsaufwand beim Cashflow-Statement ist meist erheblich. Man sollte daher unbedingt im Vorfeld prüfen, ob es nicht ausreicht, wenn man mit dem Cashflow für Praktiker arbeitet.

22.2.5 Arbeitsblatt „Zusammenfassung"

Um nicht immer zwischen den einzelnen Kennzahlen-Arbeitsblättern hin- und herspringen zu müssen, um die Ergebnisse einzusehen, kann man sich diese für alle Kennziffern im Arbeitsblatt „Zusammenfassung" ansehen. Hier kann man sich entweder alle Kennzahlen und alle Jahre anzeigen lassen oder einzelne Jahre oder einzelne Kennziffern, indem man auf die Gruppierungslinien über den Spalten bzw. links der Zeilen klickt.

22.2.6 Arbeitsblatt „Maßnahmen"

In der Datei findet sich noch ein weiteres Arbeitsblatt, mit dessen Hilfe man einzelne Maßnahmen zur Verbesserung der Liquidität planen und somit eine Verbesserung der Kennzahlenwerte erreichen kann. Sollen oder müssen mehrere Maßnahmen umgesetzt werden, so ist das Arbeitsblatt zu kopieren. Unabhängig davon, welche konkreten Maßnahmen man umsetzen möchte, sollte man dabei immer auf folgende Dinge achten:

1. Es sollte ein Ziel formuliert werden, das erreicht werden soll, z. B. Forderungsquote um 10 % reduzieren.
2. Es muss ein Verantwortlicher für die Umsetzung der Maßnahme bestimmt werden, z. B. der Leiter Finanzbuchhaltung.
3. Es muss festgehalten werden, welche aktuelle Ausprägung der Sachverhalt hat, der verbessert werden soll, z. B. Forderungsquote aktuell 40 %.
4. Es wird ein konkreter Termin benötigt, bis zu dem man das Ziel erreicht haben möchte, z. B. Ende Juni 2024.
5. Es wird ein Zielwert benötigt, der erreicht werden soll, z. B. Forderungsquote von 36 %.
6. Bei komplexen oder sehr lang laufenden Maßnahmen sollten zudem noch Meilensteine oder Zwischenziele formuliert werden.
7. Es sollten ein oder mehrere Kontrolltermine festgelegt werden, um zu überprüfen, ob man das Ziel auch dauerhaft erreichen konnte, z. B. September und Dezember 2024.
8. Erst dann sollten gezielt Maßnahmen formuliert werden, mit denen man das Ziel erreichen möchte, z. B. Erhöhung des Anteils von Barzahlungen, Factoring, Verkürzung der Zahlungsziele. Zur Maßnahmenbeschreibung gehört auch, dass man sich überlegt, welche zusätzlichen Ressourcen benötigt werden, z. B. Geldmittel oder Personal.

22.2.7 Interpretation der Ergebnisse und Umsetzen von Verbesserungsmaßnahmen

Mit dem Bilden der Kennzahlen erhält man zunächst „nur" einen Überblick darüber, wie es um die Liquiditätslage im Betrieb bestellt ist, und ggf. auch darüber, wie sich die Lage voraussichtlich weiterentwickeln wird. Damit ist jedoch nur ein Teil der Arbeit getan. Denn im Anschluss muss man die Werte der Kennzahlen interpretieren und versuchen, diese zu verbessern. Das gilt grundsätzlich auch, wenn keine akute kritische Entwicklung vorliegt. Die Liquiditätslage sollte immer im Fokus von Inhaber, Geschäftsführern und Führungskräften stehen und man sollte sich stets darum kümmern, Verbesserungen zu erreichen. Dabei gilt: Am besten ist es, in wirtschaftlich guten Zeiten mit relativ wenig Aufwand und ausreichend Zeit dafür zu sorgen, dass es in kommenden kritischen Phasen nicht zu u.U. existenziell bedrohlichen Engpässen kommen kann.

22.2.7.1 Ideen und Vorschläge für Verbesserungsmaßnahmen

Im Folgenden wird ein (allerdings nur sehr grober) Überblick darüber gegeben, welche Ausprägungen bei welchen Kennzahlen als günstig anzusehen sind, und in knappen Stichworten auf mögliche Maßnahmen hingewiesen, mit denen sich Verbesserungen erreichen lassen. Je nach Branche und Unternehmen kann es deutliche Abweichungen geben. Für konkrete und genaue Empfehlungen ist immer eine Einzelfallbetrachtung und -analyse erforderlich (vgl. auch Kapitel 17.8 „Ausgewählte Maßnahmen zur Liquiditätsverbesserung").

TAB. 25: Überblick über Verbesserungsmaßnahmen

Kennzahl	Richtwert	Maßnahmenvorschläge	Bemerkungen
Working-Capital	Positiv, absolut möglichst niedrig	**Forderungen:** Anteil Barverkäufe erhöhen, Anzahlungen erhöhen, Factoring, Mahnwesen aufbauen/intensivieren, Bonitätsprüfung Kunden, Kreditlimits begrenzen/ stoppen, Rechnungen zeitnah stellen **Vorräte/Fertigwaren:** Verkürzung Lagerdauer, Konditionen-/Preisverhandlungen, Sortimentstiefe verringern, Materialsubstitution, andere Lieferanten auswählen, Bestände abbauen, Outsourcing, Nachverhandlungen Preise **Verbindlichkeiten:** Skonto ziehen, Zahlungsziele verlängern	
Working-Capital-Ratio	130-200 %	Wie Working-Capital	

Kennzahl	Richtwert	Maßnahmenvorschläge	Bemerkungen
ROI	Gut ab ca. 10 %	Wie Working-Capital, zusätzlich: Produktinnovationen forcieren, Werbung verbessern, Mitarbeiter (im Vertrieb) schulen, Abläufe verbessern	
Umsatzrendite	Gut ab ca. 5 %		
Kapitalumschlag	Gut ab ca. 2 Mal jährlich		
Forderungs-UH	Ab ca. 10 Mal jährlich	Wie Working-Capital-Forderungen	
Durchschnittliche Kreditdauer	< 30 Tage	Wie Working-Capital-Forderungen	
Lager-UH	Ab ca. 5 Mal jährlich	Wie Working-Capital-Vorräte/-Fertigwaren	
Durchschn. Lagerdauer	< 70 Tage	Wie Working-Capital-Vorräte/-Fertigwaren	
Eigenkapital-UH	Keine Aussage, da niedriger EK-Anteil (negativ) zu guten Werten führt	Umsatzerlöse erhöhen, Eigenkapitalanteil erhöhen	
Eigenkapital-DU		Umsatzerlöse erhöhen	
Gesamtkapital-UH	Ab ca. 2 Mal jährlich	Umsatzerlöse erhöhen, Fremdkapitalanteil abbauen	
Gesamtkapital-DU	< 180 Tage	Umsatzerlöse erhöhen	
Cashflow	Positiv, möglichst hoch	Umsatzerlöse erhöhen, Kosten reduzieren	
Eigenkapitalrendite		Umsatzerlöse erhöhen, Kosten reduzieren	
Gesamtkapitalrendite		Umsatzerlöse erhöhen, Gesamtkapital reduzieren,	
Liquiditätsgrad I	Ca. 30-50 %	Kurzfristiges Fremdkapital reduzieren oder Zahlungsziele verlängern, Forderungen und Vorräte reduzieren (i.W. wie Working-Capital)	
Liquiditätsgrad II	Ca. 80-100 %		
Liquiditätsgrad III	Ca. 100-200 %		

PRAXISTIPP

Besonders das Working-Capital ist dazu geeignet, mögliche strukturelle Probleme frühzeitig zu erkennen. Verändert es sich über einen Zeitraum von drei bis vier Jahren negativ, deutet dies fast immer darauf hin, dass es im Unternehmen grundsätzliche Probleme gibt (beispielsweise beim Forderungsmanagement, bei der Lagerhaltung oder der Programm- und Produktgestaltung). Eine länger andauernde negative Veränderung des Working-Capitals ist *immer* ein Alarmzeichen und man sollte umgehend nach den Ursachen forschen und Maßnahmen umsetzen. Die Praxis zeigt, dass ansonsten das Risiko einer drohenden Insolvenz besteht (vgl. auch Kapitel 16 „Working-Capital-Management – Hebel zur Verbesserung der Liquidität" sowie die Einschränkungen durch Lagen wie z. B. Materialknappheit und Lieferengpässe).

In der Datei werden auch die flüssigen Mittel in das Working-Capital einbezogen, was in der Praxis häufig nicht der Fall ist. Wenn die flüssigen Mittel nicht berücksichtigt werden sollen, müssen im Tabellenblatt „Working-Capital" die Formeln angepasst werden.

22.2.7.2 Abschließende Überlegungen zur Kompaktanwendung Liquiditätskennzahlen

Jedes Unternehmen muss seine Liquidität planen und steuern. Neben einer Liquiditätsplanung auf Monatsebene können hierbei Kennzahlen und Kennzahlensysteme wichtige Hilfestellung bieten. Um einen umfassenden und fundierten Überblick über die Liquiditätslage zu erhalten, sollte man sich im Unternehmen mit möglichst vielen der vorgestellten Kennziffern befassen und diese regelmäßig und über einen längeren Zeitraum erstellen, um Entwicklungen und Trends frühzeitig erkennen zu können. Die Kennzahlen zeigen einen aktuellen Stand auf. Zusammen mit erstellten Planwerten für die Zukunft ist zudem abschätzbar, wohin die Reise voraussichtlich gehen wird. Abhängig von der aktuellen Lage und der voraussichtlichen Entwicklung müssen gezielt Maßnahmen umgesetzt werden, um die Liquiditätslage kontinuierlich zu verbessern. Das gilt übrigens nicht nur in wirtschaftlich schwierigen Zeiten. Im Gegenteil: Maßnahmen müssen bevorzugt dann umgesetzt werden, wenn es dem Unternehmen gut geht. Denn dann hat man ausreichend Zeit, um sich ein Polster für schwierige Phasen aufzubauen. Im Bereich Liquidität präventiv zu handeln, kann vor allem in einer (künftigen) Krise den Unterschied zwischen wirtschaftlichem Ruin oder Überleben bedeuten.

STICHWORTVERZEICHNIS

V

W

Z